지도와 거짓말

지도와 거짓말

초판 1쇄 발행 2021년 12월 13일

지은이 마크 몬모니어
옮긴이 이상일·손일
펴낸이 김선기
펴낸곳 (주)푸른길
출판등록 1996년 4월 12일 제16-1292호
주소 (08377) 서울시 구로구 디지털로 33길 48 대륭포스트타워 7차 1008호
전화 02-523-2907, 6942-9570~2
팩스 02-523-2951
이메일 purungilbook@naver.com
홈페이지 www.purungil.co.kr

ISBN 978-89-6291-945-5 03980

3판

HOW TO LIE WITH MAPS

지도와 거짓말

마크 몬모니어 지음
이상일 · 손 일 옮김

푸른길

옮긴이 글

중학교 시절, 친한 동네 친구와 학교에서 집으로 돌아오는 길에 자주 했던 게임이 기억난다. 서로 번갈아 가면서 국가 이름을 대고, 더 이상 국가 이름을 대지 못하는 사람이 지는 게임이었다. 항상 그 친구가 먼저 게임을 제안했고, 호기롭게 맞장구를 치지만 난 단 한번도 이긴 적이 없었다. 내가 하는 방식은 이러했다. 우선 생각나는 대로 이름을 댄다. 그러다 막히기 시작하면 마음속으로 가나다순에 따라 빠뜨린 국가 이름을 떠올리는 방식이었다. 결국 바닥을 드러내고 제한 시간 안에 더 이상 국가 이름을 대지 못한 나는 패배한다. 언젠가 그 친구에게 한번 물어본 적이 있었다. 넌 왜 항상 그렇게 잘하냐고. 그 녀석의 대답은 나에게 엄청난 충격을 안겨 주었다. 그 친구의 머릿속에는 세계 지도가 있다고 했다. 그 친구가 게임을 하는 방식은 나와는 완전히 달랐다. 시작할 때 국가 하나를 정하고, 그곳에서 연접한 순서대로 확대해 나가면서 해당 순번에서 아직 호명되지 않은 국가를 말하는 방식이었다. 어떤 경우에는 내가 쩔쩔매면서 생각해 낸 국가 바로 옆의 국가 이름을 대기도 했다고 한다. 물론 그 굴욕을 난 항상 눈치채지 못했다고 한다.

그렇다. 처음부터 지도를 사랑했다고 말할 수는 없을 것 같다. 지도는 나에게 있어 애틋한 연인이다. 지금은 너무나 사랑하는데 처음부터 사랑하지는 않았기 때문일 것이다. 그 진가를 처음부터 몰라봐서 너무 미안하다. 정교하고도 아름다운 지도를 보면 늘 가슴이 뛴다. 지도학 수업에서 학생들을 위한 참고 도서로 『지도와 거짓말』의 2판 번역서(손일 · 정인철, 1998, 푸른길)를 항상 소개했다. 그때마다 번역하신 두 분이 진심 부러웠다. 저 이름이 내 이름이면 얼마나 좋을까? 그런데 정말로 뜻하지 않게 기회가 찾아왔다. 2판이 나온 지 무려 22년 만인 2018년에 기적적으로 3판이 출간된 것이다. 잽싸게 아마존에서 구매한 3판을 들고 손일 선생님을 찾아가 내가 번역할 수 있게 해 달라고 무작정 졸랐다. 선생님의 애정 어린 격려가 없었다면 이 번역서는 세상에 나오지 못했을 것이다. 마음속 깊이 감사드린다. 근면이 동반된 명민함의 위력을 그로부터 배웠고, 조금이나마 흉내 내면서 살고 싶다. 3판에 새롭게 추가된 장이나 달라진 부분은 당연히 새롭게 번역한 것이지만, 바뀌지 않은 나머지 장들도 거의 새 번역에 가까운 공을 들여 갱신했다.

이 책을 번역한 건 당연히 이런 책을 내가 직접 쓸 수 없기 때문이다. 저자인 마크 몬모니어는 한마디로 전 세계에서 가장 유명한 지도학자 중 한 사람이다. 1943년생이며, 미국 시러큐스대학교 교수로 오랫동안 봉직하다 올해 5월에 은퇴했다. 20권이 넘는 지도학 관련 서적을 출간했으며, 『지도와 거짓말』은 그와 지도학계, 시카고대학교 출판사의 베스트셀러이다. 마크 몬모니어는 지도의 본질을 이야기하기 위해 다소 역설적으로 들리는 '거짓말'이라는 키워드를 사용한다. 여기서 거짓말은 지도에 포함된 모든 종류의, 중대한 것이건 사소한 것이건, '사실과 다른' 혹은 '잘못된' 것들을 의미한다. 어쩌면 지도는 그 자체로 거짓말이다. 3차원인 지구를 2차원의 평면에 나타낸 것 자체가 거짓말이기 때문이다. 그런데 지도 속의 거짓말은 훨씬 더 다양하고, 복잡하고, 미묘하다. 지도에서 거짓말은 크게 의도적 거짓말과 비의도적 거짓말로 나뉜다. 의도적 거짓말은 다시 선의의 거짓말과 악의의 거짓말로 나뉘고, 비의도적 거짓말은 실수에 의한 것과 무지에 의한 것으로 나뉜다. 거짓말은 기본적으로 부정적인 것을 의미하고, 의도적인 악의의 거짓말이 대표적이다. 세상에는 사악한 지도 저자들로 넘쳐난다. 그러나 지도는 기본적으로 선의의 거짓말이며, 그것은 긍정적인 것이다. 어떤 지도 왜곡은 불가피할 뿐만 아니라, 진실된 지도이기 위해서는 거짓말을 할 수밖에 없는, '지도학적 역설'을 피할 수 없다. 지도 제작도 인간이 하는 일이라 수없이 많은 실수가 지도 속에 포함되어 있다. 어떤 지도 거짓말은 무지에 기인한다. 컴퓨터와 인터넷만 있으면 누구나 지도를 그릴 수 있는 세상인데, 지도 문맹률은 여전히 높다. 순진하다고 용서받을 수는 없다. 물론 참말과 거짓말의 경계가 명확하지 않아 선택의 합리성이 유일한 진위의 잣대인 미묘한 경우도 많다. 이 책의 장들은 이러한 다양한 종류의 지도 거짓말로 구성되어 있다. 번역의 빽빽함에 대한 넓은 아량만 있다면, 재미있는 사례들로 즐거움을 얻을 수도 있을 것이다.

그렇다면 이렇게 지도 거짓말이 넘쳐나는 세상에 마크 몬모니어는 우리에게 어떤 말을 해 주고 싶은 것일까? 그는 우선 우리 모두가 지도의 독자이자 저자라는 사실을 상기한다. 그리고 각각의 역할에 대해 다음과 같이 조언한다. 우선 지도의 독자로서는 건전하고 성실한 회의주의자가 되기를 주문한다. 지도 저자의 선의의 거짓말은 잘 이해하되, 간교한 거짓말에는 절대 넘어가지 않으려고 끊임없이 발버둥 치는 자세를 갖추라고 주문한다. 지도의 저자로서는 전문적 식견을 갖춘 정직한 원칙주의자가 되라고 한다. 선의를 위해서는 과감하고 솜씨 좋은 거짓말쟁이가 되어야 하지만, 개인적 이익을 위한 거짓말의 유혹에는 절대 흔들리지 않으며, 지도 저작 과정에서 최대한 '지도학적으로 옳은' 선택을 할 수 있는 지도 저작자가 되라고 주문한다. 15장 맺음말의 마지막 문장에 이 모든 것이 함축되어 있다. "우리가 지도에 대한 충분한 식견을 갖춤과 동시에 정직하고 선한 의도를 견지하지 않는다면, 지도의 힘은 우리들의 통제 밖에 놓이게 될 것이다."

푸른길 김선기 사장님의 성화가 없었다면 번역을 끝내지 못했을 것이다. 정말 오랫동안 알아 왔는데, 그 한결같음이 늘 경이롭다. 좀 뜬금없을지 모르지만 제자들에게 감사의 말을 전하고 싶다. 2004년부터 1학기에 개설되었던 지도학을 열심히 수강해 준 서울대학교 지리교육과 학생들에게 감사한다. 너무 어렵다고 투정하면서도 정작 시험에서는 얄미울 정도의 높은 성취를 보인 그들 때문에 교육자로서의 보람을 느낄 수 있었다. 대학원 제자들에게도 감사한다. 어쩌면 애들이 날 사랑하고 있을지 모른다는 행복한 착각을 하게 해 주었다. "내가 술만 아니었으면 세계적인 학자가 되었을 거야."라는 '거짓말'을 늘 믿는 척해 주었다. 정말 쉽지 않았을 텐데. 좋은 지도학책을 써야 한다고 항상 채찍질해 준 마누라 김현미 박사에게 면피용 책을 주게 된 것도 기쁘다. 끝으로 사랑하는 우리 중3 딸, 이 책을 중2병에 걸리지 않은 것에 대한 아빠의 조그마한 답례로 받아들여 준다면 더없는 기쁨이겠다.

지도학의 운명은 좀 기구한 측면이 있다. 한동안 GIS의 빛에 가려졌다가, 이제는 공간데이터사이언스의 그늘 속에 있다. 나도 작년부터는 모든 지도를 R로 그리며 Leaflet을 경탄하며 사용한다. 웹 매핑의 폭발적인 성장은 더 이상 지도학을 지리학의 영역으로 볼 수 없게 만들고 있다. 그런데 원래 지도는 모두의 것이었다. 지도에 배타적인 권리를 주장할 수 있는 개인이나 집단은 없다. 훌륭한 지도에 가슴이 떨리는 사람만이 지도학의 모든 진보를 향유할 자격이 있다. 이 책을 볼 때면 늘, 그리고 반드시, 2021년을 떠올릴 것이다. 어떻게 기억될지 너무나 궁금하다.

2021년 11월

@ 37°27′37.4″N, 126°57′18.6″E

3판 서문

2판과 3판 사이에 20년도 더 된 시간이 지나갔다. 그 시간 동안 지도 세상에는 참으로 많은 변화가 있었다. 특히 지도가 만들어지고, 보여지고, 사용되는 것과 관련된 기술에서 비약적인 발전이 있었다. 그럼에도 불구하고 이 책의 1판과 2판에 나타난 기본 원칙은 여전히 유효하다. 즉, 지도는 신뢰감을 주는 사실에 대한 재현물이라는 점, 지도가 모든 것을 다 보여 줄 수 없음에도 불구하고 사람들은 지도를 신뢰하는 경향이 있다는 점, 그래서 지도를 보는 데 있어 건전한 회의주의는 필수적이라는 점 등이다. 특히 마지막이 핵심이다. 왜냐하면 지도학적 원리에 무지하거나 혹은 그것을 의도적으로 무시한 지도 저작자가 사실을 호도하는 지도를 그렸을 수 있기 때문이다. 결론적으로, 지도는 다양한 방식으로 거짓말을 할 수 있다. 때로는 의도적으로, 때로는 의도치 않게.

3판을 시작하면서, 이 책의 본원적인 특성은 유지하면서도 젊은 독자층을 위한 글(그리고 그래픽) 갱신 작업은 해야겠다고 생각했다. 나의 개정판 계획서를 살펴본 몇 명의 지리학자 중 한 명이 나에게 이런 말을 했다. "내 학생 중에 길 찾을 때 종이 지도를 보는 사람은 한 명도 없어." 나는 그의 이러한 지적을 이 3판에 녹여 내려 노력했다. 내가 이전의 판본들에서 다루었던 종이 지도와 디지털 지도에 대한 사항들은 지금도 여전히 유효하다고 생각한다. 그러나 영상 지도와 온라인 지도의 눈부신 발전으로 말미암아 부가적으로 다루어야 할 사항들이 새로이 생겨난 것도 사실이다. 그래서 약간 철 지난 느낌이 드는 "멀티미디어 시대의 지도"라는 장을 새로운 세 개의 장(영상 지도, 금지의 지도학, 빠른 지도)으로 교체했다. 내가 빠른 지도라고 이름 붙인 것은 인터넷을 통해 전자적으로 전파되는 동적 지도, 대화형 지도, 웹 맵, 똑똑한 정적 지도 등을 말하는 것인데, 대중들 사이에서 급격히 퍼져 나간 지도들은 모조리 빠른 지도의 범주에 속하는 것들이다. 하나의 장을 세 개의 장으로 교체하다 보니 책이 조금 길어졌다. 그렇지만 책이 다루는 범위가 그만큼 넓어진 것이니 괜찮지 않을까 한다. 컬러 도판이 여러 장 늘어났는데, 모두 마지막 세 장과 관련된 것들이다.

독자들이 처음으로 이 책을 접하게 된 계기는 아마도 지도학, 독도법, 지리학 개론, 지리정보시스템(GIS)과 같은 대학교 강좌의 읽을거리로 소개되었기 때문일 것이다. 그러나 나는 여전히 내 책의 독자는 지도에 호기심이 충만한 지적인 일반 대중이라 여기고 싶다. 각종 미디어에서 넘쳐나는 지도와 함께, 오로지 성장 일로에 있는 그 집단 말이다. 그래픽 소프트웨어의 발달로 지도 이용자가 언제든 지도 제작자가 될 수 있는 세상이다. 이 책이 지도를 그릴 때 올바른 지도학적 선택을 할 수 있게 도와주는 친절한 가이드북 구실을 할 수 있다면 더할 나위 없이 좋겠다.

마크 몬모니어(Mark Monmonier)

미국 뉴욕주 디윗에서(DeWitt, New York)

차 례

1장

서론

Introduction

지도로 다른 사람을 속이는 일은 쉬울 뿐 아니라 어쩌면 그럴 수밖에 없는 일인지도 모른다. 복잡한 3차원의 세계를 평평한 종이나 화면에 나타내려면 지도는 실제를 왜곡하지 않을 수 없다. 지도는 실제에 대한 일종의 축소 모형이기 때문에 기호를 사용할 수밖에 없고, 그러한 기호는 거의 항상 해당 사물을 축소율보다 더 크게 혹은 더 두껍게 표현하기 마련이다. 또한 모든 것을 상세하게 나타내려다 보면 매우 중요한 정보가 잘 드러나지 않기 때문에 지도는 실제에 대한 선택적이고 불완전한 재현물일 수밖에 없다. 따라서 다음과 같은 지도학적 역설을 피할 수는 없다. 유용하고 진실한 정보를 나타내기 위해 올바른 지도는 선의의 거짓말을 해야만 한다.

대부분 지도 이용자는 지도에 담긴 선의의 거짓말을 기꺼이 감수한다. 그러나 이런 이유로 지도는 대놓고 보다 심각한 거짓말을 자행한다. 일반적으로 지도 이용자는 순진하다. 우리는 지도를 만들 때 약간의 형상 왜곡이나 사상(事象, feature)■[1]의 일부 생략과 같은 일은 피할 수 없다는 점을 잘 이해하고 있다. 또한 지도학자들이 정확한 지도 표현을 위해 많은 노력을 기울인다는 점에서 그들을 신뢰한다. 그런데 통상적인 이해 범위를 넘어서는 많은 부분에 대해서는 정부나 기업에서 일하는 전문 디자이너나 지도 제작자의 전유물이라고 쉽게 치부해 버린다. 하지만 지도학자에게 발급되는 자격 면허란 것은 없으며, 상업 미술이나 컴퓨터 워크스테이션으로 지도를 능수능란하게 제작하는 사람들도 지도학을 배운 적이 없는 사람이 태반이다. 지도 이용자들은 이러한 지도학적 권위에 의문을 품은 적이 거의 없으며, 대부분 경우 고의적인 위조나 교묘한 선전의 도구로서 지도가 보유한 힘을 잘 이해하지 못한다.

적당한 소프트웨어와 인터넷만 있으면 누구든 지도를 만들고 출판할 수 있는 시대에 살고 있다. 이제 지도 제작자는 다른 사람뿐만 아니라 자기 자신도 속일 수 있으며, 이런 사실 전부를 아예 모를 수도 있다. 전자 시대 이전의 대중 지도학(folk cartography)■2은 대개 손으로 직접 지도를 그려서 방향을 나타내는 정도의 수준이었다. 연필과 종이만 있으면 머릿속에 있는 이동 경로나 주요 지형지물의 위치 등을 지도로 옮기는 데 큰 어려움이 없었다. 물론 결과물은 아마추어의 수준을 넘지 못했다. 그런데 기술이 발전함에 따라 지도학적 전문 지식이 없는 사람도 전문 지도 제작자의 지도에서나 볼 수 있는 깨끗한 활자, 통일된 기호 등 그럴듯한 형태로 현대적 의미의 대중 지도를 생산하기 시작했다. 게다가 지도 소프트웨어는 일반인이 적절하지 못한 투영법이나 오해의 소지가 있는 기호들을 너무나 손쉽게 선택하도록 디자인되어 있다. 그래픽 소프트웨어와 온라인 지도 제작 기술이 고의는 아닐지라도 매우 심각한 수준의 지도학적 거짓말을 그럴듯하고 정밀한 것처럼 보일 수 있게 만들었다.

지도학적 폐해는 나쁜 지도학자–선동가에 의한 의도적 조작이나 지도 무식자에 의한 무의식적 실수를 훨씬 뛰어넘는 것이다. 지도 이용자들 사이에

만연한 그 순진무구함(naïveté)이 얼마나 유해한 것인가를 경고하는 한 문장을 말하라면 나는 이 말을 하고 싶다. **당신이 보고 있는 한 장의 지도는 동일한 상황에서 동일한 데이터로부터 생산될 수 있는 수많은 지도 중 하나에 불과하다.** 너무나 명약관화하지만 동시에 너무나 쉽게 무시되는 이 사실을, 대학 교수를 하는 내내 학생의 가슴 속에 심어 주고자 노력했다. 지도 저작자■[3]는 사상, 속성값, 지리적 범위, 심볼의 선택에 있어 완벽한 자유를 가지며, 자신의 의도를 가장 잘 보여 주거나 무의식적인 편향이 가장 잘 드러나는 한 장의 지도를 선정할 뿐이다. 우리가 이 사실을 얼마나 쉽게 망각하는지, 그러나 되새겨 보면 이 사실이 또 얼마나 자명한 것인지 그저 놀라울 따름이다. 지도학적 면허증이란 누구에게나, 그것도 너무나 쉽게 발급된다는 사실을 지도 이용자는 반드시 기억하고 있어야 한다.

이 책의 목적은 지도에 관한 건전한 회의주의를 진작하려는 것이지, 냉소주의나 의도적인 불신을 조장하려는 것이 아니다. 지도로 어떻게 다른 사람을 속일 수 있는지를 보여 줌으로써, 지도 역시 연설이나 그림처럼 저자가 있는 정보 전달물이며, 무지나 욕심, 이데올로기적 맹종, 악의 등으로 손쉽게 왜곡된다는 사실을 독자들에게 알리려는 것이다.

또한 지도(종이 지도이건 디지털 지도이건)의 오용을 살펴봄으로써, 이 책을 읽는 독자들이 지도의 본질과 지도의 적절한 이용 범위에 대한 기초 지식을 습득하기를 기대한다. 이어지는 2~5장에서는 모든 지도 유형에 공히 적용되는 지도학의 일반 원리를 다룬다. 2장에서는 지도의 주요 요소인 축척, 투영법, 기호화를 다루는데, 그것들이 왜곡의 근원이라는 사실을 이해하게 될 것이다. 3장에서는 지도학자들이 불가피한 일반화라고 정당화하는 다양한 선의의 거짓말들을 살펴봄으로써 축척의 효과에 대해 심도 있게 다룰 것이다. 4장에서는 지도 제작자의 무지와 간과에서 비롯된 일반적인 실수를 살펴보고, 5장에서는 부주의하고 독단적인 색상 선택이 지도 이용자를 얼마나 혼란스럽게 하며 오도하는지를 보여 줄 것이다.

나머지 장들에서는 지도 종류별로 하나씩 살펴볼 것인데, 그러한 지도들이 어떻게 거짓말을 하는지를 다룰 것이다. 6장에서는 광고 지도에서 흔히 등장하는 사람의 눈을 홀리는 기호 사용에 대해 다룰 것이다. 7장에서는 개발 계획이나 환경영향평가 등에 이용되는 지도의 생략과 과장에 대해 알아볼 것이다. 8장과 9장에서는 정부가 정치 선전이나 적군에게 '거짓 정보 제공(disinformation)'을 목적으로 이용하는 지도 왜곡에 대해 살펴볼 것이다. 10장에서는 국가 지도 제작 기관의 대축척 지형도 생산을 다룰 것인데, 국가 문화, 관료주의적 관성, 그리고 점점 중요성이 높아지는 상업적 이해가 갖는 영향력에 대해 살펴볼 것이다. 11장에서는 센서스 데이터와 같은 정량적 정보를 이용해 만든 통계지도상의 오류나 자기기만에 대해 살펴볼 것이다. 12장에서는 인공위성 기술과 관련 측량 기술로 만들어지는 영상 지도에 대해 살펴볼 것이다. 그러한 특수한 지도가 제기한 도전 과제에 초점을 맞춘다. 13장에서는 금지 지도로 불리는 지도학적 장르를 다룬다. 금지 지도는 그 수가 점점 많아지고 있을 뿐만 아니라 어떤 의미에서는 상당한 잠재적 위험성을 내포하고 있기 때문에 주목의 필요성이 높아지고 있다. 14장에서는 다양한 종류의 동적 지도를 다루고, 인터넷 지도의 장단점에 대해 고찰할 것이다. 15장은 결론으로, 지도가 심지어 상호모순적으로 보이는 이중적 역할을 한다는 사실을 보여 주고, 지도 저작자의 동기에 대한 회의주의적 관점을 옹호하면서 이 책을 마무리 지을 것이다.

지식의 본질에 대한 회의론이 점점 더 설득력을 얻어 가는 시대에 우리가 살고 있다는 점을 감안할 때, 지도를 가지고 어떻게 남을 속일 수 있는가에 관한 책은 그 어느 때보다 유용하다고 생각한다. 말로 하는 거짓말(선의의 것이건 악의에 찬 것이건)에 대한, 혹은 말이 어떻게 조작될 수 있는가에 대한 높은 관심에 비하면, 지도나 다른 시각 매체 이용에 관한 교육은 미미하거나 제한되어 있으며, 그러한 교육의 부재로 인해 정말로 많은 사람이 그래프 및 지도 문맹의 상태에 놓여 있다. 지도는 숫자와 마찬가지로 과분한 존중과 신뢰를 받는 신화적 대상물이다. 이 책은 이러한 지도학적 신비감을 없애고, 의사소통 수단으로서 지도가 가진 유연성에 주목하게 함으로써, 보다 올바른 지도 이용을 진작하려는 데 그 목적이 있다.

기술의 발전이 지도 제작자와 지도 사용자의 장벽을 점점 낮추고 있다는 점을 전제할 때, 이 책은 자신의 업무에서 지도를 보다 효과적으로 이용하려는 사람이나 환경 악화나 사회 병리에 대처하고자 노력하는 사람들에게 특히 유용할 것이다. 지도에 대한 건전한 회의주의로 무장한다면, 지도에 나타난 위치 특성을 더 잘 이해하고, 지리학적 관련성을 더 잘 설명하고, 편향되거나 부정직한 지도 제작자의 이기적인 주장을 더 잘 인식하고 대처할 수 있는 식견 있는 지도 저작자가 될 수 있을 것이다.

··역자 주

1. 지도에 표현되는 모든 것을 지리공간적(geospatial) 사상이라고 부른다. 사상은 사물과 현상을 합쳐 부르는 단어 정도로 생각하면 된다. 주로 사상으로 번역했지만, 맥락에 따라 피처, 지형지물 등으로도 번역했음을 미리 밝혀 둔다.
2. 지도 제작 전문가가 아니라 일반 대중이 일상생활에서 행한 지도학적 행위를 의미한다.
3. 저자는 직업적으로 지도를 만드는 사람을 지도 제작자(mapmaker)라 부르고, 이들을 포함한 지도를 만들 수 있는 모든 사람을 칭하기 위해 지도 저작자(map author)라는 단어를 사용한다.

2장

지도의 요소

Elements of Maps

지도는 축척, 투영, 기호화■[1]라는 세 가지 기본적인 속성을 갖는다. 이 세 가지 요소는 지도 왜곡의 개별적 원인이며, 지도의 가능성과 한계를 총체적으로 규정한다. 지도의 축척, 지도 투영법(도법), 지도 기호에 대한 충분한 이해가 없다면, 어느 누구도 지도를 오류 없이 효과적으로 이용하거나 만들 수는 없다.

축척

대부분 지도는 나타내려는 실제보다 작으며, 얼마만큼 작은지는 지도에 표시된 축척을 통해 알 수 있다. 지도 축척은 비율식(ratio) 축척, 서술식(verbal) 축척, 그래프식(graphic) 축척의 세 가지로 구분한다. 지도 축척의 전형적인 예가 그림 2.1에 나타나 있다.

비율식 축척은 지도상의 단위 길이가 지상에서 어느 정도의 거리를 의미하

비율식 축척	서술식 축척
1:9,600	1in는 800ft를 나타낸다.
1:24,000	1in는 2,000ft를 나타낸다.
1:50,000	1cm는 500m를 나타낸다.
1:250,000	1in는 대략 4miles을 나타낸다.
1:2,000,000	1in는 대략 32miles을 나타내고, 1cm는 20km를 나타낸다.

그래프식 축척

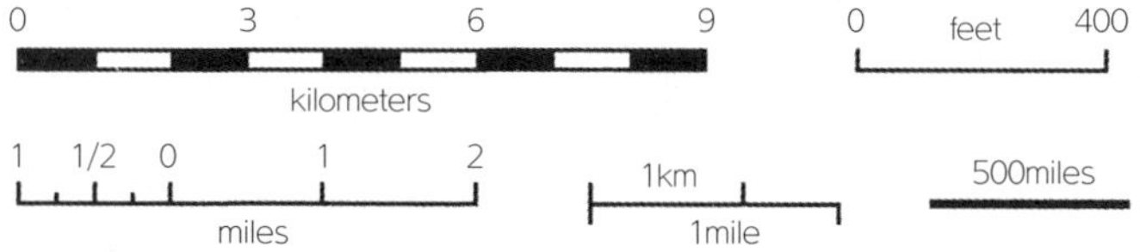

0 3 6 9
kilometers
0 feet 400
1 1/2 0 1 2
miles
1km
1mile
500miles

그림 2.1. 지도 축척의 유형

는지를 나타낸 것이다. 중요한 것은 지도와 지상의 길이 단위가 동일해야 한다는 점이다. 즉 1:10,000 비율이란, 지도상의 1cm, 1in, 1ft가 실제로는 각각 10,000cm, 10,000in, 10,000ft를 나타낸다는 것을 의미한다. 길이 단위가 동일하기만 하면, 어떤 단위가 사용되었는가는 축척에 아무런 영향을 끼치지 않으며, 언급할 필요조차 없다. 즉, 비율식 축척값은 무차원의 숫자이다. 일반적으로 비율을 나타내는 기호에서 쌍점(:)의 왼쪽에는 항상 1을 놓는다.

어떤 지도는 분수의 형태로 비율식 축척을 나타내는데, 의미의 차이는 전혀 없다. 지도 제작자가 1:25,000와 1/25,000 중 어느 것을 사용할지는 개인 취향의 문제일 뿐이다.

분수식 축척 표기는 지도 이용자가 지도의 축척을 비교하는 데 도움이 된다. 1/10,000(또는 1:10,000) 축척은 1/250,000(또는 1:250,000) 축척보다 크다. 왜냐하면 1/10,000이 1/250,000보다 큰 수이기 때문이다. 작은 값의 분수는 분모가 크고 큰 값의 분수는 분모가 작다는 것을 기억하거나, 피자 반쪽은 4분의 1쪽보다 크다는 것을 기억하면 된다. 일반적으로 '대축척(large-scale)' 지도는 1:24,000■[2]보다 축척이 큰 지도를, '소축척(small-scale)' 지도는 1:500,000보다 축척이 작은 지도를 일컫는다. 그러나 이러한 구분은 상대적이다. 예를 들어, 어느 도시의 도시계획 부처가 보유한 가장 작은 축척이 1:50,000이라면, '소축척'이 1:24,000 이하이고, '대축척'은 1:4,800 이상일 수도 있다.[3]

대축척 지도는 소축척 지도에 비해 자세하다. 축척이 1:10,000인 지도와 1:1,000,000인 지도를 비교해 보자. 1:10,000인 지도에서 1cm는 실제로 10,000cm, 즉 100m를 의미한다. 이 축척에서 $1cm^2$의 면적은 실제 $0.01km^2$이다. 한편 1:1,000,000인 지도에서는 1cm는 실제로 10km를 의미하며, $1cm^2$는 $100km^2$를 의미한다. 이 예에서 알 수 있듯이, 대축척 지도상의 $1cm^2$에는 소축척 지도상의 $1cm^2$보다 지상에 있는 내용을 보다 자세하게 보여 준다. 두 지도 모두 일부 세부 사항들을 줄여야 하지만, 1:1,000,000 축척의 지도 제작자는 1:10,000 축척의 지도 제작자보다 훨씬 더 많이 줄여야 한다. 모든 지도가 지구에 관해 본의 아닌 거짓말을 해야 한다는 점을 염두에 둘 때, 소축척 지도가 대축척 지도에 비해 더 많은 거짓말을 한다고 말할 수 있다.

서술식 축척은 짧은 문장을 통해 축척을 표기하는데, 예를 들어 "1인치는 1마일을 나타낸다."라고 기술하는 식이다. 이 예는 두 가지 거리 단위를 결합하여 서술함으로써 보다 직관적으로 축척을 이해할 수 있게 한 것이다. 대부분의 지도 이용자들에게는 1:63,360이라는 비율식 축척이나 이와 근사한 값인 1:62,500보다 이러한 단순한 문장이 의미 전달력 측면에서 훨씬 우수하다. 영국에서는 "1마일을 1인치로 나타낸" 혹은 "4마일을 1인치로 나타낸"(이는 1:250,000 축척과 엇비슷하다)이라는 수식구를 통해 서로 다른 축척이 적용된 지도 시리즈를 구분해 불렀다.

간혹 지도 제작자들은 '나타낸다'보다는 '동일하다'라고 표현한다. 이 경우 '동일하다'라는 말은 기술적으로는 완전히 잘못된 표현으로, '해당한다'의 축약어로 보는 게 맞을 것이다. 그러나 건전한 회의주의자는 여기에서 지도학적 유혹의 위험성을 강하게 경고해야만 한다. 왜냐하면 "1인치가 1마일과 동일하다."는 표현은 지도 이용자에게 지도가 단지 기호 모형이라는 중요한 사실을 망각하게 하며, 더 나아가 지도화된 이미지를 현실로 착각하게 만들 수 있기 때문이다. 다음 장들에서 살펴보겠지만, 이러한 기만은 실로 위험한 것이다.

미터 단위를 쓰면 서술식 축척의 효용이 사라지게 된다. 센티미터나 킬로미터에 익숙한 사람들은 1:100,000의 축척에서 1cm는 1km를 나타내며, 1:25,000 축척에서 4cm는 1km를 나타낸다는 사실을 쉽게 파악하기 때문에 설명문 형식의 서술식 축척을 사용할 필요가 없다. 미터 단위가 표준인 유럽에서는 딱딱 떨어지는 1:10,000, 1:25,000, 1:50,000, 1:100,000과 같은 축척을 일반적으로 사용한다. 미국의 경우, 대축척 지도에서는 1:9,600("1인치는 800피트를 나타낸다."), 1:24,000("1인치는 2,000피트를 나타낸다."), 1:62,500("1인치는 거의 1마일을 나타낸다.")과 같은 축척이 주로 사용되며, 미터 시스템은 양조 및 제약 산업에서 제한적으로 사용되고 있다.

그래프식 축척은 지도의 축척을 나타내는 가장 편리하고 안전한 방법이며, 지도 이용자의 거리 감각과 암산 능력에 전적으로 기대는 비율식 축척의 훌륭한 대안이다. 단순한 막대 축척(bar scale)이 가장 널리 사용되는데, 지도의 기능과 지도화 영역의 크기에 맞추어 조정된 일련의 거리 눈금으로 축척을 나타낸다. 그래프식 축척은 신문이나 잡지 편집자들이 자기 마음대로 지도를 확대하거나 축소할 경우 발생할 수 있는 위험성을 경감시켜 준다. 예를 들어, 1:50,000으로 표시된 5cm 폭의 지도를 3cm 폭의 기사란에 맞게 줄이려면 1:80,000 이하의 축척이 되어야 하지만, 지도상의 축척은 그대로 1:50,000으로 표기되어 있을 수 있다. 하지만 500m를 나타내는 막대 축척은 지도의 다른 기호나 거리가 줄어들 때 동일한 비율로 줄어들기 때문에 이러한 문제점이 없다. 비율식 축척이나 서술식 축척은 디지털 지도에서는 그다지 효용성이 높지 않다. 스크린이 바뀜에 따라 그 속에 있는 지도의 축척 역시 매우 다양하고 예측할 수 없을 정도로 급박하게 변하기 때문이다.

웹 기반 지도 혹은 유사한 형태의 대화형 지도의 경우, 네 번째 종류의 축척 표시법을 사용한다. 그것은 바로 줌 슬라이더인데, 위아래로 움직이면서 지표상의 상대적인 거리를 조정할 수 있다. 대화형 플러스(+)/마이너스(–) 버튼도 이와 유사한 기능을 한다. 줌아웃을 실행하면 축척이 작아지면서 보다 넓은 영역을 보여 주고, 줌인을 하면 축척이 커지면서 보다 좁은 영역을 상세하게 보여 준다.

지도 투영법

지구의 3차원 곡면을 2차원 평면에 옮기는 과정을 지도 투영(地圖 投影, map projection)이라고 하며, 그것을 행하는 구체적인 방식을 지도 투영법(혹은 도법)이라고 한다. 그런데 지도 투영은 필연적으로 지도 축척에서의 왜곡을 야기한다. 지구본은 모든 지점과 모든 방향으로 일정한 축척을 유지하고 있는 가장 정확한 지구 모형이다. 이에 반해 평면의 지도에서는 확대/축소의 크기와 양상이 다양하기 때문에 축척이 지점마다 다르게 나타난다. 심지어 한 지점의 축척마저 방향에 따라 달라질 수 있다.

그림 2.2에 나타난 투영법은 넓은 범위를 나타내는 지도에서 흔히 볼 수 있는 심각한 축척 편차를 보여 준다.■4 이 지도에서는 적도, 적도와 직교하는 남북 방향의 경선(자오선)을 따라 축척이 정확하다(**위선**, **경선**, **위도**, **경도** 등의 용어가 생소한 사람은 부록을 참고하라). 적도와 경선상에서의 축척이 동일하기 때문에 각 경선(만약 지도를 **완전한** 구라고 가정한다면)의 길이는 적도 길이의 절반이 된다. 또한 축척이 경선을 따라 일정하기 때문에, 예를 들어, 경도 30°상의 위선 간격은 일정하다. 그러나 위선의 길이는 무언가 잘못

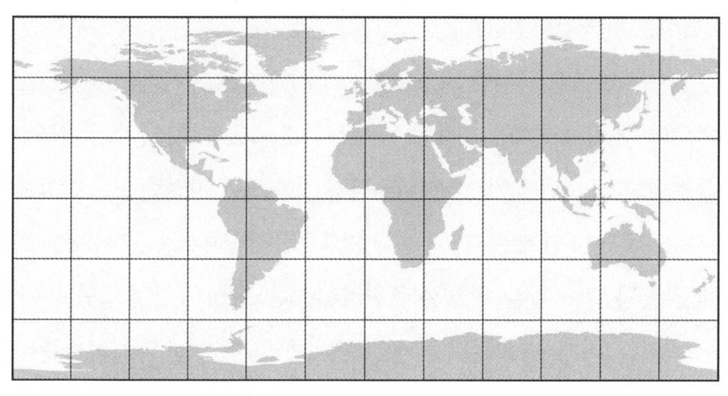

그림 2.2. 경선의 길이가 정확한 적도 중심의 원통도법

되어 있다. 지구나 지구본의 위선 길이는 적도에서 극으로 갈수록 줄어드는데, 이 지도상의 모든 위선은 길이가 동일하게 나타난다. 더욱이 길이가 없는 극 지점이 이 도법에서는 적도 길이와 동일한 선분으로 나타나 있다. 따라서 남북 방향의 축척은 일정하지만, 동서 방향의 축척은 남·북위 60°에서는 2배로 확대되고 극에서는 무한대로 확대된다.

세계 지도의 세밀한 정도를 나타내고자 할 때 보통 비율식 축척이 사용된다. 그러나 이 경우 축척은 지도상의 몇 개의 선(그림 2.2의 경우는 적도와 경선)을 따라서만 유효하다. 그러므로 비율식 축척을 이용해 지도상의 두 기호 사이의 거리를 실제 지점 간의 거리로 환산할 경우 거의 예외 없이 엉뚱한 결과가 나타난다. 그런데 이에 대해 경고문을 표시한 세계 지도는 거의 찾아보기 어렵다. 예를 들어, 서로 멀리 떨어져 있고 적도보다 훨씬 북쪽에 있는 시카고와 스톡홀름 간의 거리는 그림 2.2의 지도에서는 매우 과장되어 나타난다. 이런 점을 잘 이해하고 있는 지도학자들은 세계 지도에 그래프식 축척을 잘 적용하지 않는다. 그래프식 축척이 이러한 유형의 축척 오용을 극단적으로 조장할 수 있다고 생각하기 때문이다. 반면에 나타내는 지표상의 영역이 작은 대축척 지도의 경우는 축척 왜곡의 정도가 무시할 만한 수준이기 때문에 그 위험성은 훨씬 낮아진다.

그림 2.3은 두 단계로 나누어 지도 투영을 설명함으로써 세계 지도상에서 비율식 축척의 의미와 한계를 이해할 수 있도록 도와준다. 첫 단계는 지구를 지구본으로 줄이는 것인데, 이 경우 비율식 축척은 모든 지점과 모든 방향에서 정확하다. 두 번째 단계는 지구본상의 기호들을 평면(plane), 원추(cone), 원통(cylinder)과 같이 펼칠 수 있는 표면(flattenable surface: 투영면) 위로 투영하는 것이다. 이때 지구본은 그러한 표면과 한 점 혹은 한두 개의 **표준선**(standard line)과 만나며, 평평한 지도상에서는 축척이 그 표준선상에서 항상 일정하다. 그림 2.2에 나타난 **평면 차트**(plane chart)라 불리는 원통도법에

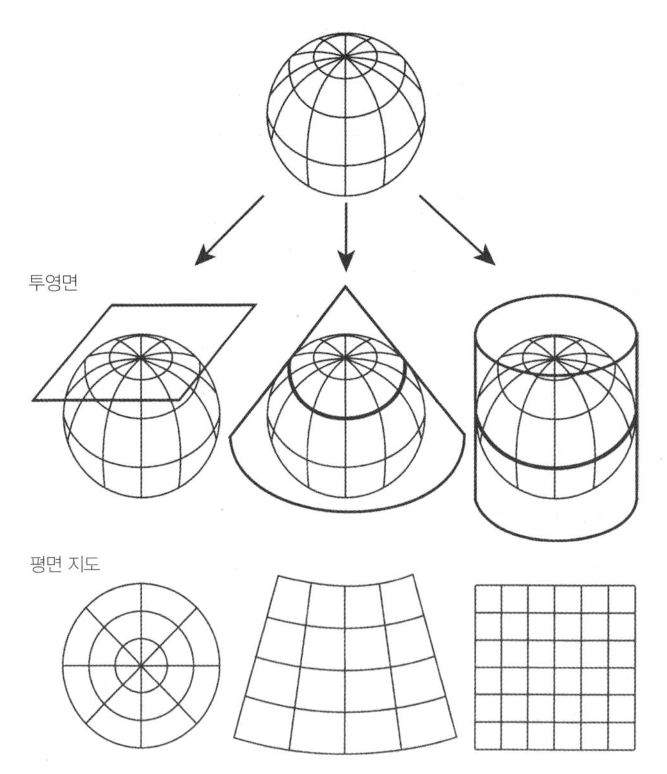

그림 2.3. 지도 투영의 두 번째 단계에서의 투영면의 역할

서는 적도가 표준선이며 경선을 따라서도 축척이 정확하다.

일반적으로 축척 왜곡은 표준선에서 멀어질수록 커진다. 개념적으로 말해 지도 투영은 **투영면**(developable surface)■5이라고 불리는 평면, 원추, 원통 등을 통해 이루어지는데, 지도 제작자들은 그러한 투영면의 중심을 대상 지역, 혹은 바로 그 근방에 위치시킴으로써 왜곡을 최소화하고자 한다. 대부분 세계 지도는 적도에 중심을 둔 원통도법(cylindrical projection)을 사용한다. 그림 2.4에 나타난 것처럼, 지구본을 자르는 **할격**(割格, secant) 원통도법은 두 개의 표준선을 이용한다. 이에 비해 지구본에 접하는 **접격**(接格, tangent) 원통도법은 표준선이 하나이다. 평균적인 왜곡의 정도는 할격도법의 경우가

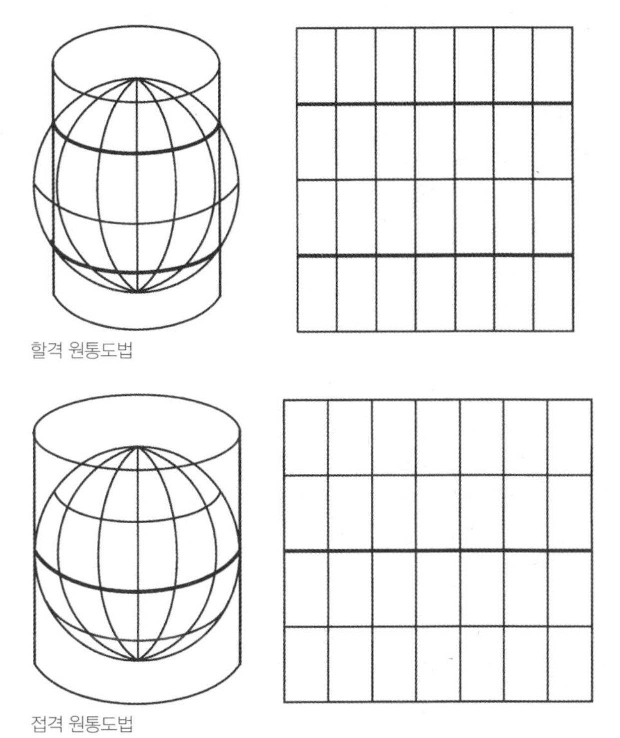

그림 2.4. 할격 원통도법(위)과 접격 원통도법(아래)

더 작은데, 이것은 모든 지점이 평균적으로 두 개의 표준선 중 어느 하나에 더 가깝기 때문이다.■6 북아메리카, 유럽, 러시아와 같이 중위도의 넓은 지역에는 원추도법(conic projection)이 적당하며, 할격 원추도법이 접격 원추도법보다 평균 왜곡의 정도가 작다. 평면을 투영면으로 사용하는 **방위도법**(azimuthal projection)은 극지방을 나타내는 지도에 널리 사용된다.

투영면별로 독특한 왜곡 속성을 가진 다양한 투영법이 존재한다. **정적도법**(equivalent or equal-area projection)은 면적 관계를 정확하게 유지한다. 따라서 지구본에서 남아메리카가 그린란드에 비해 8배 더 크면, 정적도법에서는 그 관계가 그대로 유지된다. 그림 2.5는 그림 2.2 지도에 나타난 심각한 축척 왜곡을 줄이는 두 가지 방법을 보여 준다. 위에 있는 정적원통도법은 적도로부터 멀어질수록 위선 간격을 줄임으로써 극으로 갈수록 면적이 극단

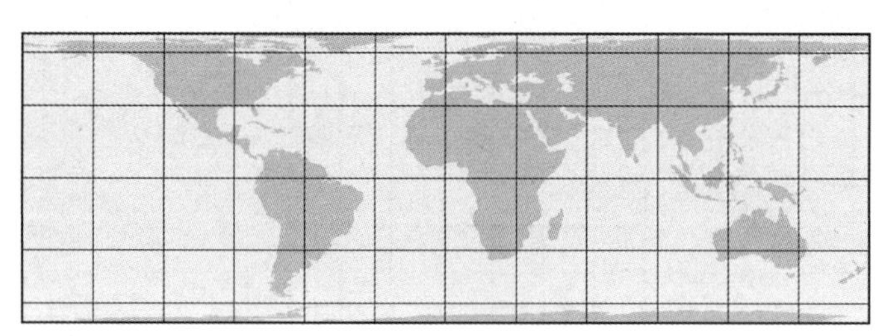
정적원통도법

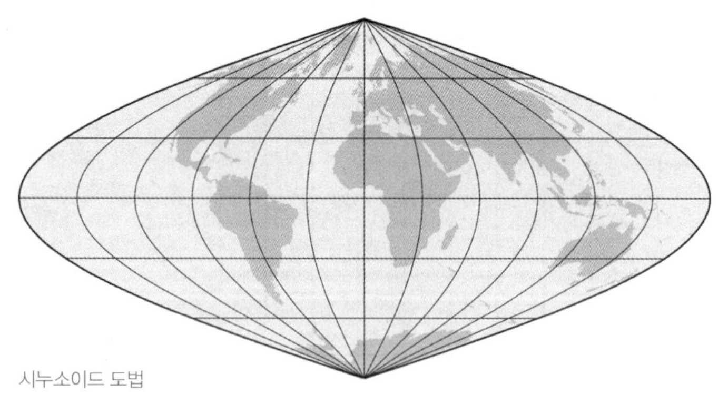
시누소이드 도법

그림 2.5. 두 종류의 정적원통도법

적으로 확대되는 것을 회피하고자 한다. 반면 아래에 있는 시누소이드 도법(sinusoidal projection)은 적도와 모든 위선, 그리고 중앙 경선을 따라 축척이 정확하다. 이와 동시에 경선들을 극 쪽으로 수렴시키는 방식을 통해 극지방의 면적 왜곡을 없앤다. 적도와 중앙 경선 주변의 열십자 모양의 지역에서 왜곡이 가장 적다. 그리고 이 두 축 사이에 있으면서 동시에 투영 중심에서 멀리 떨어진 말단부에서 왜곡이 가장 심하다. 따라서 '구석'에서의 형태 왜곡은 극심하지만, 대륙과 국가의 면적, 그리고 경위선으로 둘러싸인 영역의 면적은 지도의 모든 부분에서 같은 비율로 축소되어 있다.

중앙 경선 주변은 왜곡이 심하지 않기 때문에 북아메리카 대륙의 경우 캔자스주를 관통하는 중앙 경선에 투영의 '중심을 위치시킨' 시누소이드 도법을 적용하면 상당히 정확한 정적도법을 만들 수 있다. 바르샤바와 모스크바 사이를 지나는 중앙 경선을 기준으로 시누소이드 도법을 적용하면 북아메리카의 경우와 비슷한 유라시아 대륙의 정적도법 지도를 얻을 수 있다. 20세기 초반 시카고대학교 지리학과 교수였던 폴 구드(J. Paul Goode)는 이와 같은 지대별 세계 지도라는 개념을 확장해, 그림 2.6에 나타난 것과 같은 복합도법을 고안했다. 이 단열형 호몰로사인 정적도법(interrupted homolosine equal-area projection)은 적도를 따라 혓바닥 모양의 열편(裂片, robe) 6개

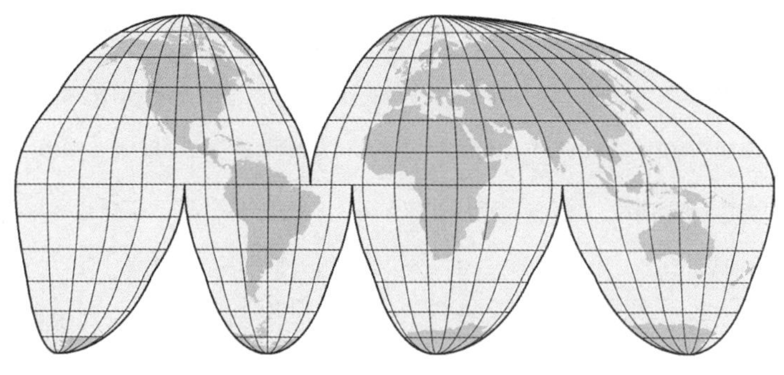

그림 2.6. 구드의 호몰로사인 정적도법

가 위아래로 돌출되어 있다. 구드는 경선들이 극을 향해 심하게 휘어지는 것을 막기 위해 각 열편에 위도 40° 정도를 경계로 서로 다른 두 개로 투영법을 적용했다.■7 적도에 가까운 쪽은 시누소이드 도법을 적용하고, 경계에서 극에 이르는 부분은 몰바이데 정적도법(equal-area Mollweide projection)을 적용했다. 몰바이데 정적도법은 고위도 지역에서 동서 방향의 축소가 비교적 적은 특징이 있다. 구드 도법은 육지부에서의 왜곡을 최대한 줄이고자 했기 때문에 해양의 연속성을 훼손하는 전략을 취했다. 결과적으로 구드 도법이 이룬 것은 정확한 상대적 면적을 보존하기 위해 형태를 왜곡시킬 수밖에 없는 정적도법의 한계를 어느 정도 보완했다는 것이다. 해양의 왜곡을 최소화하기 위해 육지를 절단할 수도 있는데, 이렇게 제작된 구드 도법의 지도는 수산업이나 다른 해양 연구에 도움을 줄 수 있을 것이다.

지구본은 면적, 각, 전체적 형상, 거리, 방위 등 모든 지도학적 요소를 정확히 보존하지만, 그러한 권능을 가진 평면 지도는 존재하지 않는다. 따라서 특정 투영법은 지도학적 요소들을 특정 방식으로 절충한 것에 불과하다. 그럼에도 불구하고, 구드 도법은 전 세계 인구나 돼지, 밀 등 육지의 여러 변수에 대한 밀도를 점형 기호로 나타내고자 하는 지도 제작자에게는 특별한 가치가 있다. 예를 들어, 점 한 개가 50만 마리의 돼지를 나타내는 점분포도(dot-distribution map)■8에서 점 간의 간격은 상대적인 밀도를 나타낸다. 미국 중서부나 유럽 북부와 같은 주요 돼지 사육 지역에는 수많은 점이 빽빽이 찍힐 것이다. 반면 인도나 오스트레일리아처럼 돼지를 거의 사육하지 않는 지역에는 점들이 거의 나타나지 않을 것이다. 그러나 면적이 보존되지 않는 도법에서는 동일한 면적에서 동일한 수의 돼지를 사육해도 사육 밀도가 아주 다른 것처럼 나타날 수도 있다. 예를 들어, 두 지역 모두에 2천만 마리를 나타내는 40개의 점이 찍혀 있어도, 지도상에 2cm²로 나타나는 지역은 1cm²로 나타나는 지역에 비해 점들 간 간격이 넓고, 따라서 돼지 사육이 비교적 덜 집약적으로 이루어지는 것처럼 보이게 된다. 이렇게 면적을 보존하는 정적성(equivalence)은 지도 이용자가 국가들 간의 면적을 비교하거나 다른 범주에 속하는 지역들의 전체 면적을 비교할 때에도 매우 중요하게 작용하는 투영 속성이다.

정적도법이 면적을 유지하듯이 **정형**도법(conformal projection)은 국지적 각도를 유지한다.[■9] 즉, 정형도법에서 임의의 두 직선이 교차하는 각도는 지구본에서나 평면 지도에서나 같다. 정형도법을 적용하면, 기다란 모양의 대륙과 같은 사상의 형태는 지켜지지 않겠지만, 특정 역세권과 같은 매우 좁은 지역의 경우는 축척과 형태가 거의 지켜질 것이다. 따라서 지구본상의 지극히 작은 원[■10]은 정형도법으로 제작된 지도상에서 원 모양을 그대로 유지한다.[■11] 그럼에도 불구하고, 다른 모든 도법과 마찬가지로 축척은 지도상의 위치에 따라 달라지는데, 지구본 위에 그려진 같은 크기의 작은 원들은 정형도법상에서 아주 다른 크기로 나타나게 된다. 정형도법이든, 다른 도법이든 대륙이나 큰 국가와 같은 넓은 지역의 형상은 반드시 왜곡되어 나타나지만, 일반적으로 정형도법은 다른 도법에 비해 전체적인 형상을 비교적 적게 왜곡한다.

아마 투영법에서 가장 뚜렷한 상충 관계(trade-off)는 정형성과 정적성 사이에서 찾을 수 있을 것이다. 면적과 각도 모두를 왜곡하는 투영법은 존재하지만, 둘 다를 보존하는 투영법은 존재하지 않는다. 이 두 개의 투영 속성은 상호 배타적이다. 게다가 지도 안에서 보면, 표준선으로부터 멀리 떨어져 있는 말단부의 경우, 정형도법에서는 면적의 왜곡이 극심하게 발생하고, 정적도법에서는 형태의 왜곡이 극심하게 발생한다.

항해에 사용되는 두 개의 정형도법을 통해 면적이 얼마나 극단적으로 왜곡될 수 있는지 살펴보도록 하자. 그림 2.7의 왼쪽에는 메르카토르 도법의 지도가 나타나 있다. 이 지도상에서 그린란드는 남아메리카만큼이나 크게 보인

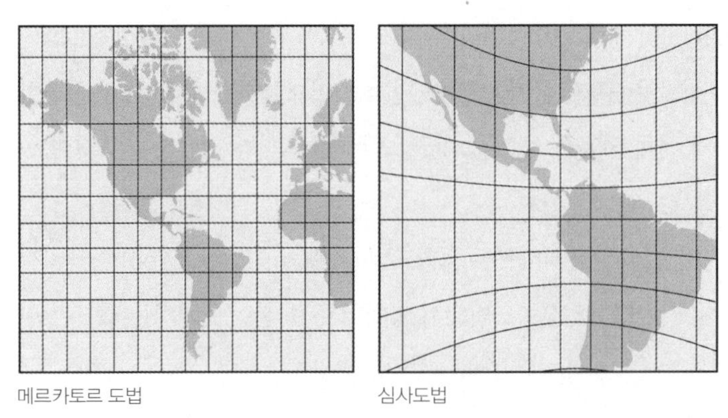

그림 2.7. 적도 중심의 메르카토르 도법(왼쪽)에서 직선은 항정선으로 고정 방위를 나타낸다. 반면 심사도법(오른쪽)에서 직선은 대권으로 두 지점 간의 최단 경로를 나타낸다.

다. 하지만 실제 지구본에서 그린란드 면적은 남아메리카의 1/8에 지나지 않는다. 적도가 중심인 메르카토르 도법에서는 남북 방향의 축척이 극 쪽으로 갈수록 급격히 증가한다.■12 따라서 극이 무한대에 놓이게 되므로 극을 나타낼 수 없다. 그림 2.7의 오른쪽에는 심사도법(gnomonic projection)으로 작성한 지도가 나타나 있다. 면적의 왜곡이 극심해 지구 전체는커녕 반구(半球, hemisphere)도 나타낼 수 없다.

그렇다면 도대체 왜 이러한 투영법을 사용하는가? 이 두 종류의 지도는 일반 목적도나 벽걸이용 지도로서는 엄청난 단점을 가지고 있다. 그러나 직선 항로를 찾는 조종사나 항해사에게는 무한한 가치가 있다. 예를 들어, 메르카토르 도법에서 직선은 **항정선**(航程線, rhumb line) 혹은 **등각항로**(等角航路, loxodrome)를 나타낸다. 항정선이란 고정 방위(constant bearing)에 의거한 항로를 의미한다.■13 A 지점에 있는 항해자가 B 지점으로 항해하려면 지도상에서 A 지점과 B 지점을 연결한 직선을 그은 다음 각도기를 이용해 그 직선(항정선)과 경선 간의 각도를 잰다. 그리고 이 각도와 나침반을 이용해 항해하면 된다. 반대로 심사도법에서 직선은 **대권**(大圈, great circle)■14을 나타내는데, 이것은 두 지점 간의 최단 경로를 의미한다. 유능한 항해사는 대권 경로상에 몇 개의 중간 지점을 확인하고, 이 지점들을 심사도법에서 메르카토르 도법으로 옮겨 경로 변경점으로 삼는다. 그다음 경로 변경점들을 연결해 연속적인 몇 개의 항정선을 긋고, 각 항정선들의 각도를 측정한다. 이렇게 해서 결국 최단 경로와 유사하면서도 쉽게 항해할 수 있는, 몇 개의 하위 경로들로 이루어진 절충 경로를 따라 A 지점에서 B 지점으로 항해하게 되는 것이다.

투영법은 면적, 각도, 전체적 형상, 거리, 방위 등 다섯 가지의 지리적 관계를 왜곡한다. 어떤 투영법은 각도는 유지하지만 국지적 면적은 유지하지 못하고, 어떤 투영법은 면적은 유지하지만 국지적 각도는 유지하지 못한다. 면적이 큰 사상은 모든 지도에서 심하게 왜곡된다(어떤 도법은 다른 것에 비해 더 심하게 왜곡된다). 또한 모든 투영법에서 적어도 거리나 방위의 일부가 왜곡된다. 그러나 메르카토르 도법과 심사도법의 예처럼, 지도 제작자는 특별한 목적에 맞는 도법을 고안해 낼 수 있다. 예를 들어, 그림 2.8의 사축 정거방위도법(oblique azimuthal equidistant projection)은 일리노이주 시카고로 수렴하는 모든 최단 거리의 대권 경로에 대해 정확한 거리와 방위 관계를 나타낸다. 비록 이 지도는 시카고 부근의 사람들에게는 유용할지 모르나, 시카고 외의 다른 지역 간의 거리 비교에는 전혀 도움이 되지 않는다. 더욱이 전 세계 지도로 확대할 경우, 대륙의 형상이나 상대적 면적이 심하게 왜곡되어 일반 목적도로는 아무런 가치가 없다. 대화형 컴퓨터 그래픽 시스템이나 좋은 지도 제작용 소프트웨어를 가진 지도 이용자라면, 스스로 아주 유능한 지도 제작자가 되어 독특한 용도의 맞춤형 도법을 만들 수도 있다. 예를 들어, 북한을 중심에 위치시켜 정거방위도법으로 투영한 지도는 아무 세계 지도나 골라 그 위에 여러 개의 동심원을 표시한 지도에 비해 북한의 잠재적 미사일 공격 위협에 대한 보다 격조 있는 토론을 가능하게 할 것이다.■15

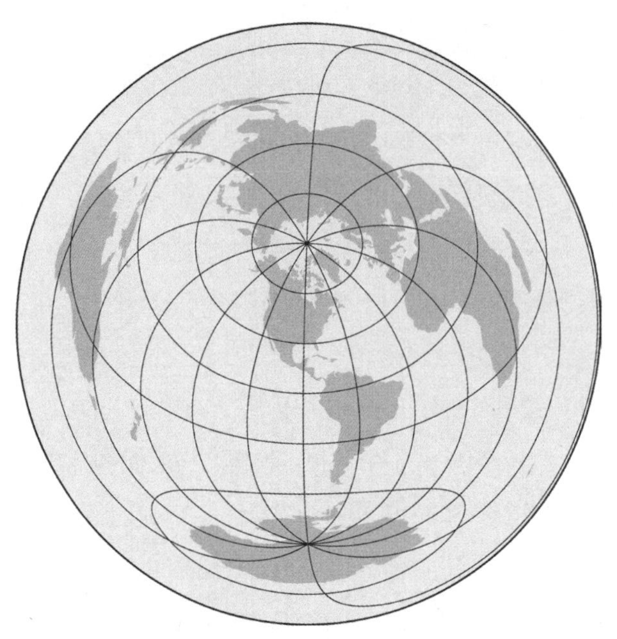

그림 2.8. 서경 90° 바로 동쪽에 있는 일리노이주 시카고를 중심으로 투영한 사축 정거방위도법

카토그램(cartogram)을 고도의 맞춤형 지도 투영의 극단적 예로 보는 관점이 존재한다. 왜냐하면 카토그램은 여행 시간, 운송비, 인구 규모와 같은 상대적 측정값에 기초해 세상을 왜곡해 표현하기 때문이다. 전통 지도라면 투영법은 건드리지 않은 채 맞춤형 기호를 개발해 이러한 과업을 완수하고자 했을 것이다. 하지만 카토그램은 거리 및 면적 관계에 대한 강력한 시각적 왜곡을 통해 관심 내용을 전달한다. 예를 들어, 그림 2.9에 나타난 **거리 카토그램**(distance cartogram)은 뉴욕주 시러큐스를 중심으로 한 두 개의 서로 다른 우편 요금제를 비교하고 있는데, 대조적인 교통-비용 공간을 보여 준다. 2파운드 무게의 소포 비용을 나타낸 왼쪽 지도에 따르면, 뉴욕주 워터타운이 애리조나주 피닉스에 이르는 거리의 절반보다 조금 더 멀다는 것을 알 수 있다. 그런데 10파운드 무게의 소포 비용을 나타낸 오른쪽 지도에서는 워터타운

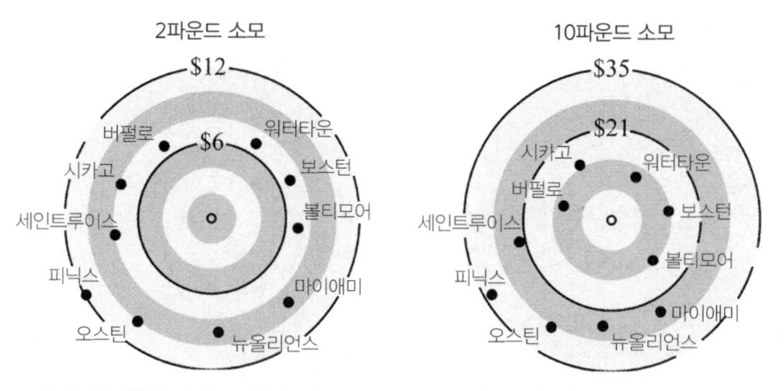

그림 2.9. 뉴욕주 시러큐스를 중심으로, 소포 요금에 따른 상대적 공간을 나타낸 거리 카토그램

이 시러큐스에 아주 가깝게 위치한 것을 알 수 있다(실제로 워터타운은 시러큐스에서 북쪽으로 70마일 정도 떨어져 있다). 이 도식 지도에는 지역 경계와 같은 전통적으로 중요시되던 다른 준거 사상들은 생략되어 있다. 왜냐하면 이런 지도에서는 목적지 도시명이 그러한 사항들보다 훨씬 더 중요하기 때문이다.

그러나 그림 2.10과 같은 **역형 카토그램**(area cartogram)에서는 해안선과 국경선이 매우 중요한 요소가 된다. 이 카토그램은 '원환체(圓環體) 위의 세상(the world of torus)'이라는 시각적 인상을 심어 주기 위해 심지어 가짜 경위선 격자(pseudogrid)를 설정했다. 일종의 지도 투영이 적용된 것으로 간주되는 이 카토그램은 **인구 기본도**(demographic base map)로 제시된 것인데, 각 기본 단위의 상대적 크기는 육지 면적이 아니라 인구 규모를 반영한다. 이 지도에서 인도는 캐나다보다 훨씬 크게 표현되어 있다. 캐나다는 면적이 약 380만 $mile^2$로 약 120만 $mile^2$인 인도에 비해 훨씬 크지만, 인도의 인구가 캐나다 인구의 35배가량 되기 때문이다. 그런데 지도를 자세히 살펴보면 인구 규모가 작은 국가들이 서로 병합된 것을 발견할 수 있다. 이는 지도 표현의 간략성을 위해 국가주의를 희생시킨 지도 제작자의 정치적 무감각이 반영된 결과이다. 카토그램의 이러한 효용성에도 불구하고, 아직까지도 많은 전통 지

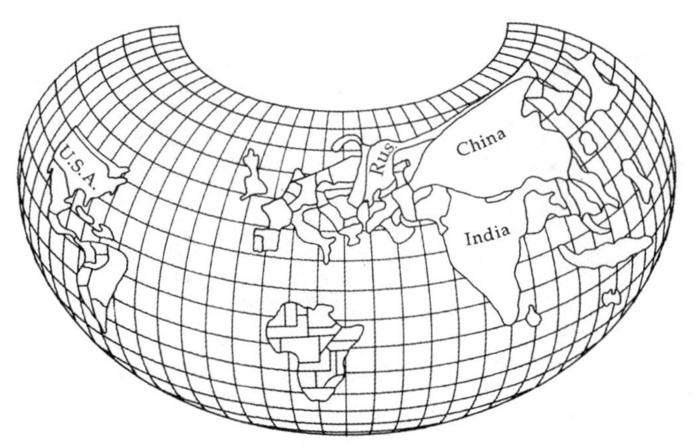

그림 2.10. '원환체 위의 세상'이라는 인구 기본도로, 주요 국가의 인구 크기를 나타낸 역형 카토그램

도학자는 카토그램을 멍청하고 부정확한 카툰 정도로 치부한다. 다양한 종류의 의사소통적, 분석적 필요를 위해 기꺼이 저지르는 지도 왜곡의 힘을 그들은 인정하지 않는 것이다.

지도 기호

그래픽 기호(graphic symbol)는 축척, 지도 투영과 함께 지도의 기본 요소 중 하나이다. 지도에 표현되는 피처, 장소, 그리고 다른 위치 정보들은 그래픽 기호를 통해 시각적으로 드러난다. 지도 기호는 피처나 장소의 특징을 묘사함과 동시에 서로를 구분 짓는데, 이를 통해 2차원의 지리적 프레임워크 속에 자료를 저장하고 끄집어내기 위한 그래픽 코드의 기능을 한다. 지도 기호에 내재된 그래픽 코드는 새로 이사 온 이웃에게 인근 초등학교의 위치를 알려 주기 위해 그린 약도처럼 간단명료할 수 있다. 그 약도에는 주요 도로와 랜드마크를 표시하는 몇 개의 선, 라벨, × 표시 정도만 들어가면 된다. '엘름가(Elm St.)'나 '소방서'와 같은 라벨이 지도를 실제와 연결해 주기 때문에 지도 범례는 따로 필요하지 않다.

지도의 목적이 구체적이면서 단순할 경우, 지도 피처의 선택(selection)을 통해 중요하지 않은 정보를 제거할 수 있다. 그러나 국가 지도 제작 기관이나 민간 지도 회사에서 대량 생산하는 지도는 지도 이용자들의 아주 다양한 질문 모두에 만족스러운 대답을 제공해 줄 수 있어야 한다. 그리고 지도 기호를 통해 지도 이용자가 무엇에 주목해야 하고 무엇에 주목하지 말아야 하는지를 알려 줄 수 있어야 한다. 지도 이용자 옆에 붙어서 지도의 중요치 않은 세부 사항까지 친절하게 알려 줄 수 없기 때문에, 기호 코드는 그래픽 논리 및 시각 인지의 한계에 대한 깊은 이해에 기초해 만들어져야 한다. 약도나 다른 대중 지도학에서 사용되는 조잡한 라벨이나 그림의 경우에는 별문제가 되지 않겠지만, 정보량이 많은 일반 목적용 지도에서는 기준 없는 기호의 선택은 매우 심각한 문제를 야기한다.

지질도나 기후도와 같은 지도는 그 분야의 지도학적 관례를 이해하는 사람에게만 의미가 있는 복잡하지만 표준화된 기호 체계를 가지고 있다. 이를 통해 방대한 양의 데이터를 체계적으로 정리할 수 있다. 비록 대부분의 일반인에게는 여전히 외국어나 수학처럼 난해하겠지만, 논리와 의사소통의 원칙에 따라 도안된 기호 체계로 제작된 것이다.

지도 기호의 논리를 이해하기 위해서는 우선 그림 2.11에 나타난 지도 기호의 세 가지 기하학적 범주(geometric category)와 여섯 가지 시각 변수(visual variable)를 이해할 필요가 있다.■16 평면 지도에서 기호는 점(point)형 기호, 선(line)형 기호, 역(域, area)형■17 기호로 나뉜다. 도로 지도나 그 밖의 다른 일반 목적도에서는 이들 세 가지 기호 유형이 모두 사용된다. 즉, 점형 기호는 랜드마크와 마을의 위치를 나타낼 때, 선형 기호는 하천이나 도로의 길이 및 형태를 나타낼 때, 역형 기호는 공원이나 대도시의 형태와 크기를 나타낼 때 사용된다. 반면에 수치적 속성 데이터를 나타내는 **통계지도**(statistical map)

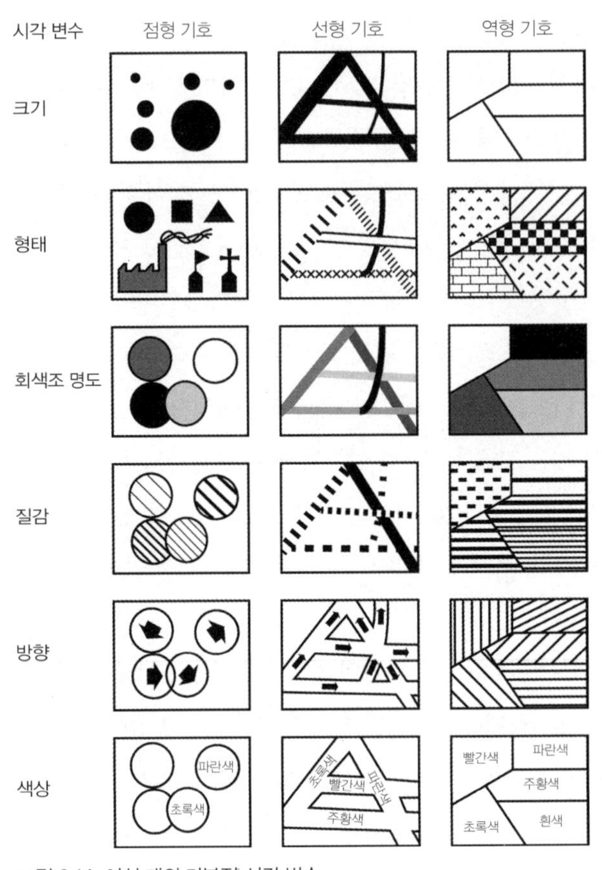

그림 2.11. 여섯 개의 기본적 시각 변수

에서는 점 하나가 10,000명을 나타내는 점분포도에서의 점형 기호나 카운티별 선거 결과를 나타내는 지도에서의 회색조 기호처럼 대부분 한 종류의 기호만 사용된다.

지도에서 지리적 차이를 분명하게 나타내기 위해서는 대조적인 기호가 필요하다. 그림 2.11에 나타난 것처럼, 지도 기호는 크기(size), 형태(shape), 회색조 명도(graytone value), 질감(texture), 방향(orientation), 색상[hue: 파란색, 초록색, 빨간색의 컬러 차이를 의미함(5장 참조)] 등에서 서로 달라야 한다. 이들 여섯 가지 시각 변수는 제각기 특정한 종류의 지리적 차이를 표현하는 데 특화되어 있다. 형태, 질감, 색상은 토지이용이나 지역 간의 정성적 차이를 표현하는 데 효과적이다. 정량적 차이를 표현하는 데 효과적인 시각 변수에는 크기와 회색조 명도가 있다. 크기는 텔레비전 시청자 수와 같은 총량이나 빈도(count)의 차이를 표현하는 데 적합하며, 회색조 명도는 월드시리즈 7차전 시청률과 같은 비율이나 강도의 차이를 표현하는 데 적합하다. 방향은 대부분 바람, 인구 이동, 군대 기동 등 방향성을 가진 사건들을 표현하는 데 적합하다.

일부 시각 변수는 배경과 뚜렷한 대조를 이루지 못하는 작은 점형 기호나 가는 선형 기호를 나타내는 데는 적합하지 않다. 예를 들어, 색상은 원래 점분포도의 점과 같은 작은 점형 기호보다 역형 기호의 차이를 나타내는 데 보다 효과적이다. 일반적으로 회색조 명도는 역형 기호의 비율이나 등급을 나타내는 데는 적합하지만 점형 기호나 선형 기호를 표현하는 데는 효과적이지 않다. 점형 기호나 선형 기호는 역형 기호보다 가늘기 때문에 명암상의 차이가 잘 드러나지 않는다. 점형 기호의 경우, 정성적 차이를 표현할 때는 형태 시각 변수와, 정량적 차이를 표현할 때는 크기 시각 변수와 결합한다. 선형 기호의 경우, 철도와 하천을 구분하거나 도시 경계와 비포장 도로를 구분하고자 할 때는 색상이나 질감 시각 변수를 활용한다. 선형 기호에서 크기는 네트워크의 연결성의 강도를 표현하는 데 사용된다. 즉, 두꺼운 선은 가는 선에 비해 더 많은 수용량이나 교통량을 나타낸다. 역형 기호의 경우는 보통 색상, 회색조 명도, 질감의 차이가 잘 드러날 만큼 충분히 크다. 그러나 아주 작지만 중요한 역형 사상의 경우는 보다 대축척의 삽입도(inset map)를 통해 그 부분만 확대해 표현하기도 한다.

어떤 기호는 두 가지 시각 변수를 결합하기도 한다. 예를 들어, 지형도의 등고선에는 방향과 함께 질감의 한 요소로 간주할 수 있는 간격이 포함되어 있다. 그림 2.12에 나타난 것처럼, 등고선의 방향은 국지적인 사면 방향을 나타내는데, 이는 지면이 등고선의 방향에 대해 수직 방향으로 경사를 이루기 때문이다. 또한 등고선의 간격은 지면의 상대적인 경사도를 나타내는데, 등고선의 간격이 좁으면 급경사, 넓으면 완경사를 의미한다. 점분포도의 경우도 마찬가지인데, 점의 산개(散開, spread)는 돼지 사육 지역의 상대적인 크기를 나타내지만, 점의 간격은 돼지 사육의 상대적인 강도나 지리적 집중 정도를 나타낸다.

데이터와 시각 변수를 잘못 결합하면 지도 이용자는 혼돈의 구렁텅이에 빠지게 된다.■18 최악의 상황은 컴퓨터 그래픽 시스템의 현란한 색상에 도취한 지도 제작자가 정량적인 차이를 표현하기 위해 빨간색, 파란색, 초록색, 노란색, 주황색 등을 마구잡이로 섞어 사용하는 경우이다. 현란하고 대조적인 색상의 사용은 극적인 시각 효과를 발생할 수 있겠지만, 논리적 순서에 따라 배열된 음영 차이를 결코 대신할 수 없다. 색상과 빛의 파장 간의 관련성을 충분히 이해하고 있는 물리학자나 색채 전문가가 아닌 일반 지도 사용자가 색상의 차이를 일련의 서열 관계로 치환하는 일을 손쉽게, 그것도 일관되게 수행한다는 것은 거의 불가능하다. 또한 색각이상자의 경우는 빨간색과 초록색을 구분하지 못한다. 색상 차이와 달리 대부분의 지도 이용자는 밝은 회색부터

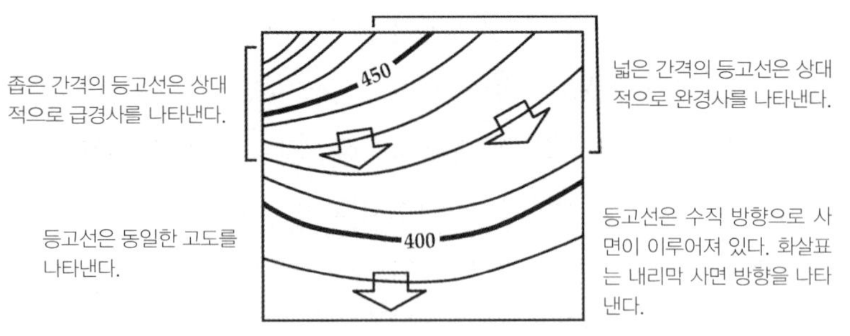

그림 2.12. 등고선은 두 가지 시각 변수를 사용한다. 간격(질감)은 경사를 나타내고, 등고선의 방향은 경사면에 수직이다.

검정까지 동일한 간격으로 구분한 5~6개의 명암 차이를 손쉽게 구별할 수 있다. 더 나아가 진한 것은 높은 값, 연한 것은 낮은 값을 나타내도록 배열되었다면, 지도 이용자의 지도 해석은 더욱 쉬워진다. 범례를 통해 잘못된 지도를 일부 보완할 수 있지만, 잘못된 지도가 효과적인 지도로 바뀔 일은 절대로 없다.

역형 기호가 국가나 지역과 같은 구역 단위에 대한 수치 자료를 나타낼 수 있는 유일한 기호인 것은 아니다. 단위 면적당 인구와 같이 강도를 나타내는 것이 아니라 거주자 수와 같은 규모를 나타내고자 할 경우에는 상이한 명암값을 이용하는 역형 기호보다는 다양한 크기로 표현된 점형 기호가 더 효과적이다. 그림 2.13에 나타난 두 개의 구역 단위 지도는 각각 인구수와 인구밀도를 나타내는 서로 다른 그래픽 전략을 보여 준다. 왼쪽 지도에는 **등급적 점형 기호**(graduated point symbol)가 사용되었다.■19 기호가 각 구역 단위의 중앙에 위치하고, 기호의 크기는 각 구역 단위의 인구 규모를 나타낸다. 오른쪽에는 **코로플레스맵**(choropleth map)■20이 나타나 있는데, 각 구역 단위가 회색조 기호로 표현되어 있고, 기호의 상대적 명암은 인구 집중의 정도를 나타낸다.

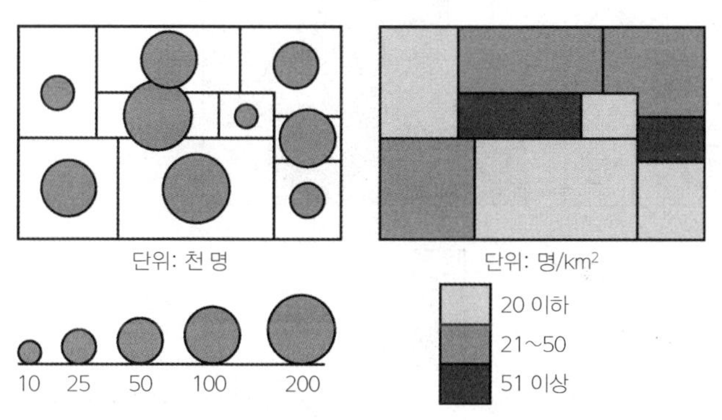

그림 2.13. 등급적 점형 기호(왼쪽)와 회색조 역형 기호(오른쪽)가 각각 인구 규모와 인구밀도를 표현하기 위해 적절하게 사용되었다.

시각 변수와 나타내려는 자료의 특성이 잘 결합되어 있기 때문에 그림 2.13에 나타난 두 지도는 간명하면서도 해당 지리적 분포 특성을 잘 드러내 준다. 왼쪽 지도의 큰 점형 기호는 구역의 크기에 상관없이 많은 인구를 나타내고, 반대로 작은 점형 기호는 적은 인구를 나타낸다. 오른쪽 지도의 진한 명도 기호는 상대적으로 좁은 지역에 많은 인구가 분포하고 있음을 나타낸다. 반대로 옅은 명도 기호는 좁은 지역에 상대적으로 적은 인구가 분포하고 있거나 많은 인구가 넓은 지역에 걸쳐 듬성듬성 분포하고 있음을 나타낸다.

그림 2.14는 측정값과 기호가 부적절하게 결합될 때 어떤 위험한 상황이 초래되는지를 잘 보여 준다. 두 지도 모두 인구 규모를 나타내고 있는데, 오른쪽의 코로플레스맵은 사실을 호도할 위험성이 농후하다. 왜냐하면 코로플레스맵에서 사용하는 역형 기호는 일반적으로 규모보다 강도를 나타내기에 적합하기 때문이다. 예를 들어, 인구는 많지만 인구밀도는 낮은 넓은 면적의 지역과 인구도 많고 인구밀도도 높은 적은 면적의 지역이 진한 명도의 동일한 역형 기호로 표현되어 있다. 이에 반해 왼쪽 지도는 인구 크기에 대한 직접적인 기호가 잘 표현되어 있을 뿐만 아니라 구역 경계 및 면적이 분명하게 드러나

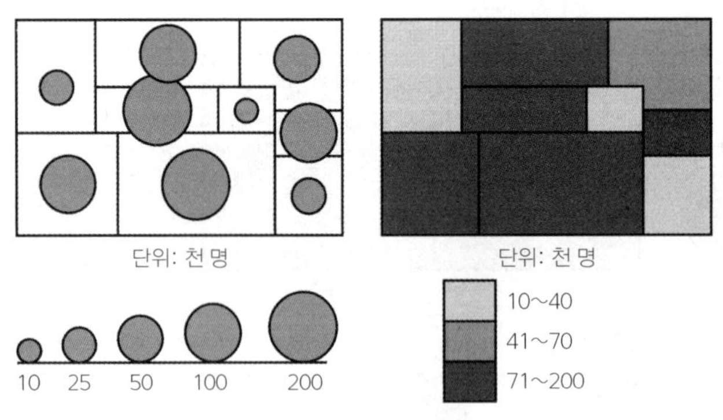

그림 2.14. 규모를 나타내기 위해 크기를 이용한 등급적 점형 기호 지도(왼쪽)는 시각 변수를 적절히 사용한 예이다. 한편 회색조 명도를 이용한 역형 기호 지도(오른쪽)는 규모를 나타내는 데 부적절한 시각 변수를 사용한 예이다.

있다. 이 예가 보여 주는 것처럼, 지도 이용자는 분명히 규모를 표현하고 있으나 밀도나 집중도로 오독하게 만드는 엉터리 코로플레스맵에 의심의 눈을 떼지 말아야 한다.■21

형태와 색상은 지도 기호의 해독을 도와주는 보조 역할을 한다. 작은 텐트 모양이 야영장을 나타내고 꼭대기에 십자가가 붙어 있는 작은 건물 모양이 교회를 나타내는 것처럼, 회화적 점형 기호는 일반인에게 친숙한 형태를 효과적으로 활용한다. 알파벳 기호 역시 지도 판독을 용이하게 하기 위해 형태를 활용한 것이다. 통상적인 약어(우체국 – 'PO'), 지명('볼티모어'), 피처의 유형을 나타내는 라벨['유니언퍼시픽철도(Union Pacific Railroad)'] 같은 것들을 예로 들 수 있다. 색상은 사람들이 가지고 있는 관습적 색감을 활용한다. 호수와 하천은 밝은 탁한 느낌이 없는 청색으로, 삼림 지역은 건전한 느낌의 봄기운을 풍기는 녹색으로 나타낸다. 기상도는 적색은 따뜻하고 청색은 춥다는 일반인의 인식을 이용한다. 유사한 방식으로 점선은 지질 단층선 위치에 대한 불확실성을 은연중에 나타내고, 반투명의 역형 기호는 중첩되는 선형 기호와의 충돌을 회피하려는 의도를 보여 준다.

컬러 코드는 토지이용도의 예에서 볼 수 있듯이 컬러에 대한 우리의 인지보다는 컬러에 대한 우리의 관습에 보다 의존한다. 보통 적색은 소매상이 집중된 지역을 나타내고, 청색은 공장 지대를 나타낸다. 아틀라스에 포함되어 있거나 교실 벽에 주로 걸려 있는 일반 지세도(physical-political reference map) 덕분에 특정한 **고도 색조**(hypsometric tints)의 관습, 즉 녹색, 황색, 갈색으로 이어지는 일련의 컬러-코드 고도 기호(color-coded elevation symbols)의 사용 관행이 강화되고 있다. 컬러 코드를 알고 있는 사람에게는 이러한 고도 색조가 아주 유용할지 몰라도, 그렇지 않은 사람에게는 오해를 불러일으킬 수 있다. 예를 들어, 저지대를 나타내기 위해 사용된 녹색은 사람에 따라 울창한 삼림 지대를 의미하는 것으로 느껴질 수도 있고, 반대로 고산

지대를 나타내기 위해 사용된 갈색은 황무지를 의미하는 것으로 받아들여질 수도 있다. 그렇지만 전 세계적으로 보면 저지대에 사막이 많고 고지대에 삼림이 울창한 경향이 있는 것도 사실이다. 투영법과 마찬가지로 지도 기호 역시 이처럼 순진한 지도 이용자들을 잘못된 길로 이끌 충분한 소지가 있다.

··역자 주

1. 기호화(symbolization)는 "지리적 사상에 적절한 지도 기호를 부여하는 과정" 정도로 정의할 수 있다. 따라서 '기호 부여' 정도가 의미 전달 측면에서 보다 적절한 번역어라 생각하지만 기호화라는 단어가 많이 정착된 상황을 감안해 그대로 쓰기로 한다.
2. 우리나라의 경우는 1:25,000이다.
3. 이런 의미에서 축척을 절대적 의미로 쓰는 것을 지양하고, '보다 대축척(larger-scale)' 혹은 '보다 소축척(smaller-scale)'이라는 상대적 의미로만 축척을 기술하는 것이 올바르다는 주장이 있고, 역자도 그 주장에 동의한다.
4. 등장방형 도법(equirectangular projection), 혹은 플라트 카레(plate carrée), 혹은 평면 차트(plane chart)라고 불린다.
5. 가전면(可展面)이라고 번역하기도 한다.
6. 표준선이 하나인 경우에는 상당히 멀리 떨어져 왜곡이 크게 나타나는 지점들도 표준선이 두 개가 되면 그 두 선 중 하나에 이르는 거리는 짧아져 왜곡이 줄어들 수밖에 없다. 그러나 지도 왜곡의 양상은 복잡해진다.
7. 이 설명은 다소간의 오해가 있는데, 형태의 왜곡을 완화한 것은 이 두 도법을 결합해서가 아니라 여섯 개의 열편별로 서로 다른 중앙 경선을 적용했기 때문이다.
8. 보통 점묘도(點描圖, dot map) 혹은 점밀도도(點密度圖, dot density map)라고 부른다. 나는 후자를 선호한다.
9. 형태가 유지된다는 것은 형태를 구성하고 있는 각도가 유지된다는 의미이므로 이 책에서는 정각도법이라는 번역어 대신 정형도법이라는 번역어를 사용하고자 한다.
10. 이 지극히 작은 원은 사실은 면적이 없는 원으로 지도학에서는 인디카트릭스(indicatrix)라고 부른다. 이 원이 투영 후에 어떤 모습으로 변하는지를 살펴봄으로써 특정 투영법의 국지적 왜곡 양상을 시각적으로 평가할 수 있다.
11. 정형도법의 정형성에 대한 이러한 설명은 항상 오해를 불러일으킨다. 지구본상의 '입체적' 형태를 지도상의 '평면적' 형태로 그대로 전환한다는 것은 그 자체로 어불성설이다. 형태(형태를 구성하는 각을 포함해)가 지켜지는 것은 무한소역(無限小域, infinitesimally small area), 즉 3차원이 0차원으로 붕괴하기 직전에 존재하는 2차원

영역에서만이다. 이러한 영역에서 형태를 완벽히 유지하는 도법을 정형도법이라 부른다. 지구본상에 영역이 작으면 작을수록, 그 형태가 정형도법상에서 보다 더 유사하게 보일 수 있다. 그러나 아무리 작아도 정확히 같게 표현되지는 않는다.

12. 동서 방향의 축척도 동일하게 급격히 증가한다. 지점별로 동서 방향과 남북 방향의 확대율이 동일하기 때문에 메르카토르 도법에서 항정선이 직선으로 나타나는 것이다.

13. 고정 방위란 지표상의 두 지점을 연결하는 선이 경선과 이루는 각도로서, 두 지점 사이의 모든 경선에 대해 동일하게 나타나는 각도이다. 항정선 혹은 등각항로란 바로 그 고정 방위각을 유지하면서 두 지점을 연결한 선 혹은 항로를 의미한다.

14. 대원(大圓)으로 번역하기도 하는데, 지구상에 그은 원 중 그 원의 중심이 지구의 중심과 일치하는 원을 의미한다.

15. 실제로 영국의 경제 주간지 『이코노미스트』는 2003년 5월 1일 발간호에서 메르카토르 도법에 동심원을 그은 지도를 실었다가 전 세계에서 가장 큰 GIS 회사인 ESRI사 직원의 항의를 받고 5월 15일 수정된 지도를 다시 싣는 해프닝을 벌이기도 했다. 우리나라 『국방백서』에도 유사한 잘못을 저지른 지도가 여러 번 게재되었다.

16. 시각 변수는 "지도 기호들이 서로 다르게 인지되게 해 주는 그래픽 자원(resource)" 정도로 정의된다. 학자에 따라 6~9개의 시각 변수를 제시한다.

17. 일반적으로 면 기호라는 용어가 사용되지만, 에어리어(area)를 면(面)으로 번역하기는 어색할 뿐만 아니라, 지표 기복이나 기온 분포와 같은 공간적 객체 및 현상을 묘사하기 위해 면이라는 단어를 비축해 두어야 할 필요가 있다고 판단하기 때문에 여기서는 2차원 개체를 역(域)으로 번역하고자 한다.

18. 데이터의 성격에 맞지 않는 시각 변수를 사용하는 것이 가장 흔한 지도학적 오류 중 하나이다. 정성적 속성을 표현하는 데 적합한 시각 변수를 정량적 차이를 나타내는 지도에 적용하고, 정량적 속성을 표현하는 데 적합한 시각 변수를 정성적 차이를 나타내는 지도에 적용하는 오류이다. 뒤이어 다루지만, 특히 컬러의 오용은 심각한 수준이다.

19. 이러한 기호가 적용된 주제도를 보통 도형표현도(proportional or graduated symbol map)라고 부른다.

20. 보통 '단계구분도'라고 번역하는데, 이 번역이 적절한 것인지에 대해 논의할 필요가 있다. 왜냐하면 코로플레스의 코로는 구역을 의미하고 플레스는 수치를 의미하기 때문에 반드시 역형 피처 혹은 역형 기호가 개입되어 있다는 점이 번역어에 드러나 있어야 한다. 그냥 단계가 구분되어 있다는 것은 이 지도의 본질에 대해 아무것도 말해 주지 않는다. 임시적인 제안으로 '등급역도(等級域圖)' 혹은 '등급구역도' 정도가 어떨까 한다. 참고로 일본에서는 '등치지역도(等値地域圖)'라는 용어가, 중국에서는 '등치구역도(等值區域圖)'라는 용어를 사용한다.

21. 규모를 나타내는 변수를 코로플레스맵으로 표현하는 것이 가장 흔한 지도학적 오류 중 하나이다. 이런 형태로 제작된 지도가 인터넷에 넘쳐난다. 심지어 지리교육 및 지리학 관련 전문 학술지에도 버젓이 등장한다. 왜 안 되는가? 가장 간명한 설명은 코로플레스맵은 속성값이 개별 지역 내의 모든 위치에 존재한다고 가정할 수 있을 때만 사용

가능하다는 것이다. 그림 2.13의 오른쪽 지도에 나타나 있는 인구밀도는 가능하다. 왜냐하면 특정 인구밀도 값이 그 지역 내 모든 위치에 '평균적으로' 존재한다고 말할 수 있기 때문이다. 그림 2.14의 오른쪽 지도에 나타난 인구수는 불가능하다. 왜냐하면 특정 인구수가 그 지역 내 모든 위치에 존재한다고 하면, 개별 지역의 인구수는 모두 무한대가 되기 때문이다.

3장

지도 일반화: 선의의 거짓말들

Map Generalization: Little White Lies and Lots of Them

훌륭한 지도라 하더라도 수없이 많은 선의의 거짓말을 한다. 지도는 지도 이용자가 원하는 것을 얻게 하기 위해 진실을 훼손한다. 내용상으로 완전하면서 시각적으로도 완벽한 2차원의 그래픽 축소 모형을 허락하기에는 실제는 너무 차원이 높고(3차원), 너무 상세하고, 너무 생생하다. 일반화(generalization)■1가 이루어지지 않은 지도는 사실 쓸모없다. 지도의 가치는 선택된 실제를 일반화된 기하와 일반화된 내용이 얼마나 잘 반영하고 있느냐에 달려 있다.

기하학적 일반화

지리적 사상을 나타내는 지도 기호는 그 사상이 지상에서 차지하는 실제의 공간보다 더 많은 공간을 지도상에서 차지한다. 그러므로 지도의 선명성을 위해서는 기하학적 일반화가 필수적이다. 예를 들어, 1:100,000 축척의 지도에서 1mm 폭의 도로는 실제에서 100m 폭의 회랑과 맞먹는다. 실제 도로의 폭이 10m였다면 이는 10배 과장된 것이다. 이것이 의미하는 바는 다음과 같다. 1mm 폭의 선형 기호가 정확하게 10m 폭의 실제 도로를 재현하는 축척은 1:10,000이며, 이보다 작은 축척에서는 도로 기호가 다른 사상을 위한 재현 공간을 잠식하고 있다는 것을 의미한다. 1:100,000 축척의 지도에서 1mm 폭의 도로 기호는 실질적으로 보도, 집, 오솔길 등의 다른 사상들이 위치할 자리를 없애 버린다. 그런데 훨씬 더 작은 축척에서는 이러한 무소불위의 도로가 다른 더 중요한 사상들에게 밀려날 수도 있다. 여기서 말하는 더 중요한 사상들에 국경선이나 행정구역 경계선과 같은 것들이 포함되는데, 아이러니하게도 이러한 선들은 지상에서는 전혀 폭을 갖지 않는다.

점형 기호, 선형 기호, 역형 기호는 각기 서로 다른 종류의 일반화를 요구한다. 우선, 그림 3.1에 나타난 것처럼 다섯 가지의 기본적인 기하학적 선 일반화(geometric line generalization) 과정이 있다. 첫 번째 일반화 오퍼레이션은 지도에 담을 사상들을 **선택**(selection)하는 것이다. 특정 사상의 선택은 동시에 대부분 다른 사상들에 대한 억제 혹은 비선택을 의미한다. 이론적인 의미에서 지도 제작자가 선택이라는 일반화를 실행하는 데는 두 가지 목적이 있다. 하나는 모든 가능한 사상들 중 지도상에 놓일 가장 적절한 부분 집합을 선정하는 것이고, 또 다른 하나는 선정된 사상들을 가장 잘 구분해 주고 지도의 전체적인 그래픽 위계성을 가장 잘 담보할 수 있는 지도 기호를 선정하는 것이다. 지도에 포함되는 사상들은 지도 전체의 주제를 대변해 주는 사상들과 단순히 지리적 준거틀(geographic frame of reference)을 제공하는 역할을 하는 사상들로 구분되는데, 전자를 위한 기호가 후자를 위한 기호보다 더 두드러져야 한다. 지리적 준거틀을 제공한다는 것은 지도에서 배경 역할을 하는 정보를 표현한다는 것인데, 이것을 통해 지도 이용자가 지도상의 새롭고 주된 정보를 자신의 지리적 상식이나 '심상지도(mental map)'와 결부할

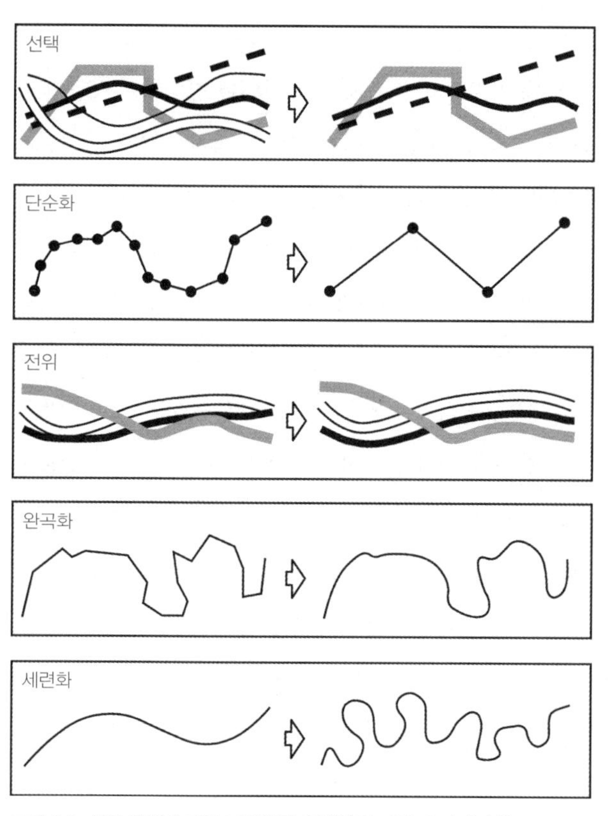

그림 3.1. 선형 피처에 대한 기하학적 일반화의 기본 오퍼레이션

수 있도록 해 준다는 의미에서 어쩌면 지도의 주제 사상을 선정하는 일보다 더욱더 많은 식견과 주의를 요구하는 과업일지도 모른다. 지도 제작의 전 과정에서 일반화와 지도 디자인은 지속적으로 상호작용하는데, 그 과정에서 사상 선택은 가장 중요한 역할을 담당한다.

그림 3.1에 나타난 나머지 네 가지 일반화 과정은 선형 지도 피처(linear map feature)■2의 형태와 위치를 바꾸는 작업과 관련된다. 여기서 선형 지도 피처는 2차원(X, Y) 좌표값을 가진 일련의 포인트들로 구성된다는 점을 기억하는 것이 중요하다. 모든 일반화 과정은 이 좌표값을 가진 포인트 혹은 그 좌

표값에 변화를 가하는 것이다. 최근 컴퓨터 소프트웨어를 통한 일반화 작업이 주를 이루게 되면서 네 가지 일반화 작업이 분리되어 진행되는 경향이 있는데, 과거 전통적인 지도 제작자들은 이러한 작업을 직접 손으로 한꺼번에 수행했다. 그들의 작업은 소프트웨어 알고리즘에 비해 덜 체계적이고, 덜 전문적이고, 덜 일관적이었다. **단순화**(simplification)란, 선형 피처를 이루는 포인트들 중 일부를 제거함으로써 상세성과 각진 정도(angularity)를 삭감하는 과정이다. 이것은 지도 데이터를 만드는 과정에서 상세성이 과도하게 '포착(captured)'되었거나, 특정 축척으로 만들어진 데이터를 보다 소축척의 지도 데이터로 전환하는 경우에 특히 유용하다. **전위**(轉位, displacement)는 일부 겹치거나 아예 합체될지도 모를 피처들을 서로 떼어 놓음으로써 그래픽 간섭을 최대한 회피하고자 하는 과정이다. 1:25,000에서 1:1,000,000으로 축척을 대폭 줄일 경우, 대부분 지도 기호들은 서로 분간이 안 될 정도로 뒤엉켜 버리므로 일부는 제거하고 일부는 이동해야 한다. **완곡화**(smoothing) 역시 상세성과 각진 정도를 삭감하는 과정인데, 일부 포인트들을 이동하기도 하고 새로운 포인트들을 첨가하기도 한다. 완곡화의 가장 중요한 목적은 날카롭게 연결된 직선 구간을 없애는 것이다. **세련화**(enhancement)는 지도 기호에 보다 현실감을 주기 위해 상세성을 향상하는 과정이다. 예를 들어, 하천을 나타내는 선은 구불구불한 전형적인 사행 곡선이어야 하고, 해안선은 해안선답게 보여야 한다. 세련화된 지도 기호는 보기에도 좋을 뿐만 아니라 지도 해석을 용이하게도 한다.

점형 피처와 지도 라벨은 조금은 다른 일반화 과정을 요구한다. 그림 3.2에서 보듯이, 인접한 기호들이 서로 겹치거나 합체될 경우 선형 피처와 마찬가지로 선택과 전위 과정을 통해 그래픽 간섭을 회피하고자 한다. 전위의 결과로 지도 라벨이 해당 피처로부터 멀리 떨어지게 되면, **인출선**(引出線, leader line)이나 수치 부호(numeric code)를 이용한 **그래픽 결합**(graphic associa-

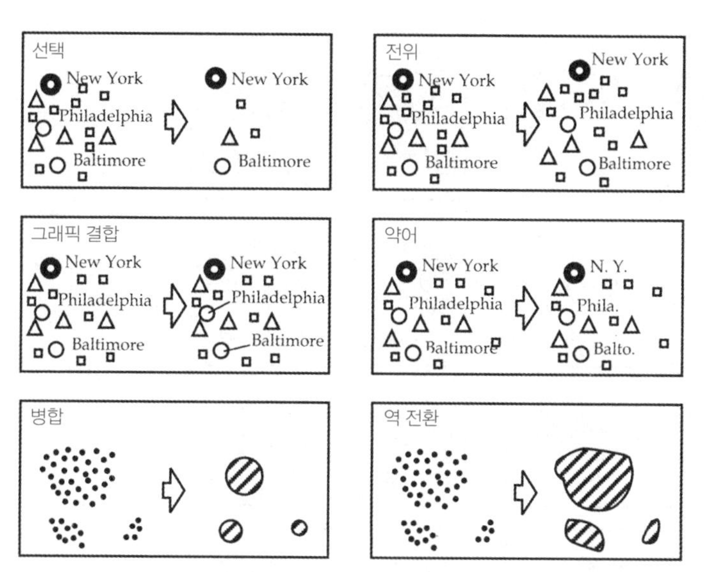

그림 3.2. 점형 피처 및 라벨에 대한 기하학적 일반화의 기본 오퍼레이션

tion)을 통해 라벨과 기호를 연결할 수 있다. **약어**(abbreviation)는 공간이 부족한 소축척 지도에서 라벨을 일반화하는 또 다른 전략이다. 수많은 동일 피처에 대해 개별 기호를 부여한다면 지도는 너무나 혼잡해질 수밖에 없는데, 이때 **병합**(aggregation) 오퍼레이션을 적용할 수 있다. 병합은 한 개의 기호가 여러 개의 점형 피처를 대변하게 하는 것이다. 한 개의 점을 통해 20번의 토네이도 발생을 표시하는 것이 한 예가 될 수 있다. 병합은 결국 개별 기호 대신 새로운 기호를 사용하는 것인데, 새로운 기호의 위치 결정을 위해 개별 기호들의 '질량 중심점(center of mass)'을 찾거나, 몇 개의 기호 군집 중 가장 큰 군집의 위치를 참고하는 전략을 취한다.

1:100,000이 1:20,000,000으로 바뀌는 경우처럼 축척의 변화가 극심할 때, 동일한 피처의 경우는 개별 발생 지점을 모두 표시하기보다는 상대적으로 높은 발생 집중도를 보여 주는 몇 개의 구역으로 대체해 표현하는 것이 효과적인데, 이를 **역 전환**(area conversion)이라고 부른다. 예를 들어, 개별 토네이

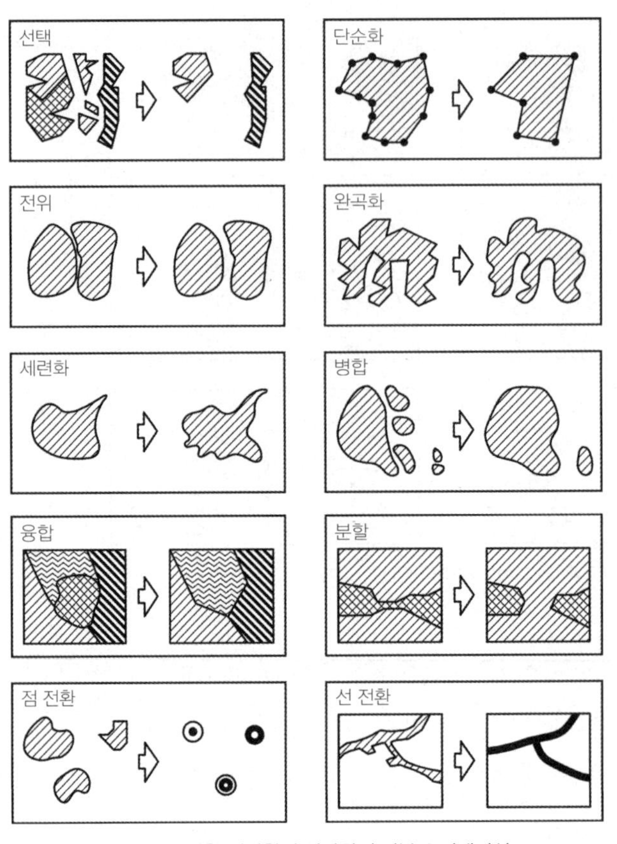

그림 3.3. 역형 피처에 대한 기하학적 일반화의 기본 오퍼레이션

도의 발생 지점을 상세히 보여 주는 대신 토네이도의 발생이 집중된 일종의 토네이도 집중 발생 지대를 지도상에 표현해 주는 것이다. 결국 역 전환은 집중지나 고밀도 발생 지역을 보다 선명하게 보여 주기 위해 점형 기호들을 하나 혹은 몇 개의 역형 기호로 전환하는 것이다. 여기에 밀도의 높낮이에 따른 등급화('집중', '보통', '드묾' 등으로 구분)를 적용하면 지리적 패턴의 일반화 수준이 너무 높아지는 것을 방지할 수 있다.

그림 3.3은 역형 피처에 대한 다양한 일반화 오퍼레이션을 보여 준다. 앞에서 살펴본 선형 기호와 점형 기호에 비해 다양하다는 것을 알 수 있는데, 이는

역형 피처라는 이차원 개체는 자동으로 역 경계(area boundary)라고 하는 선형 피처를 동시에 가지고 있기 때문이다. 즉, 역 경계는 병합(aggregation)과 점 전환(point conversion)이라고 하는 역형 피처 일반화 오퍼레이션과도 관련되지만, 그림 3.1에 나타난 다섯 가지 선형 피처 일반화 오퍼레이션과도 모두 관련되어 있다. 첫 번째 오퍼레이션은 선택인데, 역형 피처가 다양한 점형 혹은 선형 피처와 인접해 있을 때 특히 중요한 역할을 한다. 일반적으로 지도에 표현될 역형 피처의 최소 크기에 대한 표준이 설정되어 있고 이를 통해 특정 축척의 지도 시리즈의 내적 일관성이 유지된다. 예를 들어, 1:24,000 축척의 지형도에서는 중요한 랜드마크나 방풍림과 같은 곳이 아니라면 대개 1에이커 이하의 작은 삼림지는 무시된다. 토양도의 경우도 너무 좁거나 중요하지 않은 지역은 제외시키는데, 이때 사용되는 크기 기준이 연필심의 굵기이다. 정확도는 떨어지지만 매우 실용적인 기준이라 할 수 있다.

선택과 많은 연관성을 가진 오퍼레이션이 병합이다. 선택의 결과 제거될 수밖에 없는 작은 지역들이 주변의 다른 작은 지역들과 결합되거나 보다 큰 지역으로 통합될 수 있을 때, 병합은 선택 오퍼레이션에 앞서 적용될 수 있다. 토양도나 토지이용도는 토지의 모든 부분에 특정 토양 유형이나 토지이용 유형을 할당하는데, 이때 인접해 있지만 경계를 공유하지는 않는 동일한 유형의 토지들에 대해 병합 오퍼레이션을 적용할 수 있다. 이때 문제가 되는 것은 중간에 끼어 있는 다른 유형의 토지인데, 이때 적용할 수 있는 오퍼레이션이 **융합**(dissolution)과 **분할**(segmentation)이다. 예를 들어, 토지이용도에서는 최소 기준 폭을 만족하는 토지만을 차량기지, 고속도로 인터체인지, 휴게소 등 교통용 토지로 지정한다. 단순화, 전위, 완곡화, 세련화는 상세성을 조정하고 역 경계와 다른 선형 기호 간의 그래픽 간섭을 회피하기 위해 필요할 뿐만 아니라, 병합과 분할 오퍼레이션의 적용으로 불안정해진 경계선을 재구성하기 위해서도 필요하다.

현격한 축척 감소가 발생하는 일반화 오퍼레이션에 선 전환(line conversion)과 점 전환이 있다. 선 전환은 주로 소축척 참조도(reference map)■3에서 일반적으로 나타난다. 예를 들어, 가장 넓은 하천을 제외한 모든 다른 하천을 폭이 일정한 단일한 선형 기호로 나타내거나, 고속도로 지도에서 실질적인 도로 폭을 무시하고 연결성과 방향성에 초점을 맞추어 노선만을 나타내는 경우가 여기에 해당한다. 점 전환은 콤팩트한 형태를 가진 역형 피처를 점형 기호로 대체하는 오퍼레이션이다. 소축척 아틀라스에서 런던이나 로스앤젤레스와 같이 도시 스프롤(sprawl)■4이 극심한 대도시를 강조하고자 할 때나, 중축척 도로 지도에서 고속도로 인터체인지를 부각하고자 할 때 사용된다. 축척에 정확히 맞추어 표현했을 때 역형 기호가 너무 작거나 너무 가늘어 확실하고 효과적인 시각적 확인이 불가능한 경우, 선 전환과 점 전환은 필수적인 일반화 오퍼레이션이다.

동일 지역에 대한 상당한 축척상의 차이를 보이는 두세 장의 지도를 비교해 보면, 기하학적 일반화의 필요성이 보다 분명하게 다가온다. 그림 3.4에 나타난 두 지도는 1:24,000 축척과 1:250,000 축척 지도에서 추출한 동일 지역에 대한 지도이다. 오른쪽 지도는 보다 상세한 왼쪽 지도와 거의 같은 크기로 소축척 지도를 확대한 것인데, 소축척 지도에서는 상당한 일반화가 필수적이라는 점을 여실히 보여 준다. 1:250,000 축척의 지도에는 소수의 피처만이 나타나 있는데, 이것은 시각적 혼잡을 회피하기 위해 지도 제작자가 선택 오퍼레이션을 적용한 결과이다. 대부분 도로, 모든 라벨, 모든 건물, 그리고 특징적인 하중도마저 생략되어 있다. 또한 하천을 가로지르는 철도와 고속도로에는 완곡화와 전위가 적용되어 있다. 1:24,000 지도가 1:250,000 지도에 비해 동일 지역을 100배 이상 넓은 공간에 표현하기 때문에 보다 많은 피처들을 보다 상세하게 보여 줄 수 있는 것이다.

그런데 지도에 나타난 기호들의 위치는 얼마나 정확할까? 미국 재무부는

그림 3.4. 왼쪽 지도는 1:24,000 축척의 지형도에 나타난 펜실베니아주 노섬벌랜드(Northumberland) 부근이며, 오른쪽 지도는 1:250,000 축척의 지도에 나타난 동일한 지역을 같은 크기로 확대한 것이다.

미국지질조사국과 그 외의 다른 연방 지도 제작소에 의뢰해 국가지도정확도기준(National Map Accuracy Standards)을 마련한 바 있다. 1:20,000 이하의 축척일 경우 지도상의 기호 위치는 정확한 실제 위치로부터 적어도 1/50인치 이내에 있어야 "이 지도는 국가지도정확도기준에 따랐다."라는 승인을 받을 수 있다. 이 허용 오차(tolerance)는 측량 및 지도 제작 도구의 한계성과 인간의 눈-손 협응(eye-hand coordination)■[5]의 한계성을 반영하는 것이다. 검증 대상이 되는 포인트 중 90% 이상이 이 허용 오차 이내에 있어야 하지만, 나머지 10%는 완전히 벗어나도 괜찮다. 다시 말해 90%의 포인트들이 이 범위 내에 있기만 하면, 나머지 부정확한 위치가 2/50인치를 벗어나건 20/50인치를 벗어나건 상관없이 이 지도는 표준을 통과한 것으로 인정된다.

국가지도정확성기준은 기하학적 일반화를 감안해 준다. 검사관은 지상이나 항공사진상에서 쉽게 확인할 수 있고, 지도에 쉽게 나타낼 수 있으며, 수평적 정확성을 쉽게 점검할 수 있는 '명확한 포인트'만을 검사한다. 이러한 명확한 포인트에 측량 기준점, 도로나 철도의 교차점, 대형 건물의 모퉁이, 소형 건물의 중심점 등이 포함된다. 가독성을 높이기 위해 크기를 확대한 기호들이 겹치는 것을 방지할 목적이나 기호들 간의 최소한의 공백을 확보하려는 목적으로 의도적 위치 변경이 발생한 피처들은 검사 대상에서 제외된다. 피처들이 밀집해 있는 지역은 넓은 공지(空地)에 비해 지도의 정확도가 떨어지는 편이다. 상대적으로 도로가 좁고 주택 전정(前庭)■6이 없는 펜실베이니아주의 마을 지도는 도로가 넓고 전정과 대지가 넓은 콜로라도주의 마을 지도보다 정확하지 않다. 그러나 전위가 허용되지 않는 명확한 지점만을 대상으로 한 표본 포인트의 90%가 허용 오차 이내에 있다면 펜실베니아주 마을 지도 역시 기준을 통과한 것이다.

표준을 통과한 지도에서의 거리는 오로지 **평면**(planimetric) 거리, 즉 평면상에서 측정된 직선거리만을 의미한다. 그림 3.5에 나타난 것처럼, 평면 지도는 각 포인트를 수평면에 수직으로 투영함으로써 3차원의 지표면을 2차원의 종이 위에 압착해 표현한다. 고도가 서로 다른 두 포인트의 '평면적으로 정확한(planimetrically accurate)' 위치 간의 거리는 지표면상의 거리나 3차원 직선거리에 비해 짧다. 이러한 평면 거리 표현 방법은 대축척 지도에서는 필수

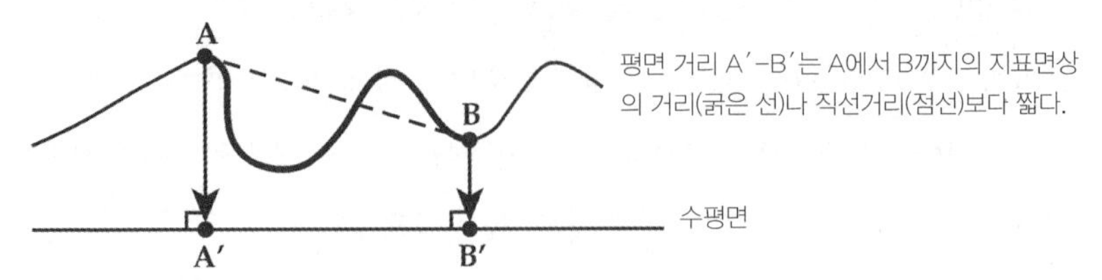

그림 3.5. 평면 지도에서는 모든 지점이 수평면 위에 수직 투영되어 거리가 일반화된다.

적인 기하학적 일반화이다.

바람직한 지도 이용자는 "단지 개략적인 위치일 뿐이다."라는 주의사항이나, "이 지도가 국가지도정확도기준을 완전히 충족한 것은 아니다."라는 경고문을 접하게 되었을 때, 이것의 의미를 정확히 이해할 수 있어야 한다. 대부분의 경우 이러한 지도들은 보정 작업을 거치지 않은 항공사진으로부터 편집되었거나 험준한 산악 지역이어서 수평적 오차가 특히 큰 지역을 편집한 지도들이다. 그림 3.6은 항공사진의 원근 시점(perspective view)과 평면 지도상의 거리 표시와의 차이를 설명하고 있다. 항공사진에서는 지표상의 모든 지점들로부터의 시선들이 카메라 렌즈를 향해 수렴하기 때문에 항공사진상의 위치는 실질적인 평면 위치와 다를 수밖에 없다. 이러한 위치 변동은 항공사진의 중심으로부터 바깥쪽으로 방사상의 형태로 이루어지므로 고도가 낮은 점들보다 고도가 높은 점들의 이동 거리가 크다. 그리고 중심에 가까운 점들보다 가장자리에 있는 점들의 이동이 더 크다. 지도학자들은 이러한 이동을 '기복에 따른 방사상 변위(radial displacement due to relief)' 혹은 **기복변위**

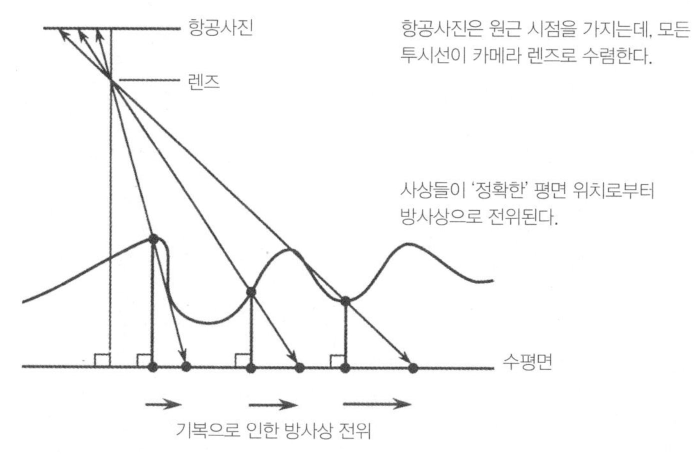

그림 3.6. 수직 항공사진(그리고 보정 작업을 거치지 않은 항공사진으로부터 추출한 기호로 제작된 지도)은 원근 시점을 갖는데, 항공사진상의 위치는 실제 평면 위치로부터 방사상으로 전위된 것이다.

(relief displacement)라고 부른다. 항공사진을 전자적으로 잡아당겨 이러한 기복변위를 제거한 것을 **정사사진**(orthophoto)이라고 부른다. 정사사진을 이용해 제작한 **정사사진지도**(orthophotomap)는 평면적으로 정확한 사진-영상(photo-image) 지도이다.

그런데 어떤 지도에서는 이러한 기하학적 정확성보다 연결성, 인접성, 상대적 위치 등이 더 중요하다. 대표적인 지도에 지하철 노선 및 환승 체계를 나타낸 선형 카토그램(linear cartogram)이 있다. 컬러 도판 1에는 워싱턴의 지하철 노선도가 나타나 있는데, 도심 지역과 외곽 지역에 서로 다른 축척이 적용되어 있음에 주목할 필요가 있다. 우선 도심 지역은 상대적으로 축척이 크다. 다양한 노선이 수렴하면서 서로 연결되어 있고, 중심업무지구의 경우에는 4~5 블록에 정류장이 하나씩 있을 정도로 조밀하다. 따라서 많은 노선과 역명을 기입하기 위해 상대적으로 큰 축척을 적용할 수밖에 없다. 이에 반해, 도시 외곽 지역은 상대적으로 축척이 작다. 역들이 1마일 이상 서로 떨어져 있고, 지도에 표시할 피처의 양도 많지 않기 때문에 상대적으로 작은 축척을 적용해도 무방하다. 보통 지하철 노선도는 대조적인 색상을 사용해 서로 다른 노선을 구분한다. 워싱턴의 지하철 시스템은 지도의 효율성을 극대화하기 위해 아예 블루라인(Blue Line), 레드라인(Red Line) 등과 같은 노선명을 사용한다. 지하철 노선도와 같은 도식 지도들은 기하학적 정확성을 희생하는 대신 다른 것들을 취한다. 즉, '이 지하철 시스템 속에서 나의 위치는 어디인가, 나의 종착역은 어디인가, 나는 지하철을 환승해야 하는가, 그래야 한다면 어디서 어떤 노선으로 갈아타야 하는가, 그리고 어느 방향으로 가야만 하는가, 해당 노선의 종착역 이름은 무엇인가, 내리기 전에 몇 정거장을 지나야 하는가'와 같은 지하철 이용자들의 질문에는 아주 효과적으로 답하는 것이다. 기능은 형태를 좌우하며, 일반적인 의미에서 '정확한' 지도가 항상 기능성이 좋은 것은 아니다.

내용 일반화

기하학적 일반화가 기호들의 중첩을 회피함으로써 그래픽 선명성을 추구하는 것처럼, 내용 일반화(content generalization)는 지도의 기능이나 테마와 상관없는 세세한 내용들을 제거함으로써 목적이나 의미의 선명성을 증진하고자 한다. 내용 일반화에는 선택(selection)과 분류(classification)라는 두 가지 오퍼레이션만 있다. 기하학적 일반화에서 선택은 일부 정보를 억제하는 것이었지만, 내용 일반화에서 선택은 유관한 피처만 추출하는 것이다. 분류는 선택된 피처들 사이의 유사성에 주목해 지도의 이용성과 정보 전달성을 높이고자 한다. 분류가 이루어지면 동일한 그룹으로 분류된 피처들에는 단일한 기호가 부여되기 때문에 기호의 종류가 급격히 줄어든다. 사실 모든 지도 피처들은 유일무이한 고유성을 가진다. 하지만 그렇다고 모든 피처에 개별 기호를 부여할 수는 없다. 도로 지도나 부동산 지도에서 도로명이나 지번을 사용하는 것이 고유성을 추구하는 방식으로 간주될 수 있다. 그러나 그러한 지도들 역시 도로나 부동산을 몇 개의 집단으로 유형화하고 그것을 표현하는 데 단지 몇 개의 선형 기호만을 사용한다. 실제로 대부분 지도에서 사용되는 그래픽 어휘는 대단히 한정적인데, 상호 대비성이 좋은 표준 기호들로 구성된 작은 집합이다.

공식적인 표준 기호가 지도 이용자들에게 잘못된 정보를 제공할 수 있다는 점을 이해하는 것은 매우 중요하다. 이것은 '획일화 효과(template effect)'라고 불리는 것 때문인데, 지도 이용자들이 동일한 표준 기호로 표시된 것은 동일한 종류의 피처라고 인식함과 동시에 그것의 기능성까지도 동일하다고 잘못 가정하는 데서 오는 문제점이다. 표준 기호의 사용은 현대 지도학에서는 일반적인 관행이며, 지도 제작이나 지도 이용의 효율성을 증진한다. 축척별로 시인성과 상호 대비성이 좋은 기호의 세트가 개발되어 있다. 표준 기호가 확립되기 이전의 전통적인 지도학자들은 플라스틱 재질의 제도용 형판을 사용했다. 이를 이용해 고속도로 방벽의 윤곽선을 따라 그리거나 직접 손으로 그리기 어려운 다양한 기호들을 그렸다. 또한 제도사들은 역형 기호나 점형 기호가 인쇄된 종이를 오려 내어 지도에 붙이거나 특수 인쇄 처리된, 쉽게 휘는 테이프를 이용해 실선, 점선, 평행선 등을 그렸다. 그래픽 소프트웨어를 이용한 현재의 지도 제작 과정에서는 소프트웨어에 내장된 표준 기호를 메뉴로부터 손쉽게 선택할 수 있을 뿐만 아니라 새로운 기호를 개발, 저장해 이후 작업에 곧바로 사용할 수도 있다. 표준 기호의 일관성은 매우 중요하다. 예를 들어, 미국지질조사국에서 생산하는 수천 종의 대축척 지형도 시리즈는 단일한 그래픽 어휘를 공유하며, 이는 지도 이용자들에게 엄청난 혜택을 준다. 고속도로 지도의 범례에는 지도에 사용된 모든 기호에 대한 설명이 나와 있어 적어도 지도를 읽고 있는 동안에는 아무런 문제가 없다. 그러나 하나의 표준 기호가 기능성이 다른 요소를 동일하게 취급할 수밖에 없을 때 문제가 발생한다. 이러한 문제를 완화하기 위해 간혹 작은 글씨로 주석을 달기도 하는데, 예를 들어, '공사 중'이라는 주석을 통해 고속도로 구간의 상이한 기능성을 나타낼 수 있다. 그러나 많은 경우 지도 제작자들은 이와 같은 유용한 경고문을 표기하지 않는다.

획일화 효과로 생략된 정보가 순진한 지도 이용자들을 얼마나 오도하고 불편하게 만드는지 가장 잘 보여 주는 예를 고속도로 인터체인지 기호에서 찾을 수 있다. 그림 3.7의 왼쪽은 1:9,600 축척의 뉴욕주 교통국 지도의 일부로서 104번 고속도로와 590번 고속도로 사이, 즉 뉴욕주 로체스터 부근 인터체인지에 대한 상세 지도이다. 104번을 이용해 동쪽(지도의 왼편)으로부터 이동해 오는 운전자는 590번의 북쪽(지도의 위편)으로 쉽게 진입할 수 없다. 왼쪽 지도의 오른편 상단을 보면 104번으로부터 접속 도로가 일부 나와 있지만 연결되어 있지는 않다. 반대로 오른쪽 지도를 보면, 많은 민간 지도 제작자들

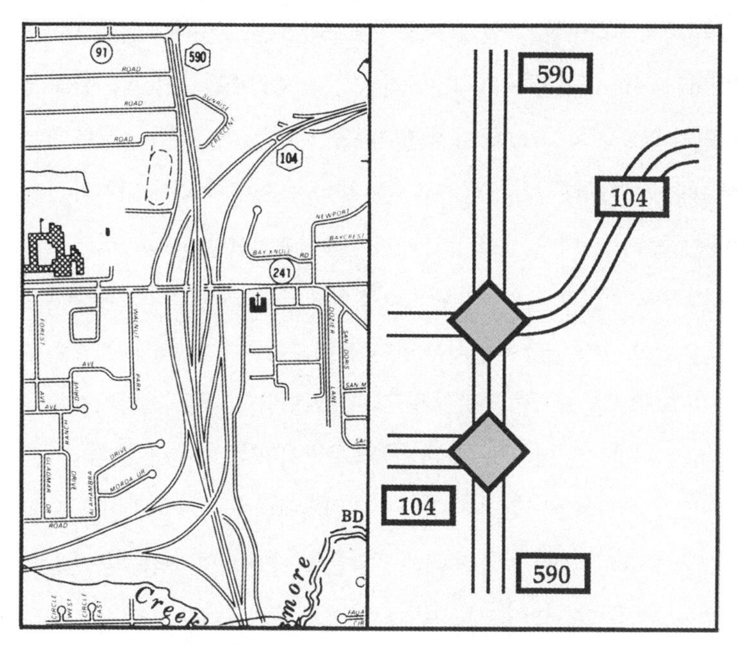

그림 3.7. 뉴욕주 로체스터 부근의 고속도로 인터체인지를 나타낸 것으로, 왼쪽은 상세한 교통 계획도이고, 오른쪽은 판매용 도로 지도이다.

이 이 인터체인지를 소축척 주 고속도로 지도에 어떻게 표현하는지를 엿볼 수 있다. 두 개의 마름모꼴 인터체인지 기호는 104번의 동쪽과 서쪽 부분이 개별적으로 그리고 동등하게 연결되어 있다는 착각을 불러일으킨다. 그러나 왼쪽의 대축척 지도를 보면, 104번을 서쪽으로 달리던 여행자는 590번의 북쪽으로 쉽게 진입할 수 있다고 생각하겠지만 실질적으로는 서쪽이나 남쪽에 있는 다음 출구로 나갔다가 되돌아와야 한다는 것을 알 수 있다. 도로 건설 당국이 계획된 연결 노선을 완공하지 않는 한, 실제와 지도 사이의 이 같은 불일치는 모든 작은 마름모꼴 기호가 완전한 인터체인지를 나타낸다고 믿는 여행자들을 당황하게 만들 것이다.

일반적으로 효과적인 분류와 선택은 폭넓은 직관력과 정확한 작업 정의(working definition)의 결합으로 이루어진다. 이러한 사실은 특히 지질도와 토양도의 예에서 찾아볼 수 있다. 보통 지질도와 토양도는 서로 멀리 떨어져서 작업하는 여러 명의 필드 과학자들의 공동 작업으로 만들어진다. 예를 들어, 두 명의 필드 과학자가 100마일 떨어진 곳에서 동일한 피처의 서로 다른 부분에 대한 작업을 제각기 진행하고 있다고 하자. 이 경우 경계 일치의 문제가 대단히 중요할 텐데, 상세한 작업 지시서는 필수적이다. 그리고 작업 지시서에는 지질 혹은 토양 단위들의 내적 동질성과 인접 단위 간의 외적 이질성에 대한 엄밀한 규정이 담겨 있어야 한다. 토양도로 예를 들면, 토양 A로 분류된 단위 속에 작은 크기의 토양 B가 포함될 수 있다. 이것은 두 가지 이유로 허용되는데, 하나는 토양 B의 면적이 너무 작아서 따로 표시해도 보이지 않기 때문이고, 또 다른 이유는 토양학자들이 발견하기 어렵기 때문이다. 토양의 지도화는 시추 기계로 지표면 아래 샘플을 얻거나 토양 수직층을 관찰하기 위해 구덩이를 파는 느리고도 지루한 작업의 결과물이다. 따라서 지도의 정확성은 필드 과학자들의 다양한 능력에 따라 좌우되는데, 지형 및 지질이 토양 발달에 미치는 영향에 대한 이해도, 표준 지점을 선택하는 전문성, 그리고 경계를 결정하는 직관력에 달려 있다.

토양도에 나타난 그 명확한 선들이 본원적으로 불확정적(fuzzy) 경계라는 사실은 당혹감을 준다. 하지만 더욱 문제가 되는 것은 토양 경계가 '무보정(unrectified)' 항공사진으로부터 추출되고, 그것이 지리정보시스템(GIS) 속에서 무비판적으로 사용된다는 사실이다. 무보정 항공사진은 그림 3.6에서 설명한 것처럼 기복변위 오차를 수정하지 않은 항공사진을 의미한다. 이것은 맥락을 무시한 채 저명인사의 말을 인용하는 것과 마찬가지로, 잘못된 사진 지도로부터 추출된 토양 데이터는 오해석의 근원이 된다. 이런 데이터가 보다 정확한 정보로 이루어진 데이터베이스와 결합되면 마치 그것이 정확한 데이터인 양 착시 효과를 일으키게 되는 것이다.

그래픽 소프트웨어는 소위 'GIGO(garbage in, garbage out: 쓰레기를 투

입하면 쓰레기가 산출된다)'의 위험성에도 불구하고, 일반적으로 지도 분석과 지도 표현에 긍정적인 역할을 한다. 특히, 지도의 기하학적 일반화와 내용 일반화를 실행하는 능력은 정말로 유용하다. 현재는 한두 개의 지리적 데이터베이스만으로 다양한 축척의 표현이 가능할 정도이다. 작은 지역을 상세히 나타내는 대축척 지도에서는 자료의 풍성함을 최대한 활용하고, 소축척 지도에서는 자동화된 일반화 기능을 통해 피처들의 일부를 그래픽 간섭이 최소화된 위치에 적절히 배치해 나타낸다. 지도의 내용과 축척도 개별 사용자의 요구에 따라 손쉽게 바뀔 수 있다.

소프트웨어가 제공하는 일반화 오퍼레이션을 통해 만들어진 토지이용도 및 토지피복도는 하나의 데이터베이스로부터 아주 판이한 경관을 보여 주는 여러 장의 지도가 제작될 수 있음을 잘 보여 준다. 그림 3.8에 나타난 세 종류의 지도는 대략 1,800km²에 해당하는 장방형 지역을 보여 주고 있는데, 한가

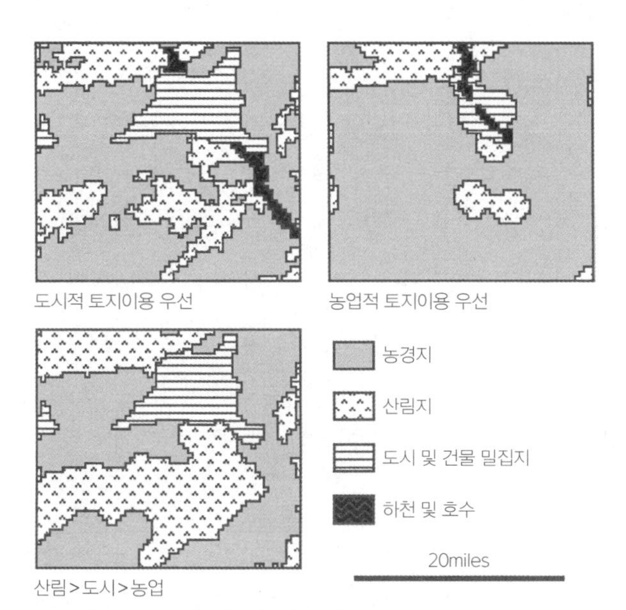

그림 3.8. 보다 상세한 데이터로부터 서로 다른 우선순위를 적용한 일반화 과정을 통해 생성된 세 개의 토지이용도 및 토지피복도

운데에서 약간 오른쪽 위에 펜실베이니아주의 해리스버그(Harrisburg)가 위치한다.

이 세 지도는 훨씬 방대하고, 훨씬 상세한 정보를 담고 있는 동일한 데이터베이스로부터 소프트웨어를 통한 자동화된 일반화 과정을 통해 추출된 것이다. 데이터베이스 속에는 매우 작은 단위 구역별로 훨씬 세분화된 토지피복 분류가 적용된 정보가 포함되어 있다. 일반화 프로그램에 서로 다른 비중값과 우선순위를 적용함으로써 그림 3.8에 나타난 세 가지 패턴을 만들어 냈다. 왼쪽 위에 있는 지도는 도시 및 건물 밀집 지역을 강조했기 때문에 나머지 두 지도와는 다른 모습을 보여 준다. 다른 토지이용을 나타낸 역형 기호의 크기를 축소함으로써 일부 소규모 도시 및 건물 밀집 지역이 보다 잘 드러나도록 한 것이다. 반대로 오른쪽 위에 있는 지도에는 농업적 토지이용에 대한 강한 시각적 선호가 반영되어 있다. 아래쪽에 있는 지도를 일반화하는 데는 보다 복잡한 기준이 적용되었다. 삼림 지역, 도시 지역, 농업 지역 순으로 순차적 우선순위 적용이 이루어진 것이다. 게다가 이 지도는 하폭의 차이로 연속성이 떨어진 하천 수역을 무시해 버린다. 이러한 강조점의 차이는 인구학자, 농학자, 임학자의 서로 다른 필요와 편견을 반영하는 것으로 이해할 수 있다.

거의 모든 일반화된 지도에는 어떤 피처를 어느 정도의 상세성으로 표현할 것인가에 대한 제작자의 판단이 반영되어 있다. 앞에서 살펴본 일반화된 토지피복도에 내재된 체계적 편향이 소프트웨어를 통해 일반화된 지도에만 한정되는 것이 아니다. 수작업을 통해 일반화를 수행하는 지도학자도 정의가 모호하고 일관적이지 않을지는 몰라도 유사한 형태와 수준의 목적과 편향을 가진다.

명확한 절차의 확립과 그것의 일관성 있는 적용이 이루어진다면, 소프트웨어가 더 나은 지도 일반화를 수행할 가능성은 충분하다. 그러나 신실한 지도 제작자나 발행자라면 지도의 제목이나 설명란에 앞에서 살펴본 체계적 편향의 가능성을 솔직하게 밝혀 두어야 한다. 자동 지도화를 이용하면 우선순위를 달리하는 여러 가지 실험을 해 볼 수 있다. 지도학자는 소프트웨어에 기반한 일반화 과정을 통해 선택, 가치, 편향의 다양성에 대해 생각해 볼 기회를 가질 수 있다. 하지만 유용하고 적절한 도구가 있다고 해서 반드시 지도 제작자가 그것을 이용하는 것은 아니다. 실제로 편향의 가장 중요한 원인은 태만과 호기심 부족이다.

코로플레스맵(그림 2.13과 그림 2.14의 오른쪽에 소개된 바 있다)은 태만으로 인한 편향의 가장 좋은 예이다. 코로플레스맵은 주(state), 카운티(county), 선거구(voting precinct)와 같은 역형 단위로 구성된 지역의 지리적 패턴을 나타내는 지도이다. 보통 밝은 쪽에서 어두운 쪽으로 진행되는 2~6개의 회색조 기호가 인구밀도나 투표율과 같은 강도 지수값의 등급을 표현해 준다. 등급을 나누어 주는 계급 단절값(break)이 지도의 최종 패턴에 막대한 영향을 미친다. 따라서 바람직한 지도 저작자라면 다양한 종류의 계급 단절값의 효과를 검토해야 한다. 지도 제작용 소프트웨어는 전체 값을 다섯 개의 등간격으로 나누는 등의 '디폴트(default)' 분류법을 적용해 코로플레스맵을 자동으로 생성해 주는데, 이것이 무의식적인 태만을 조장할 수 있다. 소프트웨어 개발자가 이러한 디폴트 분류 방식을 설정해 두는 것은 일종의 마케팅 전략으로 볼 수 있다. 초심자나 미래의 고객이 디폴트 분류 방식을 통해 지도를 손쉽게 제작할 수 있다는 느낌을 갖게 하면 상품이 보다 매력적으로 보일 수 있기 때문이다. 하지만 대부분 초보자나 무비판적인 사용자는 이러한 임의적 결과를 단순한 출발점으로 인식하기보다는 최종적인 모범 답안으로 받아들인다. 또한 다른 데이터 분류법을 적용해 볼 수 있는 풀다운 메뉴를 무시해 버린다.

서로 다른 계급구분법은 완전히 다른 해석을 가져올 수 있다. 그림 3.9에 나타난 두 장의 지도는 1960년 미국 북동부 지역의 무전화 가구의 공간 패턴을

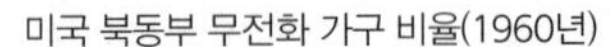
미국 북동부 무전화 가구 비율(1960년)

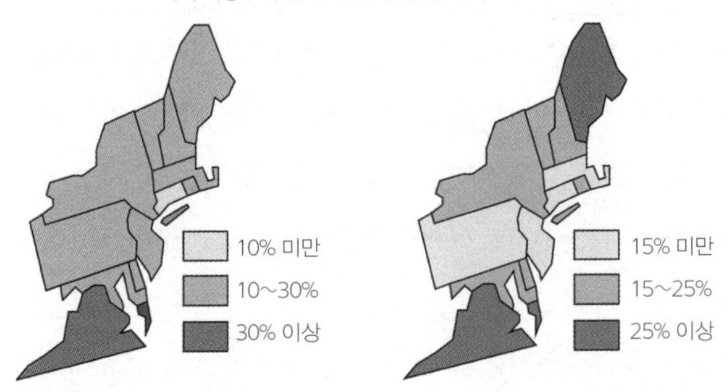

그림 3.9. 동일한 데이터에 서로 다른 계급 단절값을 적용하면 전혀 다른 모습의 코로플레스맵이 만들어진다.

매우 다르게 나타낸다. 두 지도 모두 무전화 가구 비율을 '저', '중', '고' 세 등급으로 나누고 거기에 회색조 역형 기호를 적용하고 있다. 두 지도 모두 계급 단절값으로 딱 떨어지는 정수값을 사용하고 있는데, 지도 제작자들은 무슨 이유인지는 몰라도 이러한 수를 선호하는 경향이 있다. 왼쪽 지도를 보면 버지니아주가 전화의 혜택을 가장 적게 받고, 코네티컷주가 전화의 혜택을 가장 많이 받는 것으로 나타난다. 별생각 없는 관찰자는 이러한 극단적인 결과를 버지니아주는 가난한 흑인의 비율이 높고 코네티컷주는 부유한 교외 거주자가 많은 탓으로 해석하고, 그 밖의 다른 주들은 모두 '평균(average)' 경향을 보이는 것으로 가정해 버린다. 반대로 오른쪽 지도에서는 세 집단 간의 보다 균형적인 분포가 나타나고, 이는 다른 해석으로 이끈다. 즉, 비율이 높은 두 주는 저밀도로 분포하는 농촌 인구가 주를 이루고 있고, 비율이 낮은 네 개의 주는 도시화와 산업화 정도가 높다. 그리고 중간 그룹은 왼쪽 지도에 비해 개수도 적고 동질성도 떨어지는 것으로 간주된다.

한편 코로플레스맵은 정치적 편향에 취약하다. 그림 3.10은 완전히 다른 정치적 해석이 가능한 두 개의 지도학적 처치를 대조하고 있다. 왼쪽 지도는 계급 단절값으로 10%와 15%를 사용한다. 그 결과 대부분의 주가 전화의 혜택

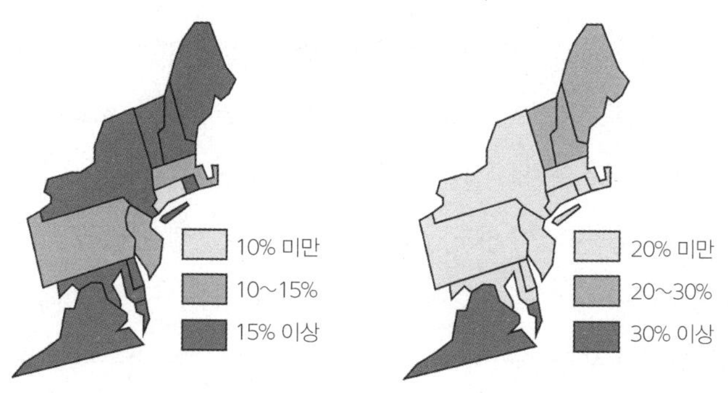

그림 3.10. 계급 단절값을 다르게 조정하면 정치적으로 다른 해석이 가능한 코로플레스맵이 만들어진다.

을 거의 받지 못하는 계급에 속하게 되어 북동부가 마치 통신의 사각지대인 것처럼 비춰질 수 있다. 정부가 독점적 통신 산업을 규제하는 데 무능하거나 빈곤을 퇴치하는 데 무능력할지도 모른다는 해석이 가능하다. 반대로 오른쪽 지도는 계급 단절값으로 20%와 30%를 사용한다. 그 결과 주 하나만 비율이 높고 나머지 여덟 개 주는 비율이 낮은, 즉 통신 서비스가 좋은 장밋빛 그림을 제시하고 있다. 정부의 규제가 효과적이고 기업은 정직하며 빈곤은 퇴치되었다는 해석이 가능하다.

그림 3.9와 그림 3.10에 나타난 네 지도는 건전한 회의주의자들에게 두 가지 교훈을 준다. 첫째, 하나의 코로플레스맵은 해당 지리적 변수에 대한 다양한 관점 중 단지 하나만을 대변한다. 둘째, 지도 일반화에 수반되는 선의의 거짓말이 정치 선동가에 의한 진짜 거짓말을 감춰 줄 수도 있다.

지도 일반화에 있어 직관과 윤리

일반화된 소축척 지도에는 경관 혹은 주어진 공간 데이터에 대한 저작자의 관점이 심대하게 반영되어 있다. 학문이나 예술 세계의 저작자들처럼, 양심적인 지도 저작자는 다양한 원천의 데이터를 심도 있게 검토해야 할 뿐만 아니라 표현할 정보나 지역에 대한 폭넓은 경험을 활용할 수 있어야 한다. 피처를 선택하고, 그래픽 계층성을 구현하고, 상세한 내용을 압축하는 전 과정에 통찰력과 귀납법이 길잡이 역할을 할 것이다. 지도가 어떤 모습이어야 하는가에 대한 지도 저작자의 '지식'이 지도의 최종적인 모습을 결정한다. 물론 이러한 지식이 잘못된 것일 수 있고, 도출된 그래픽 해석이 다른 전문가의 해석과 다를 수 있다. 그러나 우리가 익히 알고 있는 것처럼 두 견해 모두가 동등하게 옳을 수 있다.

··역자 주

1. 여기서 일반화는 '지도학적 일반화'를 의미하는 것으로, 지도에 포함되는 정보를 양적/질적으로 삭감하는(보다 정확하게는 변화시키는) 과정을 의미한다.
2. 여기서 사상이라는 번역어 대신 피처라는 단어를 사용한 것은 지도의 표현 대상을 넓게 말할 때는 사상이라는 단어가 보다 적합하겠지만, 기호화의 대상으로서의 지도학적 개체라는 구체적인 의미가 부각될 때는 피처라는 단어가 더 적절하다고 판단하기 때문이다.
3. 지형도는 특별한 주제 없이 모든 종류의 피처를 담고 있기 때문에 일반도(general map)의 대표적인 지도 유형으로 인식된다. 이러한 일반도의 성격을 유지한 채 축척만을 낮춘 것을 소축척 참조도라고 할 수 있는데, 영어로는 일반참조도(general-purpose reference map)라고 주로 쓰고, 아틀라스에 수록된 일반도나 우리나라의 1:250,000 지세도가 여기에 해당한다.
4. 도시의 무계획적인 저밀도 외연 확산을 의미한다.
5. 물건을 잡는 행위처럼 눈과 손의 동작을 일치시키는 것을 의미한다.
6. 건물의 전면에 조성되는 정원을 의미한다.

4장

지도학적 실수들

Blunders That Mislead

지도 제작자의 무지와 간과로 인해 많은 지도가 완결성을 상실한다. 무지와 간과에 기인한 많은 지도학적 실수가 수많은 지도 속에 살아 숨 쉬고 있다. 거리 계산을 유도하는 소축척 세계 지도상의 막대 축척, 잘못 표기된 지명, 인쇄상의 문제로 의도와 다르게 표현된 회색조 명도나 컬러 기호 등이 그 예들이다. 상호 호환성이 없는 다중 정보로 만들어진 지도에도 지도학적 실수는 도사리고 있다. 실수는 거짓말은 아니다. 그러나 식견 있는 지도 이용자라면 심각한 지도학적 과오를 야기하는 실수뿐만 아니라 단순한 지도학적 장난질까지도 알아챌 수 있어야 한다.

지도학적 부주의

지도 제작자도 인간이므로 실수하기 마련이다. 어떤 지도학적 실수는 불충분한 훈련과 잘못된 디자인 때문이지만, 대부분은 태만과 부적절한 편집에 기인한다. 제도사가 시간에 쫓기거나, 지도 회사 경영인이 그래픽 소프트웨어가 숙련된 제도사를 대체할 수 있다고 오판하거나, 결과물을 검토, 재검토하는 책임감 있는 누군가가 없다면 피처가 누락되거나, 피처의 위치가 잘못되거나, 지명이 잘못 표기되는 등의 실수는 피할 수 없다.

그런데 우리의 생각과는 달리 일반 상세 지도인 대축척 기본도에는 실수가 별로 없다. 국가 지도 제작 기관의 관료 구조는 많은 비용을 소요하기는 하지만, 정확한 지도를 생산하기에 충분할 만큼 효율적으로 운영된다. 그리고 기본도를 유통하는 민간 지도 회사는 정부로부터 기본도 제작에 사용된 원천 데이터를 얻을 수 있다. 숙련도가 높은 전문 기술자나 품질 관리 인력은 외부에서 용역 계약을 통해 충원되기도 하지만, 반복적 사실 확인 과정과 수차례에 걸친 교정 작업을 통해 전체적인 지도 생산 체계의 짜임새가 유지된다. 지형도를 만드는 작업은 지루한, 다단계 공정을 통해 이루어진다. 또한 외부 용역 계약자를 지도 편집(compilation) 작업에 투입하는 경우는 품질 관리에 전력을 기울여야 한다. 여기에 관료 고유의 '창피에 대한 공포(fear of embarrassment)'가 이 모든 것을 떠받치고 있다. 간혹 실수가 끼어들 수 있으나 흔하지는 않다.

오류는 항공사진이나 1차 데이터로부터 편집한 기본도보다 기존의 지도를 편집해 만든 파생 지도(derivative maps)에서 보다 잘 발생한다. 지도학적 훈련이나 지리적 세부 지식이 부족한 그래픽 디자이너가 여행 지도나 신문 지도의 대부분을 그리며, 과도한 업무에 시달리는 미디어 전문가가 뉴스 지도의 대부분을 만드는 실정이다. 생략과 왜곡은 한 지도에서 다른 지도로 정보가 수작업을 통해 이전될 때 잘 발생한다. 대축척 기본도로부터 필수 정보를 소축척 파생 지도로 옮기는 일은 결코 쉬운 일이 아니다. 여러 장의 기본도를 놓고 작업해야 하며, 편집자가 작업의 세부 사항에 대해 정확히 숙지하지 못할 수도 있고, 여러 명의 편집자가 동일한 지도를 놓고 공동 작업을 해야 할 수도 있다. 다른 파생 지도를 원도로 사용하면 분명 시간은 절약되겠지만, 다른 사람의 오류까지 떠안게 될 위험성이 있다.

지도의 실수는 재미있는 일화를 만들기도 한다. 정말 터무니없는 실수는 언론에 크게 보도되어 지도 제작자들의 경각심을 일깨우기도 한다. 1960년대 초, 미국자동차협회(American Automobile Association, AAA)가 발간한 미국 도로 지도에서 미국에서 23번째로 큰 도시가 누락되는 일이 있었다. AP통신(The Associated Press)은 이를 '잃어버린 시애틀(lost Seattle)'이라고 보도하기도 했다. 당황한 미국자동차협회 당국은 편집 과정에서 실수로 빠진 것이라는 해명을 내놓고는 서둘러 지도를 회수하고 많은 비용을 들여 재인쇄해야 했다.

이와 비슷한 일이 캐나다 관광청에서도 발생했다. 영국인 여행자들을 위한 안내서에 실린 항공 지도에 오타와가 빠져 있었던 것이다. 관계 당국의 공식 해명은 오타와가 주요 입국장이 아니기도 하고, 뉴욕–오타와 간 직항로 개설 이전에 편집된 지도이기 때문이라는 것이었다. 이러한 해명에도 불구하고 오타와 주민들의 분노는 가시지 않았다. 캘거리, 리자이나(Regina), 위니펙과 같은 도시들은 그 지도에 잘 모셔져 있었기 때문이다. 오타와 상공회의소의 한 직원은 "어떤 경우든, 심지어 2인승 카약으로 입국하는 곳일지라도 오타와는 지도에 표시되었어야 한다."라고 일갈했다고 한다.

또 지도 오독이 국제 분쟁으로 이어질 뻔한 일도 있었다. 1988년 필리핀의 마닐라 신문(Manila press)이 말레이시아의 터틀 아일랜드(Turtle Island) 병합을 보도했다. 말레이시아의 침공을 나타내는 신문 지도 때문에 3일간에 걸쳐 대대적인 보도 열풍과 무력 시위가 발생했다. 필리핀 해군 관리가 미국의 항해 지도를 잘못 판독해 이러한 지도가 만들어진 것인데, 터틀 아일랜드 통과 선박을 위한 심해 항로를 말레이시아가 새로이 선언한 배타적경제수역의 경계로 착각했던 것이다.

작은 집단 간의 분쟁을 유발하는 지도의 실수는 재미있는 일화를 남기는 것으로 그치지만, 전장(戰場)에 대한 부정확한 지도는 치명적인 결과를 초래한다. 미국 남북전쟁 당시, 부정확한 지형도와 숙련된 측량 기사 및 지리학자의 부족은 남군과 북군 모두에게 심각한 피해를 주었다. 1862년 북군은 남군의 수도인 리치먼드를 함락해 남군의 항복을 받아 낼 계획이었다. 그러나 북군의 매클렐런(McClellan) 장군의 부관이 부정확한 지도에 근거한 침공 계획을 세웠기 때문에 예상치 못한 장애물들이 북군의 진격을 더디게 했다. 한편 남군도 좋은 지도가 없었던 탓에 후퇴하는 매클렐런의 군대를 격퇴할 수 있는 전략 지점을 찾지 못해 전과를 올리지 못하기는 마찬가지였다.

현대전은 특히 나쁜 지도에 취약하다. 1999년 5월, 국제연합의 평화유지군이 구 유고슬라비아 임무를 수행하던 중, 미군의 스마트탄 한발이 베오그라드의 중국 대사관을 폭격하는 사건이 발생했다. 이는 잘못된 표적 정보에 기인한 것인데, 도로 주소와 해당 건물을 잘못 연결한 것이다. 이 사건 두 달 전에는 북부 이탈리아에서 20명이 사망하는 비극적인 일이 발생했다. 해병대 제트 전투기가 스키 리프트와 충돌한 것인데, 수직 장애물을 표시한 지도에 그 스키 리프트가 누락되었던 것이다. 2005년 1월에는 미국의 고속 핵잠수함 한 척이 괌 남쪽 350마일 지점에 위치한 해령과 충돌했다. 이 지형은 해도에 나타나 있지 않았다. 잠수함은 이런 경우 취약할 수밖에 없다. 적의 탐지망에 잡히지 않기 위해 장애물의 존재를 경고해 주는 수중 음파 탐지기(sonar)를 늘 켜 놓을 수는 없기 때문이다.

1983년 미군과 카리브해 동맹군의 그레나다 침공은 또 다른 사례이다. 당시 미국인 구출 작전을 수행하던 부대에 배포된 유일한 지도 정보는 급히 인쇄한 몇 장의 철 지난 영국 지도와 군사 좌표를 기입한 관광 지도뿐이었다. 결과적으로, 지도에 표기되어 있지 않았던 정신 병원이 비행기 폭격으로 파괴되었다. 또 다른 오폭으로 인해 18명의 군인이 다치고, 그중 한 명이 치명적인 상처를 입는 사건도 일어났다. 야전 사령관이 폭격 명령을 내릴 때 사용한 지도의 좌표계와 그 명령을 수행한 폭격기에서 사용한 지도의 좌표계가 서로 달랐던 것이다.

그레나다 침공에 대한 언론 보도나 사회과학자들의 논고에는 또 다른 지도학적 모독(cartographic insult)의 예가 드러나 있다. 일단의 공동 집필가들(혹은 그들과 함께 일한 프리랜서 일러스트레이터)은 지도 기호를 잘못 위치시키고, 지명을 잘못 표기했을 뿐 아니라, 그레나다에 속한 두 개의 섬, 카리아쿠섬(Carriacou)과 프티마르티니크섬(Petite Martinique)의 크기와 상대적 위치를 왜곡했다. 그림 4.1의 오른쪽 아래에 있는 그림처럼 이들이 집필한 책의 지역 개관도에는 이 두 섬이 실제보다 더 작게, 본 섬에 더 가깝게 표시되어 있다. 이러한 실수는 원본 역할을 한 공식 지도에 두 섬이 보다 작은 축척

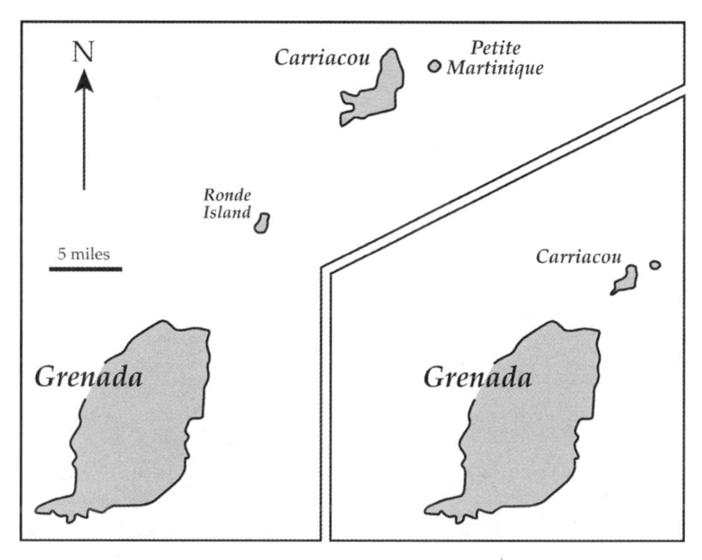

그림 4.1. 오른쪽 지도는 1983년 침공 직후 간행된 책에 수록된 지도이다. 그레나다의 작은 섬들의 크기와 위치가 잘못되어 있다. 왼쪽의 지도에는 카리아쿠섬과 프티마르티니크섬이 제대로 표시되어 있다.

의 삽입 지도로 표현되어 있었고, 이러한 사항에 대한 이해가 부족한 편집자가 그대로 지도를 따온 것에 기인한 것으로 보인다. 이전의 파생 지도들도 같은 실수를 했었기 때문에 저자들도 별생각 없이 잘못된 원천에 근거해 지도를 작성했을 것이다. 또한 편집 시 검토를 느슨하게 했기 때문에 이러한 실수를 발견하지 못했을 개연성도 크다.

뉴스 매체들 역시 그들 고유의 지도학적 결함을 드러낸다. 뉴스 지도의 오류는 대개 두 가지 이유 때문인데, 하나는 지도 제작 담당자의 지도학적 소양 부족 때문이고, 또 다른 하나는 뉴스의 취재, 편집, 발간 혹은 포스팅이 이루어지는 급박한 비즈니스 환경 때문이다. 뉴스 지도의 오류 문제는 어제오늘의 일이 아니다. 그림 4.2에 나타나 있는 것처럼, 1900년경에 배포된 많은 신문 지도를 살펴보면, 조잡한 경계선과 철자 오류를 쉽게 발견할 수 있다. 이 지도는 일식(eclipse) 예보 기사에 첨부된 지도인데, 자세히 들여다보면 일리노이주(Illinois) 지명에 엔(N)이 하나 더 들어 있다.■1 급하게 제작된 신문 지도들이 보여 주는 지도 오류의 예는 수없이 많다. 미시간주의 북쪽 반도를 위스콘신주에 붙여 놓거나, 델마바반도(Delmarva Peninsula)에 있는 버지니아주의 동쪽 카운티들을 메릴랜드주에 붙여 놓거나, 남한과 북한(심지어 중국의 일부까지)을 구소련에 포함시켜 놓기도 한다.

최근 일러스트레이션 소프트웨어가 언론용 지도 제작 도구로 각광받으면서 리포터나 편집자들이 단지 외견을 위해 기본도를 훼손하거나, 무의식적으로 피처를 누락하거나, 기호와 지명의 위치를 잘못 붙이는 일 등의 지도 오류를 저지를 가능성이 높아지고 있다. 전형적인 사례로 두 가지를 들고자 한다. 『뉴욕타임스』가 캐나다와 구소련의 관계에 관한 기사를 실었는데, 여기에 삽입된 지도에서 핀란드의 영토가 구소련에 포함되어 있었다. 미국의 기근 피해 지역을 나타낸 나이트-리더 그래픽스 네트워크(Knight-Ridder Graphics Network) 지도를 보면, 뉴햄프셔주와 버몬트주의 이름이 뒤바뀌어 있다.

PATH OF THE TOTAL ECLIPSE.

그림 4.2. 1900년 5월 28일자 『코틀랜드 이브닝 스탠다드(Cortland Evening Standard)』(뉴욕주 소재)에 실린 지도로, 손으로 그린 것이다. 사진 및 그림 공급 조합(feature syndicate)에서 제공한 것인데, 일리노이주 지명이 잘못 표기되어 있다.

아마도 지도 이용자들을 가장 짜증나게 하는 지도 오류(전자 지도이건 종이 지도이건)는 도로 지도(road map) 혹은 가로 지도(street map)에 나타난 실수일 것이다. 찾으려는 장소가 누락되어 있거나, 위치가 잘못되어 있거나, 색인에 안 나타나 있거나, 철자 오류가 있거나, 형태가 잘못 그려진 경우가 어렵지 않게 발견된다. 어쩌면 이러한 실수가 더 흔하지 않은 게 놀라울 정도이다. 가로 지도나 고속도로 지도의 제작자들은 복잡하고 계속 변하는 데이터베이스를 관리해야 한다. 그리고 경쟁이 극심한 지도 시장에서 대부분 안목이 없는 소비자들을 위해 저가의, 그러나 아주 정밀한 지도를 만들어 내야 한다. 1970년대 초반까지 수십 년 동안 석유 회사들이 무료로 도로 지도를 배포했기 때문에 미국의 지도 구매자들은 훌륭한 디자인의 고정밀 지도에 대한 안목이 없었다. 이에 비해 유럽의 지도 이용자들은 고정밀 지도를 만들 것을 요구하고, 고정밀 지도가 되어야 인정해 주고, 고정밀 지도에만 지갑을 연다.

가로 지도에 나타난 실수는 그 지도가 만들어진 과정을 반영한다. 미국의 경우, 시가화가 이루어진 부분에 대한 기본 데이터는 지질조사국에서 간행하는 대축척 지형도에서 얻는다. 이 대축척 지형도는 누구나 허가 없이 쓸 수 있으므로 자유롭게 복제할 수 있다. 그런데 축척이 1:24,000이어서 많은 거리 이름을 수록하기 어렵고, 제작된 지 10년도 더 된 도엽들도 많다. 따라서 지도 제작자들은 새로운 거리나 그 밖의 변화를 반영하거나 거리 이름을 확인하기 위해 시나 카운티의 토목국이나 고속도로국에서 제작한 지도를 참조한다. 거리망 형태의 복제, 조판, 활자 배치 등의 작업을 맡은 작업자가 경험이 부족하거나 부주의할 수 있으며, 최종 편집이 항상 완벽할 수도 없다. 고객들의 불만 사항은 다음 갱신 작업을 위한 완전한 지침서가 되지는 못하더라도 유용한 시작점은 제공해 준다. 일부 편집자들은 자문을 얻기 위해 자신의 지도 초고를 도시 계획국이나 토목국에 보내기도 하고, 그러한 부서에서 과중한 업무에 시달리는 공무원들에게 추가적인 지도 편집을 의뢰하기도 한다. 이러한 문제점들은 디지털 편집 과정에서도 유사하게 나타난다.

불행히도 많은 공식 도시 지도 속에는 승인은 났지만 허가를 받지도, 등급이 부여되지도, 포장되지도 않은 공공 통행로(right-of-way)■2가 나타나 있다. 건설 계획만 있는 가상의 도로는 공식적으로 해제되지 않는 한 토목국의 지도 속에 계속 남게 된다. 이러한 도로들은 개발업자가 도시 계획국에 공공 통행로를 가로질러 건축 허가를 요청하거나 주택 소유주가 대지에 붙어 있는 이 땅을 구매하려고 할 때 비로소 해제된다. 공식 도시 지도만을 가지고 편집을 하게 되면 그림 4.3에서처럼 뉴욕주 시러큐스의 공식 지도에 존재하는 가든가(Garden Street)나 피너클가(Pinnacle Street)와 같은 수많은 '지도에만

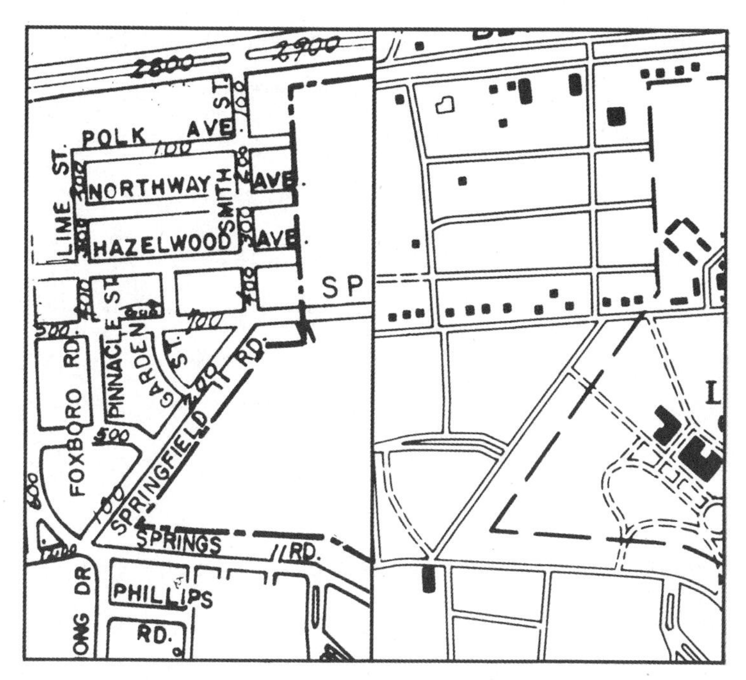

그림 4.3. 뉴욕주 시러큐스의 도로 지도. 왼쪽 지도는 시 도로 지도이고 오른쪽 지도는 주 고속도로 계획도이다. 왼쪽 지도의 중앙 좌측에 가든가와 피너클가가 있다. 작은 화살표가 피너클가를 가리키고 있는데, 그 오른쪽에 나란히 달리는 스미스가(Smith Street)가 있다.

있는 거리(paper streets)'를 나타내기 마련이다. 지질조사국이나 뉴욕주가 발간한 이 지역 지도에는 당연히 이러한 거리가 없지만, 지도 제작자들은 지방정부의 '공식' 지도가 워싱턴이나 뉴욕 주 정부의 지도보다 더 정확할 것이라고 예단하는 경향이 있다.

고의적인 실수

아무도 선뜻 말을 꺼내지 않지만, 도로 지도 제작자들은 도로명을 확인하거나 변화를 갱신하고자 할 때 서로의 지도를 베끼고 있다. 이러한 유형의 편집을 좋은 말로 '경쟁에서 살아남기(editing the competition)'라고 하지만 법적인 용어로는 '저작권 침해(copyright infringement)'다. 어떤 지도 제작자는 저작권 침해를 법정에서 입증하고 방심한 경쟁자를 현장에서 적발해 현금 배상을 받을 목적으로 자신의 지도에 일부러 '함정 거리(trap streets)'를 삽입한다. 이러한 함정 거리는 저작권이 보호된 정보의 도난을 막으면서도 지도 이용자들의 혼란은 피할 수 있게 일반적으로 한쪽 구석에 교묘하게 그려 넣는다. 지도 간행인들은 당연히 이러한 고의적인 실수에 대해 언급하기를 꺼린다. 1997년에 이러한 관행이 사라지게 된 계기가 마련된다. 한 연방 지방 법원이 함정 거리와 같은 가짜 사실도 사실이며, 따라서 저작권 보호의 대상이 될 수 없다고 판시한 것이다.

장난기 있는 제도사들 역시 지도학적 허구에 한몫 거든다. 1979년 미시간주의 고속도로 지도에는 미시간대학교(Michigan University, MU)와 오하이오주립대학교(Ohio State University, OSU) 간의 전통적인 미식축구 라이벌 관계를 반영하는 두 개의 허구 도시가 삽입되어 있다. 그림 4.4에 나타난 것처럼, 이 지도 범죄자는 미시간대학교 미식축구팀의 열렬한 팬일 뿐만 아니라 미시간주의 충성심 넘치는 주민임에 틀림없다. 그는 오하이오주의 접경 지역에 엉터리 지명을 삽입했는데, 편집자가 주 경계 밖의 피처들에 대해서는 별다른 신경을 쓰지 않을 것이라 여겼기 때문일 것이다. 지도의 털리도(Toledo) 동쪽에 표시된 새로운 교외 도시 '고블루(goblu)'는 미시간 블루(Michigan Blue: 미시간대학교의 전통 색상에 근거한 별명)를 응원하는 팬들의 응원 문구를 조금 간략하게 표현한 것이다.[■3] 그리고 벌링턴(Burlington) 북쪽 오하이오 유료 고속도로(Ohio Turnpike) 남쪽에 있는 새로운 도시 '비트오에스유(beatosu)'[■4]에는 오하이오주립대학교와의 정기전에서 블루가 승리하기를 바라는 제도사의 염원이 담겨 있다.[■5]

창조 지도학의 보다 개인적인 예로 리처드산(Mount Richard)을 둘러싼 이

야기가 있다. 1970년대 초반 콜로라도주 볼더(Boulder)에서 발행한 한 장의 카운티 지도에 이 산이 갑자기 등장한다. 대륙 분수계(continental divide)상에 떡 하니 놓여 있었지만 이후 2년 동안 아무도 발견하지 못했다. 나중에 토

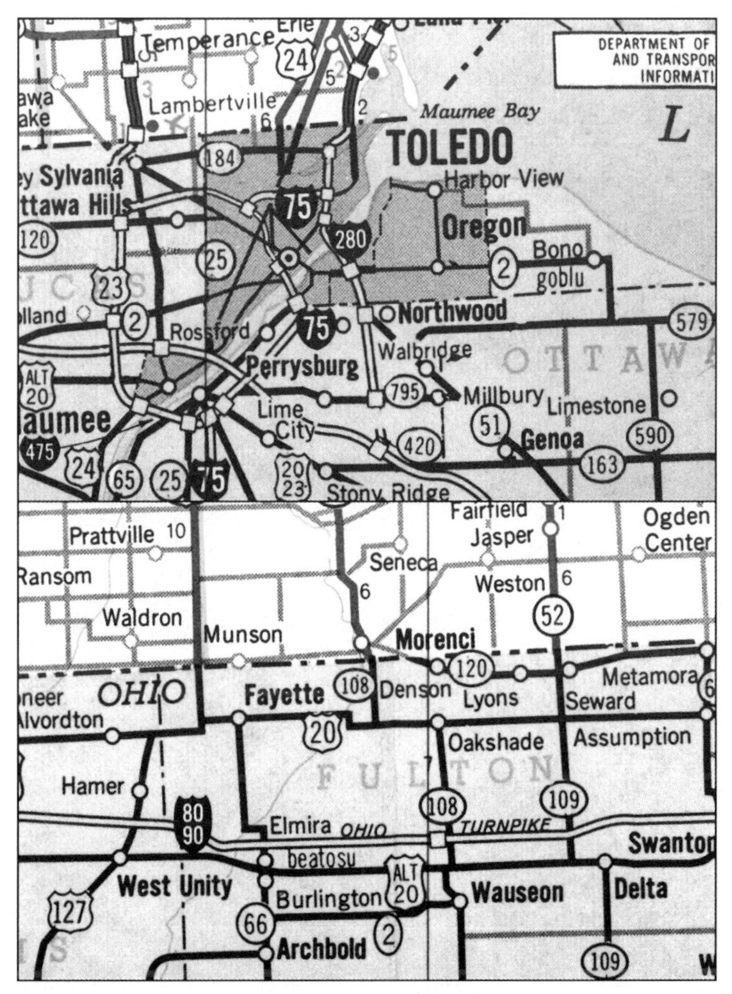

그림 4.4. 1979년 미시간주 고속도로 지도에 나타난 가상 도시 '고블루[goblu: 위 지도의 우측에 있는 보노(Bono) 아래]'와 '비트오에스유[beatosu: 아래 지도 하단에 있는 벌링턴(Burlington) 위]'. 이 지도에는 미시간대학교가 오하이오주립대학교와의 라이벌 미식축구 경기에서 승리하기를 바라는 한 익명 제도사의 간절한 염원이 담겨 있다.

목과에서 일하던 제도사 리처드 키아치(Richard Ciacci)의 소행인 것으로 밝혀졌다. 이러한 장난의 예로 미루어 볼 때, 얼마나 많은 지도 제작자의 나쁜 장난이 아직 발견되지 않은 채 지리적 영생(geographic immortality)을 이어가고 있는지 짐작도 되지 않는다.

회색조 명도의 왜곡: 지도 제작자의 의도를 해치는 결과물

인쇄를 하면 지도의 외양이 완전히 뒤바뀔 수 있다. 인쇄에 따른 결과물의 왜곡을 고려하지 않으면 재생산 과정에서 원지도와는 전혀 다른 수천 장의 인쇄 지도가 생산될 수 있다. 원지도를 사진 찍거나 스캔하면 지도 이미지의 선명도가 떨어진다. 그리고 원지도가 인쇄판 위로 (사진적으로나 전자적으로나) 옮겨질 때 혹은 잉크가 인쇄판에서 종이 위로 옮겨질 때도 선명도가 훼손된다. 잉크 부족(underinking) 혹은 사진의 과노출(overexposure)이나 저현상(underdevelopment)이 발생하면, 희미한 이미지가 생성되고, 작은 글씨나 섬세한 역형 패턴은 사라진다. 반대로 잉크 과잉(overinking) 혹은 사진의 저노출(underexposure)이나 고현상(overdevelopment)이 발생하면, 작은 글씨의 구석이나 고리 부분■6이 뭉개지거나 일부 회색조 역형 기호가 현저하게 짙어질 수 있다. 일반적인 상황에서 가장 크게 문제가 되는 것은 잉크 과잉 인쇄기인데, **잉크 번짐**(ink spread)이라 일컫는 현상으로 이미지 요소들이 비대해진다.

역형 기호로 사용되는 미세 도트 스크린(fine dot screen)■7은 특히 잉크 번짐에 취약하다. 지도 디자이너가 1인치당 120개 이상(1cm당 47개 이상)의 도트가 있는 스크린에서 잉크 번짐의 효과를 무시할 경우, 중간 회색이 검정으로 나타날 수 있고, 코로플레스맵에서는 낮은 계급과 높은 계급이 뒤바뀌어 보일 수도 있다. 그림 4.5는 0.007인치(0.169mm)씩 떨어진 점들로 이루어진 비교적 섬세한 150선 스크린(1cm당 59선)에서 나타나는 잉크 번짐 효과를 설명하는데, 두 개의 가상적인 회색조 역형 기호를 크게 확대해 비교한다. 이 실험에서 각 도트의 반경이 0.001인치(0.025mm) 정도 증가하는 작은 잉크 번짐으로 인해 20% 스크린의 잉크 면적이 49%로, 80% 스크린의 잉크 면적이 96%로 증가했다. 원회색조가 50% 미만인 스크린은 더욱 검게 된다. 작은 검정색 원의 안쪽으로 잉크가 투여되어 검정색 점을 더욱 크게 만들기 때문이다. 어떤 경우에는 점들이 한 덩어리로 합쳐질 수도 있다. 원회색조가 50% 이상인 스크린은 더욱 검게 된다. 검정 바탕 안에 있는 작은 흰색 원의 안쪽으로 잉크가 투여되어 흰색 점을 더욱 작게 만들기 때문이다. 어떤 경우에는 완전히 채워질 수도 있다. 세심한 지도 제작자라면 스크린의 질감을 조정해 최종적인 인쇄 품질을 획득하려 할 것이다. 조금 거친 65선 스크린(1cm

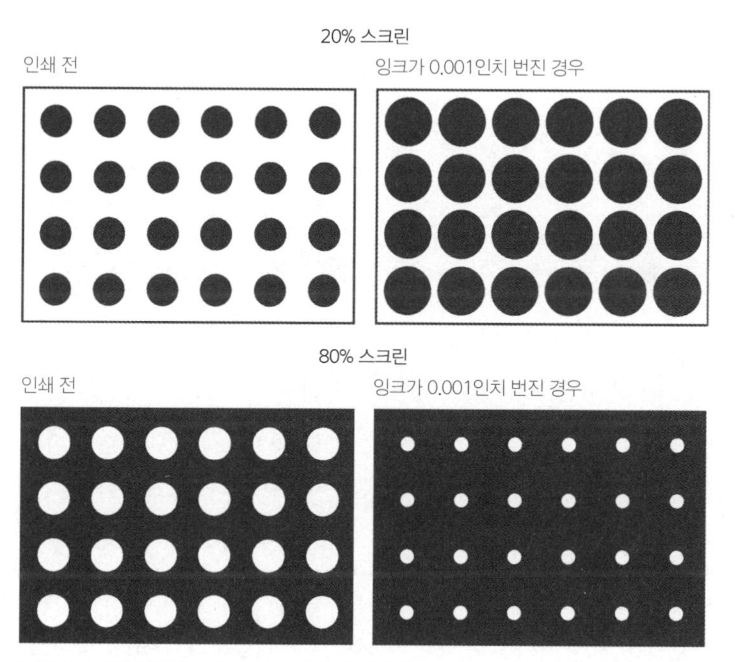

그림 4.5. 150선 회색조 도트 스크린에서 나타나는 0.001인치 잉크 번짐 효과를 확대한 그림으로, 위는 잉크 면적이 20%인 경우이고 아래는 잉크 면적이 80%인 경우이다.

당 26선)에 위와 동일한 양의 잉크 번짐이 있었다면, 20% 스크린은 32% 잉크 면적으로, 80% 스크린은 89% 잉크 면적으로 약간만 증가한다.

그래픽 소프트웨어를 통한 지도 제작이 일반화되면서 이러한 문제는 보다 복잡한 양상으로 나타나고 있다. 많은 지도 저작자들은 자신이 컴퓨터 스크린상에서 보는 이미지가 잉크나 토너로 인쇄되었을 때도, 잉크젯 프린터기를 이용해 포스터로 제작되었을 때도, 회의장의 스크린에 투사되었을 때도, 태블릿 컴퓨터 화면에 나타났을 때도 모두 왜곡 없이 똑같을 것이라는 순진한 믿음을 가지고 있다. 컬러는 디스플레이 장치에 따라 다르게 보인다.

또 다른 왜곡은 제록스 효과(Xerox effect)라고 불리는 것인데, 흑백 복사기가 서로 다른 단색(solid color)의 차별성을 파괴해 버리는 것이다. 밝은 파란색은 노란색과 구분되지 않고, 어두운 파란색은 밝은 빨간색과 엇비슷하게 어둡다. 밝은 파란색 혹은 중간 파란색의 선은 잘 보이지 않는다. 온라인상의 컬러 지도가 흑백 레이저 프린터기로 출력될 때도 이와 유사한 왜곡이 발생한다. 또한 잘 배열된 회색조 명도 기호라 하더라도 프린터의 토너가 부족하면 차이가 잘 드러나지 않는다.

시간적 비일관성: 하루(혹은 1년 혹은 10년) 상간에도 많은 변화가 있다

지도는 우유와 같다. 지도에 나타난 정보는 상하기 쉬운 것이어서 제작 날짜를 확인하는 것이 현명한 처사이다. 그러나 지도 저작자가 적어 놓은 날짜는 지도의 발행일일뿐 지도 속의 정보가 획득된 날은 아니다. 지도가 하나 이상의 자료원을 편집해 만들어졌거나 장기간의 야외 조사를 거쳐 만들어졌다면, 지도에 표현된 정보의 획득 시점은 매우 다양할 수 있다. 따라서 특정 날짜를 명시하기보다는 일정 기간을 표시하는 것이 보다 적절하다. 특히 고약한 경우는 날짜가 분명하게 지정된 지도나 아예 현황도라는 이름이 붙은 지도임에도 불구하고 이미 없어진 피처가 포함되어 있거나 최근에 생겨난 피처가 누락된 경우이다. 이런 오류는 많지 않고 눈에 잘 띄지도 않는다. 99.9% 정확한 지도는 대부분 지도 이용자에게는 무오류 지도로 보인다. 이것도 일종의 기만이다.

날짜가 정확하지 않거나 시간적 일관성이 떨어지는 지도는 지도에 담긴 정보가 시시각각 변하는 특성을 가진 경우 특히 위험할 수 있다. 먼 과거의 지질환경을 나타낸 지도에서는 연대 추정이 수천 년 심지어 수백만 년 틀려도 큰 문제가 되지 않고, 여전히 유용한 지도이다. 그러나 기상도를 만들기 위해 이용되는 기온과 기압 데이터의 관측 시차는 한 시간 이내여야 한다. 날씨 예보 지도는 예보의 일자와 시각까지 정확히 명시해야 한다.

역사학자들은 지도에 적힌 날짜에 특히 회의적인 시각을 가질 필요가 있다. 예를 들어, 중세 지도는 지도에 적힌 특정 연도보다 훨씬 더 폭넓은 기간과 관련되어 있을 수 있다. 저명한 지도학사 연구자인 데이비드 우드워드(David Woodward)는 중세의 마파문디(mappaemundi: 세계 지도)는 과거 특정 시점의 지구에 대한 객관적 혹은 왜곡된 이미지의 표상물이라기보다는 "공간상에서 발생한 사건들의 역사적 집적물(historical aggregations) 혹은 누적적 목록(cumulative inventories)으로 이루어져 있다."라고 말한 바 있다. 예를 들어, 소장처인 영국 성당의 이름을 따서 헤리퍼드 지도(Hereford map)라고 불리는 중세 세계 지도는 다양한 자료원을 토대로 약 1290년경에 편집, 제작된 것이다. 이 지도에는 4세기 로마 제국에서 13세기의 영국에 이르기까지 시기적으로 일치하지 않는 수많은 지명이 등장한다.

현대 지도의 꼼꼼한 이용자라면 지도 제작자가 아무리 작은 글씨로 적어 놓았다 하더라도 세세한 주의사항을 모두 읽어 보아야 한다. N년에 배포된 대축척 지형도의 경우를 예로 들면, 이 지도의 실제 발행일은 N−2년이고, N−3년 혹은 N−4년에 찍은 항공사진에 근거해 만들어진 것이며, N−2년 혹은 N-3년 정도에 야외 수정된 것이라는 등의 사항이 표시되어 있다.■8 야외 수정이 행해지지만, 그것을 통해 모든 중요한 변화가 포착되는 것은 아니다. 아주 빠른 속도로 성장하고 있는 도시 지역에 대한 지도는 아주 빠른 속도로 구닥다리가 된다. 세세한 주의사항이 적혀 있지 않은 파생 지도는 가짜 약(snake oil)의 지도학적 버전이 될 공산이 크다. 발행의 지연과 개정판의 연기로 말미암아 '신판'이라는 이름이 붙은 파생 지도 중에 10년 이상 된 것도 많다. 지도의 어떤 부분은 4년, 어떤 부분은 10년, 또 어떤 부분은 그 이상 된 그런 잡종 지도 역시 수두룩하다.

시간적으로 정확한 지도라고 해서 반드시 특정 날짜를 명시해야 할 필요는 없다. 또한 현재 존재하거나 최소한 존재했던 피처들만 나타내야 하는 것도 아니다. 예를 들어, 도시 계획가들은 미래 프로젝트를 위한 이전 결정들을 기록한 지도가 여전히 필요하다. 그래야만 새로운 결정이 과거의 결정과 충돌하는 것을 방지할 수 있기 때문이다. 버지니아주 페어팩스 카운티(Fairfax County)의 사례는 계획도가 부정확하면 얼마나 비싼 대가를 치러야 하는지를 잘 보여 준다. 한 개발업자가 잘못된 지도 덕분에 진출입 제한 고속도로의 계획 노선상에 토지 개발 허가권을 얻어 냈다. 페어팩스 카운티는 그 17필지의 토지를 매입하느라 150만 달러를 지불해야 했다. 또한 또 다른 토지 개발 지역 내의 신축 가옥 5채를 매입해 철거해야 했다. 이 두 가지 황당한 사건 이후에 해당 카운티는 특별 지도국을 신설했다.

시간적 일관성(temporal consistency)의 문제는 센서스나 서베이 데이터로 제작된 통계지도의 이용자에게도 큰 골칫거리이다. 서로 다른 시기나 기간에 수집된 자료를 이용해 비(ratio)를 구하거나 유사한 형태의 지표를 만들어 코로플레스맵이나 다른 통계지도로 표현하는 경우가 있다. 예를 들어, 미국 센서스국(Census Bureau)이 1989년 총소득을 1990년 4월 1일의 인구로 나누어 지역별 1인당 국민 소득을 계산할 수 있다. 이 경우 시간적 비호환성

(temporal incompatibility) 혹은 불일치 문제가 있다고 말할 수 있다. 그러나 이 경우 문제의 심각성은 미미한 편이고, 오히려 정확한 인구수를 알아 내거나 정직하고 신뢰할 만한 개인 소득을 추정하는 일이 더욱 중요한 사안이다. 10년 기간의 중간 연도의 조사 데이터와 10년 기간의 시작 연도의 센서스 데이터를 결합한 인덱스를 사용할 경우에는 세심한 주의가 필요하다. 예를 들어, 2015년 소득을 2010년 인구수로 나누는 경우이다. 이러한 시점 불일치 데이터에 기반한 비율 값은 해당 기간에 대규모 인구 이동이 발생한 경우에는 왜곡의 정도가 극심해진다. 예를 들어, 규모가 작은 교외 소도시의 경우 10년 동안 500% 이상 인구 증가가 발생할 수도 있고, 이 경우 2010년의 인구수로 나눈 비율 값과 2020년의 인구수로 나눈 비율 값 사이에는 엄청난 차이가 있을 것이다.

일관성이 결여된 데이터 정의에 기반하거나 시점이 불일치하는 센서스 및 서베이 데이터에 기반한 국제 통계의 경우도 문제가 많은 지도의 산출에 크게 이바지한다. 빈곤, 직업 유형, 도시 인구 비율 등에 관한 세계 지도는 해당 지표의 정의가 나라마다 상당히 다르기 때문에 근본적으로 부정확성을 내포할 수밖에 없다. 통계 데이터에 기반한 세계 지도는 특히 의심스럽다. 학자들이나 국제연합의 통계 담당자들이 세심한 데이터 조정 과정을 거친다는 점, 선진국 그룹 및 개발도상국 그룹 내의 무의미한 차이를 없애기 위해 광범위하고 아주 일반적인 범주 구분법을 적용하고 있다는 점 등이 국제 통계 데이터의 타당성을 높이는 데 많이 공헌하고 있음에도 불구하고, 글로벌 스케일의 주제도에 의심의 눈초리를 거두지 말아야 하는 충분한 이유가 여전히 존재한다.

비호환 데이터: 조화롭지 못한 재료는 스튜를 망칠 수 있다

컴퓨터 데이터 파일에 근거한 지도는 오류 가능성이 매우 높다. 특히 다수의 자료원으로부터 데이터가 만들어지거나 사용자나 편집자가 파일의 정확성을 검정할 시간이나 흥미가 부족한 경우는 더욱 그렇다. 무성의하고 이익만 추구하는 기업이 만든 아주 부정확한 데이터를 구입한 구매자들은 엄청난 당혹감에 휩싸일지도 모른다. 특히 가로망 데이터가 그러한데, 신뢰할 만한 공급자로부터 얻은 데이터에서도 정말 짜증나는 오류가 발견되곤 한다. 인접한 도엽으로부터 추출한 도로나 경계가 서로 어긋나 있는 것과 같은 오류들이다. 컴퓨터 데이터베이스상의 도로망이나 하천 수계 데이터는 세심한 편집이 이루어지지 않으면 종이 지도에 비해 누락이나 위치 오류의 가능성이 훨씬 더 크다. 전자 데이터는 메타데이터(데이터에 관한 데이터)가 주어지지 않는다면 불완전한 것으로 간주해야 한다. 그리고 메타데이터 속에는 데이터 품질에 대한 정보와 다양한 피처 간의 상호 호환성에 대한 정보가 담겨 있어야 한다.

종이 지도에서 디지털 지도로 넘어감에 따라 데이터 비일관성과 관련된 다양한 문제가 발생하고 있다. 지리정보시스템상에서 다양한 피처 세트 혹은 '커버리지(coverage)'■9가 중첩 오퍼레이션 속으로 투입되는 상황이 여기에 해당한다. 다양한 지도로부터 동일 지역에 대한 다양한 피처들을 추출했는데, 그것들이 공간적으로 서로 일치하지 않는다면, 그것을 이용한 분석의 결과는 무의미하다. 이러한 불일치는 자료원의 투영법 차이에 기인한 경우가 많다. 공간적·시간적으로 서로 호환성이 없는 데이터를 중첩했을 때는, 예를 들어 따로 수집된, 서로 밀접히 관련된 두 개의 커버리지를 중첩했을 때는, 그림 4.6에 나타나 있는 것 같은 슬리버(sliver)■10나 괴상한 모양의 다각형이 산출될 수 있다. 정보를 처리하는 소프트웨어에 결함이 있을 수도 있다. 소프

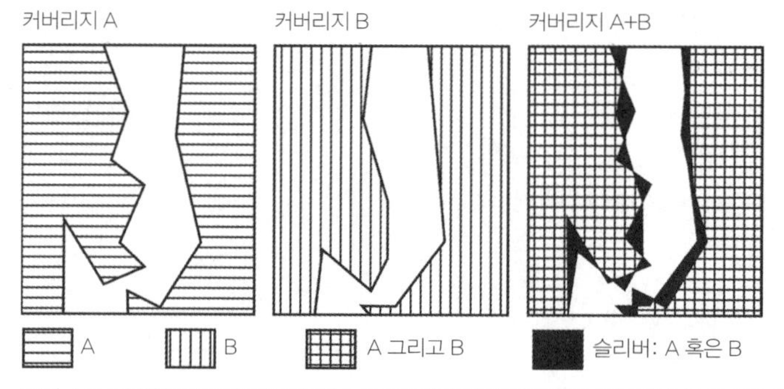

그림 4.6. 부정확하게 디지티이징된 두 개의 커버리지(A와 B)를 중첩하면 무의미한 슬리버 폴리곤이 만들어진다.

트웨어의 기능 오류는 오히려 잘 드러나지만, 미묘한 프로그래밍 오류는 잘 보이지 않기 때문에 재앙적 결정을 이끌 수 있다. 이러한 가능성 때문에 익숙하지 않은 데이터와 소프트웨어를 사용하고 있다면 더 많은 주의를 기울여야 한다. "쓰레기를 투입하면, 쓰레기가 산출된다."라는 문장은 매우 유용한 경고문이다. 그런데 비극은 한동안 사용하고 난 후에야 비로소 그것이 쓰레기였다는 사실을 알게 된다는 점이다.

··역자 주

1. 왼쪽 상단 끝에 보면 일리노이의 철자가 'ILLINONIS'로 되어 있는 것을 볼 수 있다.
2. 개인의 사유지를 통과하는 공공 도로를 의미한다.
3. '블루 파이팅!(Go Blue!)'의 줄임말이다.
4. '오하이오주립대학교를 박살내자(Beat OSU!)'의 줄임말이다.
5. 오하이오주립대학교에서 박사학위를 받고, 그 대학교 미식축구팀의 광팬으로서, 나는 이 라이벌 관계의 격렬함을 누구보다 잘 이해하고 있다. 그 장난꾸러기 지도 범죄자가 오하이오주립대학교의 광팬이었다면 지도에 '고벅스(gobucks)'와 '비트미시간(beatmichigan)'을 대신 집어넣었을 것이다. '저 북쪽팀(that team up north)'에서는 어떻게 하는지 모르지만 미시간대학교와의 미식축구 경기가 있는 주에는 오하이오주립대학교 캠퍼스 내의 모든 푯말에서 알파벳 M자 위에 X자 표시를 한다.

6. 예를 들어 알파벳 'e'의 위쪽 둥근 부분을 말한다.
7. 작은 도트를 통해 회색조 명도를 표현하는 방식을 의미한다.
8. 우리나라의 지형도에도 도엽의 왼편 바로 바깥쪽에 편집, 수정, 촬영, 조사, 인쇄에 대한 다섯 가지 서로 다른 연도가 표시되어 있다.
9. 미국의 GIS 기업 ESRI가 개발한 벡터 데이터 포맷으로, 위상 모형이 구현된 지리관계형(georelational) 데이터 모형의 일종이다.
10. 중첩 과정에서 만들어지는 작은 폴리곤으로, 중첩에 투입된 두 레이어에 데이터 비일관성 문제가 있음을 시사한다.

5장

컬러의 매력과 오용

Color: Attraction and Distraction

컬러는 지도학적 수렁(cartographic quagmire)이다. 그 매력에 한 번 빠지면 헤어 나오기 어렵다. 심미적으로 보면, 컬러는 지도를 매력적으로 보이게 한다. 기능적으로 보면, 컬러는 도로 지도나 지질도와 같이 여러 개의 범주를 표현하는 지도에서 대비성을 확립해 준다. 그러나 컬러의 복잡성과 마력 앞에 지도 제작자들은 너무나 쉽게 명민함을 상실해 버린다. 컴퓨터-그래픽 성능 시연회에서, 비즈니스 프레젠테이션에서, 뉴스 미디어에서, 다른 수많은 곳에서 넘쳐 나는 알록달록한 지도들을 보면 컬러가 지도에게 약일 수도 있고 독일 수도 있다는 사실에 대한 무지가 얼마나 만연해 있는지를 확인할 수 있다. 적절한 지도학적 컬러 이용의 원칙에 대한 이해가 부족하면, 현란한 컬러가 사용된 지도에 쉽게 현혹되고, 단순히 예뻐 보인다는 이유로 나쁜 지도를 좋은 지도로 착각하게 된다.

지도에서 컬러 오용의 상당 부분은 기술의 진보에서 비롯되었다. 1980년대 이전에는 컬러 인쇄가 무척 비쌌고 함부로 사용할 수 없었기 때문에 컬러 지도는 비교적 드물었다. 그 이후 컴퓨터 하드웨어와 소프트웨어, 그리고 온라인 매핑 기술의 발달이 컬러의 전면적 활용과 남용을 부추기기 시작했다. 컬러 모니터와 프린터 덕분에 아마추어 지도 저작자들도 큰 힘을 들이지 않고 컬러를 마음껏 사용할 수 있게 되었다. 신문 인쇄를 위한 컬러 석판 인쇄술이 발달하면서 뉴스 일러스트레이션을 도맡아 하던 그래픽 디자이너들이 컬러 사용에 빠져들게 되었다. 이는 컬러 지도의 증대로 곧바로 이어졌는데, 비극은 그들 대부분이 지도학적으로 문맹이었다는 사실이다. 노트북, 태블릿, 모바일 기기의 고해상도 스크린은 온라인 세상에서 컬러 지도가 만연하는 데 큰 공헌을 했다. 이제 흑백이나 보다 차분한 색의 기호가 판독을 보다 용이하게 함에도 불구하고, 많은 시청자나 독자는 보다 대비되는 컬러들로 구성된 현란한 지도를 선호하게 되었다. 이 장에서는 컬러의 본질에 대해 간략히 살펴본 후, 그래픽 논리, 시지각(visual perception), 문화적 선호가 지도에서의 컬러 이용에 어떤 영향을 미치는지에 대해 살펴볼 것이다.

컬러의 본질

생물물리학적 현상(biophysical phenomenon)으로서의 컬러는 '가시광선대'로 불리는 0.4~0.7㎛의 좁은 파장대의 전자기 복사■[1]에 대한 감각 반응이다(1㎛는 1m의 1/1,000,000이다). 사람의 눈은 자외선(10~1㎛)이나 감마선(10~6㎛)과 같은 단파 복사를 보지 못하며, 마이크로웨이브(105㎛)나 TV 신호(108㎛)와 같은 장파 복사도 역시 감지하지 못한다. 그러나 우리의 눈과 두뇌는 그림 5.1의 왼쪽에 있는 도표에서 보듯이 가시광선대 내의 보라색, 파란색, 초록색, 노란색, 주황색, 빨간색과 같은 컬러와 연계된 파장들을 쉽게 구분한다. 백색광은 이들 모든 파장을 합친 것이다. 무지개나 프리즘은 백색광을 굴절시켜 그것의 구성 컬러들을 우리에게 친숙한 스펙트럼 배열로 보여

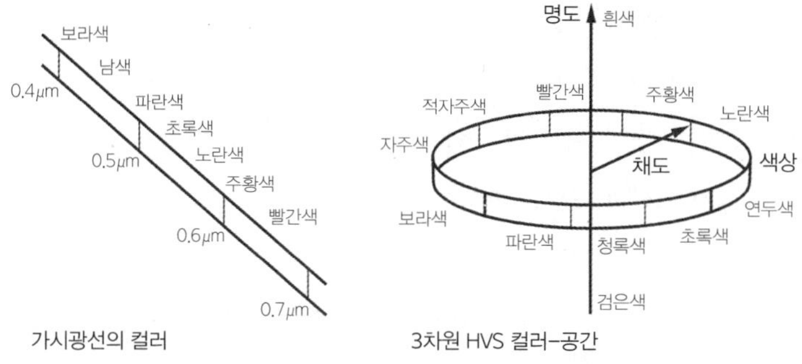

그림 5.1. 왼쪽 그림은 전자기 스펙트럼의 가시광선대에 나타나는 파장과 색상의 관계를 보여 준다. 오른쪽 그림은 HVS 컬러-공간에서 색상이 컬러의 나머지 두 가지 차원인 명도, 채도와 어떻게 연결되는지를 보여 준다.

준다.

인지 현상이자 시각 디자인 현상으로서의 컬러는 색상, 명도, 채도라는 세 개의 차원을 갖는다. 전자기 복사의 파장대와 직접 연관된 **색상**은 컬러의 가장 분명한 기준이다. 대부분의 사람이 컬러를 생각할 때 색상을 가장 먼저 떠올리는 것도 이 때문이다(컬러 도판 2). 컬러의 밝고 어두운 정도를 의미하는 **명도**는 컬러와 회색조 음영 모두에 적용된다. **크로마**(chroma)라고도 불리는 **채도**는 색채의 강도 또는 선명도를 말한다. 예를 들어, 중간 파란색은 채도에 따라 100% 채도의 순색인 진파란색에서 파란색, 연파란색, 청회색, 마지막으로 0% 채도의 중간 회색에 이르기까지 다양하다. **무채색**이라 불리는 회색조는 채도가 0이다.

색채 이론가들은 색상, 명도, 채도의 3차원 관계를 설명하기 위해 그림 5.1의 오른쪽에 있는 HVS 컬러-공간 다이어그램(color-space diagram)과 같은 것을 사용한다. 가시광선대와 비슷하지만 그것을 구부려 원을 만들었다고 생각하면 쉽다. 어두운 보라색과 어두운 빨간색을 연결함으로써 원을 완성하고, 그것을 통해 컬러의 전범위를 보여 준다. 이러한 컬러의 원 혹은 **색상환**(色相環, color wheel)의 중심에 회색조 명도를 나타내는 수직축이 지난다.

이 축의 최하단은 검은색이고 최상단은 흰색이다. 세 번째 차원인 채도는 이 회색조 명도축에서 색상환에 있는 순색까지의 거리로 표현된다. 예를 들어, 고채도의 진파란색은 연파란색에 비해 명도축으로부터 더 멀리 떨어져 있다.

시각 변수로서 색상과 명도는 매우 다른 역할을 한다. 우리는 파란색, 초록색, 빨간색을 다르게 인지하지만, 동시에 빨간색을 음영에 따라 밝은 빨간색에서 어두운 빨간색에 이르는 다양한 빨간색으로 구분해 낸다. 색상과 명도와 달리 채도는 다루기 어렵다. 따라서 채도를 의도적으로 시각 변수로 활용하는 경우는 드물다.

보통 지도상의 컬러는 원색의 혼합이다. 컴퓨터 스크린, 모바일 기기, 비디오 프로젝터에는 빨간색, 초록색, 파란색의 **가법혼색의 삼원색**(additive primary colors)■2의 혼합으로 만들어진 다양한 색상이 나타난다. 컬러 도판 3의 왼쪽 그림은 빨간색, 초록색, 파란색의 색광을 가진 집중 조명을 무대 위의 흰색 반사판 위에 서로 겹치게 비춘다고 했을 때 나타날 수 있는 혼합색을 보여 준다. 노란색은 빨간색과 초록색 색광이, 시안(cyan)은 파란색과 초록색 색광이, 마젠타(magenta)는 빨간색과 파란색 색광이 겹칠 때 나타나는 컬러이다. 전자 디스플레이에서 빨간색, 초록색, 파란색 색광이 겹칠 때도 같은 결과가 나타난다. 흰색은 세 가지 원 모두가 겹치는 중앙에 나타난다. 백색광은 대략 같은 강도의 빨간색, 초록색, 파란색 색광이 합쳐지면 만들어진다. 집중 조명이 비추지 않는 무대는 검은색으로 나타나는데, 컬러의 부재를 의미한다.

백색광이 빨간색, 초록색, 파란색을 합친 것이라 이해하면, **감법혼색의 삼원색**(subtractive primary colors)■3을 쉽게 이해할 수 있다. 노란색, 마젠타, 시안을 감법혼색의 삼원색이라 부르는 이유는 백색광으로부터 가법혼색의 삼원색 하나를 제외했을 때 나타나는 컬러이기 때문이다. 예를 들어, 노란색 색료를 칠한 흰색 카드는 백색광으로부터 파란색을 흡수하고 나머지 빨간색과 초록색의 혼광을 반사하는데, 눈은 그것을 노란색으로 인식하는 것이다. 즉, 백색광(빨간색 + 초록색 + 파란색)에서 파란색(노란색 색료에 의해 제거)을 빼면 빨간색 + 초록색이 남는데, 이것이 노란색이라는 것이다.■4 마찬가지로 마젠타 색료는 백색광으로부터 초록색 색광을 제거하고, 시안 색료는 백색광으로부터 빨간색 색광을 제거한 것이다. 인쇄된 지도상에 나타나는 컬러는 종이 위의 색료가 백색광을 선택적으로 흡수하기 때문에 그렇게 나타나는 것이다. 전자 디스플레이상의 컬러는 다른 방식으로 만들어진다. 전자 디스플레이는 수없이 많은 픽셀로 이루어져 있고, 각 픽셀은 독립적으로 작동하는 세 개의 형광 '도트(dot)'■5를 가지고 있는데, 이 세 도트에서 방사되는 빨간색, 초록색, 파란색 색광의 혼합으로 컬러가 만들어진다.

가법혼색의 삼원색과 마찬가지로 노란색, 마젠타, 시안을 적당량 혼합하면 다른 색상을 만들어 낼 수 있다. 컬러 도판 3의 오른쪽 그림은 감법혼색의 삼원색의 색료가 서로 겹칠 때 나타나는 컬러 패턴을 보여 준다. 두 개의 원이 겹칠 때 가법혼색의 삼원색(빨간색, 초록색, 파란색)이 나타나고, 검은색(컬러의 부재)은 세 원이 모두 겹칠 때 나타난다. 예를 들어, 백색광으로부터 파란색과 초록색의 색광이 제거되면 빨간색 색광만 남기 때문에 노란색과 마젠타 색료를 혼합하면 빨간색이 된다. 그리고 세 원이 겹친 곳은 세 가지 색료가 가법혼색의 삼원색 모두를 흡수해 버리기 때문에 검은색이 된다.■6

삼원색의 혼색 원리는 전자 디스플레이나 인쇄 모두를 단순화시킨다. 컴퓨터 스크린상의 컬러는 가법혼색의 삼원색에 기반한다. 스크린상에는 얇고 촘촘하게 배열된(1인치당 50개 이상) 형광점 혹은 형광선이 배열되어 있다. (무슨 말인지 잘 모르겠다면, 컬러 TV나 컬러 모니터를 가까이서 관찰해 보라. 너무 길게는 말고). 스크린의 각 지점마다 빨간색, 초록색, 파란색의 형광점 혹은 형광선이 서로 다른 강도의 조합으로 빛을 방사하면 특정한 컬러가 그 지점에 만들어지는 것이다. 각 원색은 64단계의 서로 다른 강도로 표현될 수 있기 때문에 RGB(Red-Green-Blue) 컬러 모니터에서는 이론적으로 262,144(64^3) 가지의 컬러가 표현될 수 있다. 컬러 도판 4의 왼쪽에는 RGB 컬러 큐브(color cube)라 불리는 3차원 다이어그램이 있는데, RGB 컬러 모니터로 표현 가능한 컬러의 범위를 보여 준다. 큐브의 한 지점은 세 축에 의해 고유한 좌표값을 부여받기 때문에 특정한 고유 컬러를 대변한다. 어떤 그래픽 시스템은 **팔레트**(palette)를 통해 사용자의 컬러 선택을 제한한다. 개별 팔레트에는 훨씬 적은 수의, 감당할 수 있는 수의 선택만이 나타나 있다.

도트의 원색 혼합을 통해 컬러를 만드는 원리는 컬러 인쇄에도 그대로 적용되지만 차이도 존재한다. 전자 디스플레이에서는 도트가 강도의 차이를 보이는 색광을 방사해 컬러를 만들어 낸다. 컬러 인쇄에서는 강도가 아니라 크기가 서로 다른 '스크리닝 도트(screened dot)'들이 빛을 방사하는 것이 아니라 흡수해 컬러를 만든다. **원색판 인쇄**(process printing)■7라 불리는 인쇄 기법이 주로 사용된다. 반사가 잘 되는 밝은색 배경 위에서 감법혼색의 삼원색의 투명 잉크를 도포해 빨간색, 초록색, 파란색 색광을 차별적으로 흡수한다. 컬러 도판 4의 오른쪽에 나타나 있는 것처럼, 흰색 종이에 상대적으로 큰 크기의 노란색 도트와 작은 크기의 시안 도트들이 인쇄된 부분은 일부 빨간색 색광뿐만 아니라 상당량의 파란색 색광을 흡수해 전체적으로 초록색으로 보이게 되는 것이다. 도트들이 작을 뿐만 아니라 밀집해 있기 때문에(일반적으로 1인치당 50~150개 정도의 도트가 배열되어 있다) 우리의 눈은 스크린의 질감과 방향을 무시한 채 도트들이 가진 색료를 혼합해 컬러를 인식한다. 원색판 인쇄술은 감법혼색의 삼원색에 대한 인쇄판 외에 네 번째 인쇄판을 사용한다. 글씨나 가는 선을 짙은 검은색으로 표시하기 위해 검은색 색판을 추가한 것이다.■8

전자 컬러의 신뢰도는 경우에 따라 다르다. 디지털 인코딩 기술의 발달로 과거 텔레비전 수상기별로 발생한 컬러 차이는 거의 극복한 상태이다. 그러나 밝은 빛 혹은 태양으로부터의 눈부심 현상은 여전히 해결되지 않은 채 남아 있다. 이런 이유로 TV에 나타난 지도는 색상 간 대조가 보다 두드러지는 경향이 있다. 이것은 범주적 차이를 보여 주는 지도인 경우에는 별문제 없지만 강도에서의 차이를 보여 주는 지도인 경우에는 오독의 한 원인이 된다. 디지털 TV 이전 시대의 수상기에 비해, 현재는 제조사 간 편차는 크지 않다. 비디오 프로젝터는 다른 기기에 비해 색 재현성이 떨어진다.

인쇄도 지도 저작자의 의도를 망가뜨릴 수 있다. 특히 인쇄기가 잉크 과잉의 상태에 있을 때 그러하다. 4장에서 다룬 잉크 번짐 현상이 발생했을 때, 컬러 잉크젯 프린트의 결과물은 토너를 사용하는 컬러 레이저 프린터의 결과물과 상당히 다를 수 있다. 특정 색상의 잉크나 토너가 바닥이거나 바닥에 가까워졌을 때, 결과물 간의 편차는 훨씬 더 두드러진다.

지도에 이용되는 컬러

"어떤 경우에 컬러 지도가 오해를 불러일으키는가?"라는 물음에 어떤 대답을 할 수 있을지 한 번 생각해 보라. 신중한 지도 이용자라면 우선 컬러, 즉 색상이 강도의 차이를 표현하기 위해 사용되었는지, 아니면 종류의 차이를 나타내기 위해 사용되었는지를 물어야 할 것이다. 토양도, 지질도, 기후도, 식생도, 용도지구도(그림 7.1과 컬러 도판 5 참조), 토지이용도, 도로 지도 등과 같이 종류의 차이를 표현하는 지도에서는 컬러가 가진 대비성은 전가의 보도일 수 있다. 즉, 종류가 비슷한 피처는 비슷한 색상으로 완전히 이질적인 피처는 완전히 이질적인 색상으로 표현하면 된다. 그러나 코로플레스맵을 통해 강도의 차이를 표현하려는 경우라면, 컬러의 이 대조성은 아무 쓸모가 없다.

일반적으로 말해 색상의 차이는 백분율, 비율, 중앙값 등이 보여 주는 강도의 차이를 나타낼 수 없다. 왜냐하면 스펙트럼 색상(spectral hue)■9은 마음의 눈이 읽을 수 있는 논리적 서열성(logical ordering)을 가지고 있지 않기 때문이다. 한 가지 실험을 해 보자. 그림 5.2에는 한 벌의 카드가 있는데, 모든 카드는 일곱 가지 색상 중 하나를 갖는다. 단, 일곱 가지 색상의 명도와 채도는 모두 같다. 열 명의 사람에게 서로 상의하지 말고 색상이 서로 다른 일곱 장의 카드를 골라 강도가 낮은 것에서 높은 것으로 차례로 배열하라고 요구하면, 열 명의 사람은 아마도 모두 다르게 배열할 것이다. 어떤 사람은 초록색에서 빨간색으로, 어떤 사람은 파란색에서 빨간색으로, 또 어떤 사람은 무지개색으로 배열할지도 모른다. 어떤 두 사람은 컬러의 순서는 같지만 낮은 것에서 높은 것으로의 방향은 반대인 배열을 내놓을지도 모른다. 이 실험은 지도 이용자가 지도와 범례 사이를 계속 왔다 갔다 하지 않아도 될 만큼 곧바로 기억되고 손쉽게 이용할 수 있는 색상 배열 순서 혹은 순차(sequence) 같은 것은 아예 존재하지 않는다는 점을 명백히 입증한다. 코로플레스맵에서도 컬러 기호가 사용될 수 있지만, 몹시 불편하다. 강도의 차이를 나타내려고 스펙트럼 색상을 사용했다면, 그 지도 저작자는 지도 디자인에 대한 개념이 전혀 없거나 지도 이용자에 대한 배려심이라고는 눈곱만큼도 없는 인물임에 틀림없다.

코로플레스맵에 컬러를 사용하는 것이 항상 혼돈을 일으키고 만족스럽지

그림 5.2. 사람들은 다양한 스펙트럼 색상을 하나의 일관된 순서로 배열하는 것에 어려움을 느낀다.

못한 결과를 낳는 것은 아니다. 명도 차이와 색상이 절묘하게 조화를 이룬 단일 순차(single-sequence) 컬러 배열(color scale)이 가능하다. 컬러 도판 6의 위 지도는 연노란색에서 검은색에 이르는 부분 스펙트럼 배열(part-spectral scale)을 보여 준다. 연노란색, 황갈색, 갈색, 암갈색, 검은색으로 이어지는 이러한 색 진열(color progression)은 밝은 것에서 어두운 것으로 이어지는 서열성을 일관성 있고, 논리 정연하며, 즉각적으로 이해할 수 있게 나타내 준다. 이러한 노란색, 갈색, 검은색으로 이어지는 순차 배열은 그림 5.3에 나타난 회색조 배열만큼이나 효과적으로 높고 낮은 수치의 패턴을 잘 보여 줄 뿐만 아니라, 심미적으로도 눈길을 사로잡는 효과도 있다. 어린이나 일부 어른들은 컬러 도판 6의 아래 지도에 더 큰 매력을 느낄지 모른다. 그러나 대부분의 지도 이용자는 원색의 전 스펙트럼 색상 배열(full spectral color scale)을 활용한 지도가 혼란스럽고 복잡하며 해독하기가 상대적으로 어렵다고 느낄 것이다. 중위연령이나 인구밀도와 같은 강도 차를 표현하는 데이터의 경우는 짙은 것이 더 큰 값을 나타낸다는 원리를 충실히 따라가는 지도가 훨씬 더 적절한 지도이다.

컬러 도판 7은 코로플레스맵에 적용되는 다양한 컬러 배열을 보여 준다. 예를 들어, 왼쪽 위에 있는 회색 배열은 왼쪽 아래와 마찬가지로 일관성, 그래픽 논리, 편의성에 있어 거의 완벽한 단일 색상 체계에 기반한다. 가운데 위에 있

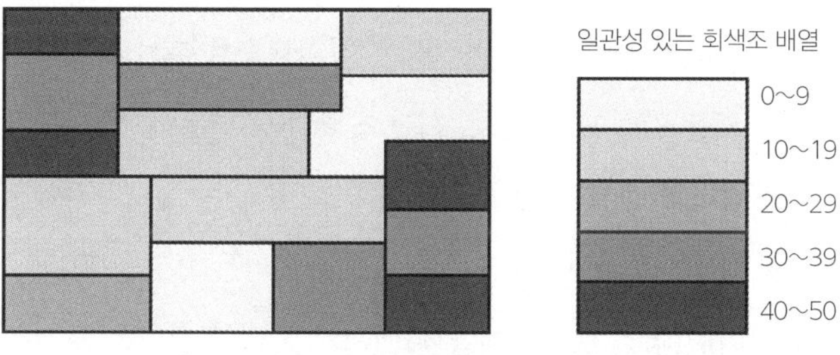

그림 5.3. 복잡하고 그래픽적으로 논리가 빈약한 스펙트럼 색상 배열(컬러 도판 6의 아래 그림)보다는 논리적이고 일관성 있는 회색조 배열이 강도의 차이를 제대로 나타낼 수 있다.

는 노란색, 주황색, 빨간색의 부분 스펙트럼 체계는 컬러 도판 6의 노란색 – 갈색 – 검은색 순차와 마찬가지로 일관적이고 편리하며 시각적 호소력이 있다. 노란색 – 초록색 – 남색 배열 역시 코로플레스맵에서 널리 사용되는 또 다른 단일 순차, 부분 스펙트럼 배열의 예를 보여 준다. 오른쪽 위의 보다 그래픽적으로 복잡한 스펙트럼 배열은 컬러 날씨 지도에 많이 이용된다. 파란색은 차고 빨간색은 따뜻하다는 간단한 결합 공식을 잘 활용하고 있을 뿐만 아니라 매일매일의 날씨 예보에 반복적으로 사용해 온 것이 가져다 준 강화 효과의 덕도 보고 있다. 그러나 이러한 전 스펙트럼 배열이나 오른쪽 아래에 있는 다중 색상(multiple–hue) 비스펙트럼(nonspectral) 배열을 코로플레스맵에 적용하는 것은 어울리지 않을 뿐더러 명백히 잘못된 것이다. 이와 달리, 가운데 아래에 있는 분기 배열(double–ended scale)은 쉽게 이해할 수 있는 그래픽 논리를 담고 있는 색상 대비로, 양과 음의 변화율을 동시에 나타내는 지도에 이용할 수 있다. 이 체계에서 차가운 느낌의 파란색은 심각한 손실이나 하강을, 따뜻한 느낌의 빨간색은 큰 이익이나 증가를, 중성의 회색은 미미한 변화를 나타낸다. 한편 연한 파란색과 빨간색은 약간의 감소와 증가를 각각 나타낸다. 여러 장의 시계열 지도에 적용될 경우 이러한 색상 체계는 경제 사료(historical economic data)를 지도화하는 데 강력한 도구가 될 수 있다.

색상이 완전히 다른 컬러는 명도가 거의 동일하기 때문에, 팩스로 받거나 흑백 복사기로 복사한 지도에 대해서는 항상 의심의 눈초리를 거두지 말아야 한다. 예를 들어, 짙은 빨간색이나 짙은 파란색은 검회색으로 복사되고 노란색은 흰색이 된다. 지도를 만들 때는 항상 '제록스 효과'를 염두에 두고 복잡한 색채로 만들어진 지도의 전자적 왜곡에 대비해야 한다. 정부 보고서에서 인쇄가 안 된 페이지에 '공란(intentionally left blank)'이라는 도장을 찍듯이, 지도 역시 최초에 컬러 인쇄였는지 흑백 인쇄였는지에 대한 사항을 표시해 두어야 한다.

의식 있는 지도 이용자라면 특정 피처나 제안을 매력적으로 보이게 하기 위한(혹은 반대로) 의도적 혹은 무의식적 컬러 사용에 대한 경각심을 항상 가지고 있어야 한다. 사람들은 특정 컬러에 대해 감정적으로 반응한다. 특히 파란색과 빨간색에 대해 그러하다. 이러한 감정적 반응 중 어떤 것은 충분히 일반적이고 예측 가능한 것이어서 오래전부터 지도학적 선동가의 도구로 활용되었다. 또한 고의적인 상징 조작 없이도 뿌리 깊은 정서나 문화적으로 길들여진 태도에 의해서 특별한 의미를 부여받은 컬러도 있다. 이러한 컬러는 지도에 대한 해석 자체에 영향을 줄 뿐만 아니라 지도나 지도에 나타난 요소들에 대한 지도 이용자의 감정에 영향을 준다.

컬러 선호는 문화, 생애 주기, 그리고 다양한 인구학적 특성에 따라 다르게 나타난다. 남성은 노란색보다 주황색을, 빨간색보다 파란색을 더 좋아하는 경향이 있다. 반면에 여성은 파란색보다 빨간색을, 주황색보다 노란색을 선호한다. 미취학 아동은 밝은 빨간색, 초록색, 파란색과 같은 고채도 컬러를 좋아하고, 일반적으로 부유한 중년층은 보다 미묘한 파스텔 색조를 좋아한다. 미국의 성인은 스펙트럼 컬러 중 초록색과 보라색보다 파란색과 빨간색을, 주황색과 노란색보다 초록색과 보라색을 더 좋아하는 경향이 있다. 가장 선호가 낮은 색은 토사물 같은 녹황색이다.

컬러 선호는 컬러 그룹이나 컬러 범위에 대한 선호로도 나타난다. 초록색과 파란색 계열을 좋아하는 사람은 노란색과 황록색 계열을 별로 좋아하지 않는다. 흙색 톤을 좋아하는 사람은 노란색 - 갈색 배열을 좋아하는 경향이 있다.

컬러에 대한 주관적인 반응이 지도 이용자에게 미치는 영향에 대해서는 별로 알려진 바가 없다. 사실 컬러는 대부분 호감, 비호감과 같은 단지 몇 개의 감정적 반응과만 연관되어 있다. 예를 들어, 빨간색은 불, 경고, 열, 피, 노여움, 용기, 힘, 사랑, 물리력, 대영제국, 공산주의, 공화당이 승리한 주■10 등과 연관되어 있는데, 효과가 드러나는 방식은 맥락에 따라 상당히 다르다. 예를 들어, 우파 정치 집단은 구소련, 쿠바, 중국을 세계 지도에서 빨간색으로 표시한다. 마케팅 책임자는 회사 중역의 관심을 끌기 위해 목표 지역을 빨간색으로 표시한다. 컬러 도판 8은 점진적으로 붉어지는 강렬한 색조를 부가함으로써 어떻게 단호한 이미지의 선전 지도(그림 8.16 참조)가 더욱더 강력한 인상을 풍기는지를 잘 보여 준다. 비슷한 방식으로 검은색은 애도, 죽음, 무거움을 의미하고, 파란색은 냉담, 침울, 상류 사회, 순종적 신앙, 민주당이 승리한 주를 의미한다. 또한 흰색은 청결 혹은 질병과 초록색은 질투, 연민, 환경 보호, 혹은 아일랜드계와 관련된다. 노란색은 맥락에 따라 상반된 의미를 갖는다. 병약과 어리석음을 상징하기도 하고 쾌활이나 권력과 밀접하게 관련되기도 한다.

컬러는 그림 기호의 의미를 강화하는 역할을 하기도 한다. 황금색으로 달러 표시를 나타내는 경우, 노란색은 부의 의미를 강화한다. 컬러로 의미가 강화된 기호의 예로는 초록색 세잎 클로버, 구급차나 병원의 대칭형 붉은 십자가, 화장장이나 교회를 나타내는 검은 십자가, 타이어가 터진 담황색 자동차 등이 있다.

컬러 도판 9에 나타난 산사태 위험 지도에서 보듯이, 환경 위험을 나타내는 지도에는 대개 교통 신호 색상으로 친숙한 빨간색 - 노란색 - 초록색 배열이 차용된다. 빨간색과 위험, 노란색과 주의, 초록색과 안전과의 연관 관계가 오랜 시간에 걸쳐 지속적으로 강화되었기 때문에 이 배열은 특히 운전자들에게는 아주 효과적이다. 그렇다고 하더라도 이러한 컬러 배열을 지도에서 적절하게 사용하려면, 범례에 교통 신호기와 같은 기호를 삽입해 이러한 은유를 친절하게 설명해 줄 필요가 있다.

지도 기호로서 컬러의 효과성은 경관 은유(landscape metaphor)로서의 컬러의 역할과 상충되기도 하고 강화되기도 한다. 수 세기 동안 지도학자들은 초록색과 식생, 파란색과 물, 빨간색과 고온, 노란색과 사막 환경과의 연관 관계를 써 먹고 권장해 왔다. 잘 들어맞는 맥락에서 사용한다면 이러한 연관 관계는 판독의 효율성을 증진한다. 그러나 연관 관계의 활용에는 항상 위험이 도사리고 있다는 점을 상기해야 한다. 물의 푸르름은 희망적인 환경론자, 이윤 추구에 몰두하는 관광업자, 속기 쉬운 지도 이용자 모두의 마음속에 존재한다.

고도 색조라 불리는 지도학적 컬러 배열은 종종 지도 이용자들을 오독의 길로 인도한다. 정말 많은 사람이 그 컬러 배열이 정말로 고도(elevation)에 초점을 맞추어 개발되었다는 사실을 너무나 쉽게 간과한다. 컬러 도판 10에는 일반 목적용 벽걸이 지도나 아틀라스에 수록된 지도에서 일반적으로 사용하는 기복 표현의 관례가 나타나 있다. 다중 색상 컬러 배열이 적용되어 있는데, 보통 다섯 개 이상의 단계로 구성된다. 고도가 가장 낮은 곳은 중간 초록색으로 시작하고, 고도가 점점 높아지면서 노란색과 주황색이 나타나고, 가장 고도가 높은 곳은 흰색으로 표시한다. 이러한 고도 색조는 널리 이용되고 있지만, 완전히 표준화되지는 않았다. 해수면 이하를 암초록색으로, 고도가 더 높은 지역을 암적갈색으로 표현하는 등 다양하게 변화되고 수정되어 왔다. 그런데 지도 이용자들이 흰색을 눈, 초록색을 울창한 식생, 노란색이나 갈색을 사막과 연관 지을 때는 비극적인 혼란이 시작된다. 전 세계 툰드라의 대부분은 해수면에 가깝고, 많은 저지가 사막이며, 많은 고산 지대가 삼림이거나 초지이다. 컬러가 풍기는 경관이 꼭 그 고도에 존재한다고는 결코 생각하지 말아야 한다.

현명한 컬러 지도 이용자는 **동시 대비**(simultaneous contrast)에 대해서도 조심해야 한다. 동시 대비란 사람의 눈이 이웃한 컬러에 대해 더 높은 수준의 대비를 인식하는 경향을 일컫는다. 컬러 도판 11의 경우처럼 밝은색이 어두운색으로 둘러싸여 있다면, 동시 대비 덕분에 밝은색은 더 밝게, 어두운색은 더 어둡게 보인다. 따라서 중간 회색이나 파란색이 더 어두운 기호로 둘러싸여 있으면 좀 더 밝게 보인다. 그런데 지도 범례 속에서는 기호가 보통 흰색으로 둘러싸이기 때문에 상대적으로 어둡게 보일 수 있다. 이러한 효과는 범주의 수가 많은 지질도나 환경 관련 지도에서 특히 문제가 된다. 단지 약간 다른 컬러 기호가 완전히 다른 범주를 나타내는 경우에는 문제의 심각성이 더 커진다.

지도 내부의 컬러와 범례의 컬러 간에 혼란을 야기하는 또 다른 인지 효과는 같은 컬러라 할지라도 넓은 면적이 좁은 면적에 비해 채도가 더 높게 보이는 경향이 있다는 사실이다. 예를 들어, 지도상에서 연초록색으로 표현된 넓은 지역은 범례의 밝은 초록색 기호와 같아 보일 수 있다. 많은 범주와 다양한 컬러로 구성된 지도의 경우는 착실한 지도 이용자가 지도 범례를 정확히 읽을 수 있도록 도와주는 부가적인 지도학적 배려가 필요하다. 예를 들면, 범주에 영숫자 코드(alphanumeric code)■11를 부여하거나 검은색으로 역형 패턴 기호를 컬러 기호 위에 중첩하는 등의 조치이다.

무의식적인 위장(inadvertent camouflage)이 컬러 지도에서 장소나 피처를 찾는 지도 이용자를 몹시도 힘들게 한다. 지도상에 피처와 라벨을 배치하다 보면 이상한 컬러들이 서로 이웃하는 경우가 발생하는데, 이러한 점에 세심한 주의를 기울이지 않으면, 글씨나 점형 기호의 컬러와 배경 컬러 사이에 잘못된 만남이 이루어질 수 있다. 흰색 바탕에 노란색 글씨나 검은색 바탕에 보라색이나 파란색 글씨와 같은 잘못된 대조는 정말 어처구니없는 실수이다. 글씨와 배경 색의 잘못된 색 조합이 발생하면 라벨을 못 보고 지나치거나 읽는 데 어려움을 느끼게 된다. 노란색은 검은색에서 잘 대비되며, 보라는 조명이 부족할 때 흰색 바탕에서 잘 읽힌다. 라벨이 밝은 배경과 어두운 배경에 걸쳐 있을 때는 정말 최악이다.

색각이상은 대략 5%의 인구에서, 주로 남성에게서 나타난다고 하는데, 특별한 고려하에 컬러 지도를 제작해야 한다. 색각이상의 종류와 정도가 천차만별이기 때문에 모든 경우에 다 적용할 수 있는 유일무이한 해결책이란 없다. 빨간색과 초록색의 구분에 어려움을 느끼는 경우가 가장 흔한데, 컬러 사용을 위한 가장 일반적인 권고는 차이가 가장 큰 범주를 표현하는 데 빨간색-초록색 조합을 쓰지 말고 빨간색-파란색 혹은 파란색-초록색 조합을 사용하라는 것이다. 색각이상자는 글씨와 선형 기호를 읽는 데도 어려움을 느낀다. 라벨과 선이 주변의 배경과 밝기 대조성이 약할 때 잘 분간하지 못한다.

전자 디스플레이의 특성과 삼원색의 원리를 잘 알지 못하는 아마추어 지도 저작자는 대개 인쇄 지도를 전자 디스플레이상에 똑같이 나타낼 수 있다고 생각한다. 그러나 컬러 모니터의 경우 인쇄 지도의 흰색 배경과 달리 짙은 색이 배경색으로 설정된 경우가 많다. 또한 모니터에 흰색이 너무 많이 나타나면 눈에 '충혈'이 생길 정도로 시신경을 자극할 수 있다. 컴퓨터가 컬러를 둘러싼 지도학적 문제의 주범은 아니다. 그보다는 지도학적 훈련을 받은 바도 없고, 그래픽 디자인에도 문외한인 소프트웨어 엔지니어들이 온라인 매핑 애플리케이션의 개발을 도맡아 하고 있다는 사실이 문제의 본질이다. 그런데 슬프게도, 그러한 애플리케이션이 엄청난 성공을 거두고 있다. 온라인 매핑 소프트웨어의 이용에는 어떠한 지도학적 지침도, 표준 기호 선택의 원칙도 주어지지 않는다. 이러한 상황에서 애플리케이션 이용자들은 경험이 부족한 운전자처럼 쉽게 사고 유발자가 될 수 있다. 그런 자동차는 보자마자 피하는 게 상책이다.

··역자 주

1. 전자기 복사는 태양의 전자기 에너지가 지표에 부딪힌 후 방사 혹은 반사된 것을 말하는데, 여러 개의 파장대로 구성되기 때문에 스펙트럼의 형태를 띤다. 파장이 짧은 쪽에서부터 자외선, 가시광선, 적외선, 마이크로웨이브가 순차적으로 나타난다.

2. 색광의 삼원색이라고도 한다.
3. 색료의 삼원색이라고도 한다.
4. 이것을 투사기 앞에 노란색 필터를 놓은 경우로 생각할 수 있는데, 노란색 필터가 파란색을 흡수하고 빨간색과 초록색 색광만 남겨 스크린에는 노란색이 나타나는 것으로 생각할 수 있다.
5. 인쇄에서는 망점(網點)이라고도 한다.
6. 이러한 과정을 노란색, 마젠타, 시안 컬러를 가지는 필터를 겹쳐 백색광을 투사했을 때 어떤 색이 스크린상에 나타나는지를 알아보는 것으로 치환할 수 있다. 예를 들어, 마젠타와 노란색 필터를 겹치면, 빛이 마젠타 필터를 통과할 때 초록색을 흡수하고, 노란색 필터는 남은 빛에서 파란색을 흡수하여 결국 스크린상에는 빨간색이 나타나게 된다.
7. 감법혼색의 삼원색에 검은색을 더한 CMYK를 프로세스 컬러라 부르는데, 이 색으로 이루어진 네 개의 인쇄판을 이용한 인쇄 기법을 의미한다.
8. 감법혼색의 삼원색을 혼합해서는 완전한 검은색을 얻을 수 없기 때문에 검은색을 부가적으로 사용한다. 컬러 레이저 프린터의 토너 구성을 보면 이를 쉽게 알아챌 수 있다.
9. 무지개색을 의미한다.
10. 미국의 미디어들은 관습적으로 대통령 선거에서 공화당 후보가 승리한 주는 빨간색으로, 민주당 후보가 승리한 주는 파란색으로 표시한다.
11. 알파벳과 숫자를 조합해 나타낸 부호를 의미한다.

6장

광고 지도

Maps That Advertise

광고와 지도의 공통점은 무엇일까? 이에 대한 최상의 답은 둘 다 진실의 단면만을 보여 줘야 하는 특별한 이유를 품고 있다는 점일 것이다. 광고는 호소력 있는 이미지를 만들어야 하고, 지도는 선명한 이미지를 나타내야 한다. 그런데 진실의 모든 면을 보여 주면 이 목적은 결코 달성할 수 없다. 광고를 통해 유사 제품보다 낫다는 점을 부각하고, 경쟁 상품과의 차별화를 시도하고, 기업 이미지를 실제보다 돋보이게 하려면, 염분이나 포화지방산이 제품에 포함되어 있다거나, 고장 수리 횟수가 잦다거나, 반트러스트법, 공정 고용, 환경 규제 등을 위반해 유죄 판결을 받았다거나 하는 사실을 꽁꽁 숨겨야 한다. 지도도 광고의 이러한 속성을 공유한다. 지도 역시 혼란이나 오해를 불러일으킬 만한 세세한 부분은 과감하게 생략해야 한다.

제품이나 서비스가 어떤 위치 또는 장소와 관련이 있을 때, 대개 광고에 지도가 등장한다. 지도가 광고의 대부분을 차지하는 경우도 많다. 지도는 다음의 두 가지 전략적 동기 때문에 광고의 중심 요소나 주요 소품으로 이용된다.

첫째, 그래픽의 복잡함을 회피해야 하는 지도의 필수 요건이 축소나 과장을 해야 하는 광고주의 욕구와 일치한다. 실제로 광고 지도에서는 그래픽 선명도를 위해 필요한 것보다 더 과도한 수준의 일반화가 적용되는 경향이 있다. 둘째, 광고는 무조건 시선을 끌어야 하는데 지도는 이미 공인된 시선 끌기의 달인이다. 광고 지도에서만큼은 장식 목적의 지도가 정보 전달 목적의 지도만큼이나 많다.

이 장에서는 광고에 나타나는 지도학적 왜곡을 다룬다. 첫 번째 부분에서는 지도를 활용해 서비스의 질을 과장하는 교통 광고의 예를 살펴본다. 편리성이나 서비스 개선 사항을 과장되게 홍보하려다 보니 왜곡이 선을 넘을 때도 있다. 지도를 예술적 재간꾼의 그래픽 장난 정도로 만들어 버린다. 두 번째 부분에서는 지역 홍보용 지도를 살펴본다. 지도가 접근의 편리성과 서비스의 배타성에 대한 이미지를 어떻게 창출하는지를 엿볼 수 있을 것이다. 마지막 부분에서는 체인점과 프랜차이즈 매장을 홍보하는 지도를 살펴본다. 점포 수가 많다는 것을 부각함으로써 사업의 성공과 고품질의 이미지를 구축하는 예를 살펴볼 것이다. 몇 가지의 간단한 시나리오를 통해 광고주와 광고 대행사들이 마케팅 도구로서 지도를 어떻게 이용하는지 설명할 것이다. 나는 이러한 가상의 예들 속에 의도적으로 경박함을 주입했다. 이것은 실제 광고주들의 광고 지도에 대한 천박하고 경솔한 태도를 반영할 뿐만 아니라 대중의 비난을 인정하지 않으려는 그들의 자세를 잘 드러낸다고 생각한다.■[1]

교통 광고: 매끄러운 노선으로 잘 연결된 도시

아주 오래전, 1875년의 일이다. 여러분은 곧 완공될 HS&N(Helter, Skelter, and Northern Railway) 노선을 소유한 철도 회사의 사장이다. 공식 철도 시간표와 화물 운송회사에게는 바이블격인 『공식철도안내서(Official Guide of the Railways)』에 이 철도 노선을 광고하려고 한다. 그런데 여러분 회사의 시설관리부가 가지고 있는 소축척 지도(그림 6.1)는 광고에 전혀 도움될 것 같지 않다. 아무리 눈을 씻고 봐도 경쟁 회사인 HS&Y(Helter, Skelter, and Yon)로부터 사람들의 관심을 빼앗아 올 점이 하나도 없어 보인다. HS&N은 스켈터(Skelter)의 중심 업무 지구로부터 3마일이나 떨어져 있는 웨스트스켈터(West Skelter)를 종착지로 하는 반면에, 경쟁 철도는 보다 직선 노선이면서 스켈터 도심과 곧바로 연결된다. 철도 유치를 위해 채권까지 구입한 의욕의 도시 보그즈빌(Bogsville)에 이르는 노선은 캣피시크리크(Catfish Creek)의 범람원을 통과해야 하는데, 그 꼬불꼬불함이 지도에서 너무나 두드러져 보인다. 앞으로 더 많은 자금을 확보하기 위해서는 회사 이름에도 들어가 있는 '북쪽' 지향성이 보다 신뢰성 있게 표현되어 투자자들의 환심을 살 필요가 있다. 게다가 지도의 전체적 형상과 기하 특성도 별로 좋지 않다. 무엇보다도 HS&N 노선이 중앙에 있지 않다. 또한 인구 희박 지역을 통과하는 선로 부지는 관할 도시, 타운, 마을로부터 공여 협조를 받아야 하는데, 이를 위해서는

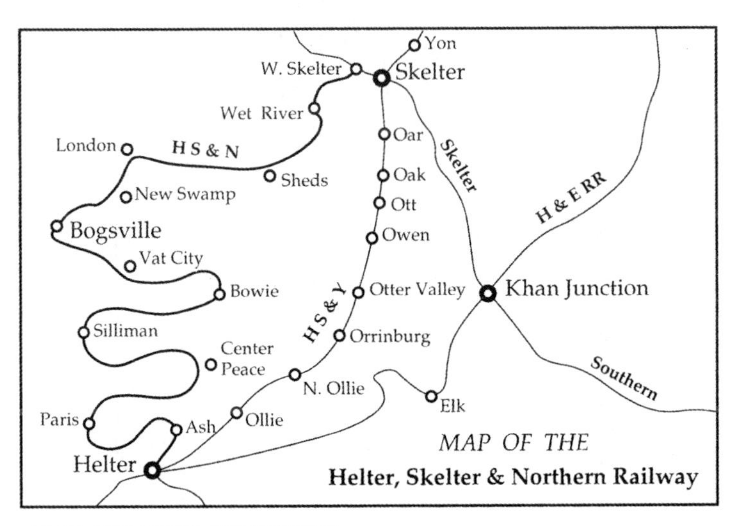

그림 6.1. HS&N 철도의 시설관리부 지도

지명을 모두 넣을 필요가 있다. 그런데 라벨을 넣을 공간이 지도에 너무 협소하다.

여러분은 몇 가지 요구 사항과 함께 광고 지도 제작을 의뢰한다. 철도 광고에 경험이 많은 그래픽 디자이너가 3일쯤 후에 그림 6.2의 지도를 자랑스럽게 넘겨 준다. 여러분은 경탄과 즐거움과 감사의 마음으로 잠시 지도를 응시한 후, 모든 것이 제대로 그려져 있는지 찬찬히 살펴보기 시작한다. 지도에서 가장 돋보이는 부분은 헬터(Helter)와 스켈터를 거의 직선으로 연결하는 선로이다. 철도에 이르는 길목에 교차로 표지판이나 빈 대합실이라도 하나 있는 인근의 모든 크고 작은 마을들이 이 선로에 포함되어 있다. 여러분을 위한 이 지도학적 허구는 '웨스트스켈터'라는 라벨을 슬그머니 빼 버리는 깜찍한 짓도 한다. 스켈터에서 다른 철도로 직접 갈아탈 수 있다는 인상을 심어 주려는 것이다. [순진한 지도 이용자는 도심 구간 공동 연결(common connec-

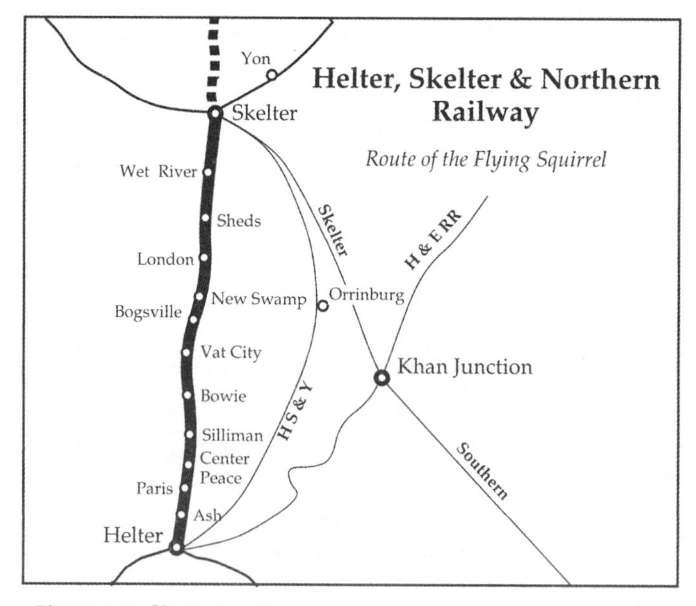

그림 6.2. HS&N 철도의 광고 지도

tion downtown) 같은 것을 상상할지도 모르겠다. 그런데 어쩌나, 착각은 자유다.] 북쪽으로 연장되는 노선이 두꺼운 점선으로 표시되어 있다. 곧 대규모 공사가 이어질 것이라는 점, 엄청난 투자금이 몰려들고 있고 엄청난 수익이 창출될 것이라는 점을 표상하고 있다. 반대로 HS&Y 철도 회사의 노선은 가늘고 희미하게 그어 놓았다. 헬터와 스켈터 간의 노선이 마치 우회하는 듯 보이고, 온(Yon)은 정차하지 않고 통과하는 듯한 모습을 하고 있다. 지도학적 파격(cartographic license) 덕분에 HS&N 철도는 원거리 화주(貨主)나 투자가들에게 매력적인 거래 상대나 투자 대상이 되었다.

시간이 흘러 이제 21세기로 접어든 시점이다. 여러분은 환생했고, 신생 Upward 항공의 사장이며, 다시 광고 지도가 필요하다. 그런데 지도학적 도전의 양상이 좀 바뀌었다. 꾸불꾸불한 노선을 감추고 경쟁사를 애써 외면하는 것 말고, 운항 도시 수와 항공사 시스템의 전반적인 통합성을 부각하고자 한다. 다른 국내 항공사와 마찬가지로 Upward 항공 역시 허브-앤드-스포크(hub-and-spoke) 시스템■2을 운영하고 있는데, Upward 소속 항공기들은 하루에도 수차례씩 두 군데 허브 공항을 이착륙한다. 허브에 내린 승객들은 다른 게이트로 이동해 다음 비행기로 환승한다.

모두가 알고 있듯이 항공기는 직선에 가까운 항로로 비행한다. 그러나 여러분의 21세기 광고 대행사는 그림 6.3에 나타난 지도처럼, 극적이고 보다 분주한 모습을 연출하기 위해 직선과 그 직선이 지닌 지리학적 방향성의 의미를 임의로 희생시킨다. 이러한 지도학적 파격은 모든 스포크의 운항 빈도가 마치 동일한 것처럼 보이는 착시 효과를 만들기도 한다. 실제로는 노스다코타주의 비즈마크는 허브 공항과 하루에 한 번밖에 왕복하지 않는다. 시간도 이른 오후여서 비즈니스 업무가 조금이라도 늦어지면 비즈마크에서 하룻밤을 더 묵어야 하는 불편함이 있다. 또한 좌석 예매율이 20% 미만이면 루이지애나주 슈리브포트(Shreveport)에서 세인트루이스까지 운항하는 비행기는

Upward Airlines*—Reach for the clouds*

그림 6.3. Upward 항공의 서비스 지역과 연결망을 강조하는 광고 지도

악천후나 '기체 결함'을 이유로 결항한다.

이 지도가 자행하는 일반화를 통한 편의적 호도의 또 다른 측면은 Upward 항공의 허브를 통한 비행기편 연결이 매우 편리한 것처럼 보이게 한다는 점이다. 유도로 위에서의 하염없는 기다림과 탑승 구역의 혼잡으로 인한 수속 지체는 다반사이고, 야간 연결 불발로 인한 밤샘 대기도 드물지 않게 발생하지만 지도는 이에 관해 아무것도 말해 주지 않는다. 그러나 이 모든 것들보다 더 큰 속임수는 다른 데 있다. 지도에 나타난 허브 기호는 허브 내에서의 환승을 위해 게이트 A-11부터 게이트 E-12까지의 1/4마일의 거리를 유아를 데리고, 여행용 양복 가방이나 기타 '기내 휴대 수하물'을 끌고 도보로 이동해야 할지도 모른다는 사실에 대해 아무것도 이야기해 주지 않는다는 점이다. Upward 항공은 본래 Westward 항공과 Northeastward 항공의 합병으로 만들어진 회사이기 때문에 터미널 반대편 끝에 있던 두 전임 항공사의 게이트를 여전히 이용하고 있다. 승객들이 이 사실을 미리 알게 된다면 환승 실패에 대한 불안감을 가지게 될 것이기 때문에 Upward 항공의 기내 잡지에 공항 평면도가 실릴 일은 없을 것 같다.

유머 감각이 있는 광고주를 둔 광고 대행사는 아주 재미있는 지도를 만들 수도 있다. 그래픽 디자이너는 유명한 고층 빌딩, 박물관, 골프 선수, 수영복 차림의 행락객, 그 밖의 문화 및 레저 기호를 십분 활용해 지도를 장식할 수도 있고, 지도 같아 보이는 그래픽 이미지를 창조해 다양한 지도학적 장난을 칠 수도 있다. 두 마리의 문어를 연상시키는, 허브로 수렴하는 스포크처럼 말이다(그림 6.3).

협찬과 가시성: 한 장소에 초점을 맞춘 광고 지도

상점이나 리조트와 같은 비즈니스를 홍보하는 광고 지도는 기본적으로 두 가지 일을 한다. 하나는 '오시는 길'을 알려 주는 것이고, 또 다른 하나는 많은 사람이 방문하게 하는 것이다. 다양한 상품과 서비스를 온라인 쇼핑을 통해 손쉽게 구매할 수 있기 때문에 이동 자체가 구매라는 행위에 있어서 중요한 고려 사항이다. 도로 사정이 나쁜 경우, 위험한 곳을 도보로 통과해야 하거나 그곳에 주차해야 하는 경우, 교통 체증이 심한 경우에 쇼핑을 위한 이동은 고통일 뿐이다. 이런 경우 구매자가 이동을 추가 비용으로 간주하고, 온라인 주문을 통해 상품을 구매하는 것은 매우 합리적인 행위가 아닐 수 없다. 이런 점을 감안할 때, 쇼핑센터를 홍보하는 지도에는 도달 노선이 간명한 직선으로 표시되어야 하고, 접근의 편이성에 대한 이미지가 한껏 드러나야 한다. 만약 구매 욕구를 자극하는 이미지를 위해 거리나 방향을 왜곡해야 한다면, 광고 지도는 반드시 그렇게 한다. 어차피 정확성과 엄밀성 같은 것은 광고가 추구하는 목표와는 거리가 멀다.

필요한 물건을 급히 구입해야 할 경우, 접근성이 매우 중요한 요소가 된다. 예를 들어, 가정의 배관 문제는 스스로 해결해야 한다고 믿는 전형적인 셀프 배관공에게 갑자기 지하실의 스프링클러가 터지거나 변기에 물이 넘치는 상황이 닥쳤다고 가정하자. 여러 가지 임시 조치를 해 보지만 사태가 나빠지기만 한다면, 그들에게 가장 시급한 일은 가능한 한 빨리 적절한 배관 용품을 구입하는 일일 것이다. 막 개업한 여러분의 광고 회사에 루디 스웬슨(Rudy Swenson)이란 사람이 배관 용품 전문점 광고 제작을 위해 방문한다. 여러분이 곧바로 해야 할 일은 그의 홈페이지를 장식할 특별한 지도를 제안함으로써 그의 마음을 사로잡는 것이다. 이를 통해 적절한 부품과 도구만 있다면 배관 수리가 손쉽게 끝난다는 메시지를 보다 더 효과적으로 전달할 수 있다고 설득해야 한다. 일반적인 구매 행태처럼 셀프 배관공들 역시 응급 상황이 닥치면 인터넷에서 적당한 배관 용품점을 찾고 서둘러 그곳을 방문하려고 할 것이기 때문이다.

인터넷 포털 검색을 통해 나타나는 일반 도로망 지도는 이 경우엔 아무런 쓸모가 없다. 루디의 비즈니스에 꼭 맞는 맞춤형 광고 지도가 필요하다. 같은 도로상에 루디의 경쟁 업체가 하나도 없기 때문에 굳이 경쟁 상대를 피하는 우회로를 지도에 나타낼 필요는 없다. 루디의 가게가 임대료가 낮고 주변에 악명 높은 우범 지대가 있는 커뮤니티에 위치하기는 해도 건물 모퉁이에서 교차하는 두 도로가 도시 외곽까지 멀리 뻗어 있다(도시 외곽에 주로 거주하는 셀프 배관공을 유인하는 좋은 조건이 된다). 대략적인 이동 소요 시간을 지도상에 기입하는 방법도 있겠지만, 여러분의 광고 회사는 결국 광고용 지도 제작자의 영원한 비책, 즉 지도에 지명 첨가하기(place-name dropping)를 적용하기로 결정한다. 그래서 최종 지도(그림 6.4)에는 이미 배관 용품점이 입지해 있어 루디의 사업과는 별 관련이 없는 주변 소도시의 지명이 버젓이 나타나 있다. 그러나 루디는 이 지도를 보면서 어쩌면 캔턴(Canton)의 고객들이 SR 10번 도로를 타고 30마일을 운전하거나, 신와이드(Cynwyd)의 고객들이 구불구불한 SR 19번 도로를 타고 45마일 남짓 운전해 자기 가게를 방문할지도 모른다는 생각에 흐뭇한 미소를 지을지도 모른다. 물론 지도가 주는 더 큰 기쁨은 자신의 주 비즈니스 대상인 타운 내 거주민에 대한 홍보 효과가 나쁘지 않을 것 같다는 확신 때문일 것이다. 그리고 지도 중앙 바로 옆에는 루디의 매장 건물이 그려져 있다. 이렇게 투시도 형태로 그려 놓은 것이 어쩌면 이 지도에서 여러분이 행한 고의적이고도 무지막지한 지리 왜곡에 은근히 면죄부를 주는 역할을 할지도 모른다.[3] 지도의 왜곡으로 이 지역에 익숙하지 않은 사람은 이스트힐스(East Hills)가 실제로는 웨스트밸(Westvale)보다 루디의 매장에 더 가깝다는 사실을 알아챌 수 없다. 그런데 흥미로운 점은 그 두 도시의 주민들은 이러한 지도 왜곡에 화를 내기보다는 자신들의 도시가 지도에 실렸다고 좋아할지 모른다는 점이다. 가장 크게 불평하는 사람은 어

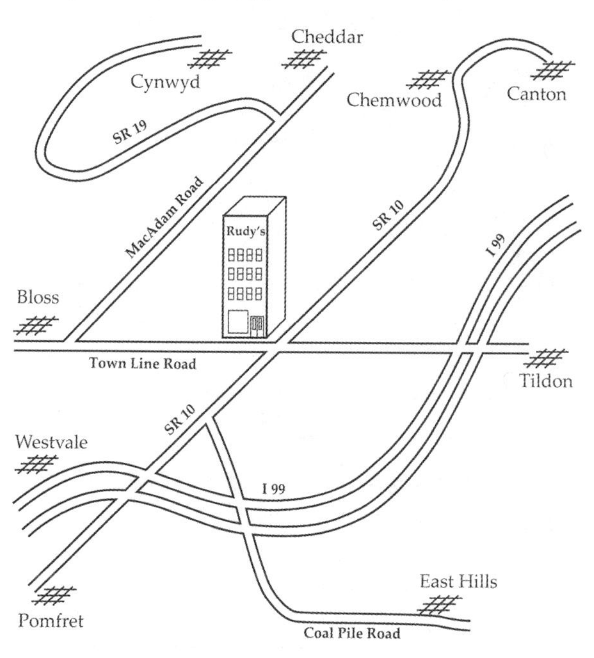

그림 6.4. 루디의 배관 용품점 웹사이트를 장식하는 이 지도는 매장에 이르는 길을 보여 주는 것 이상의 일을 한다.

쩌면 자신들의 도시가 지도에 실리지 않은 사람들일 것이다.

이제 여러분의 두 번째 고객인 캐런 토리첼리(Karen Torricelli)의 경우를 살펴보자. 그녀는 편리한 접근성이나 온라인 경쟁자에는 별 관심이 없다. 사실 그녀의 사업은 신속한 쇼핑 통행이 아니라 휴양 시설과 관련되어 있다. '캐런의 볼링캠프(Karen's Bowling Camp)'의 고객은 일상에서 벗어나 자연과 대화하고, 걷고, 수영하고, 낚시하고, 볼링을 즐기려는 사람들이다. 캐런을 위한 지도도 기본적으로 루디의 지도와 같은 기하학적 왜곡을 이용한다. 그런데 지명 첨가 방식은 조금 달라야 할 것 같다.

여러분의 최종 납품 지도(그림 6.5)는 캐런의 볼링캠프의 안내 책자에 실릴 것이다. 지도의 맨 위쪽에 캠프 이름을 크게 박아 넣은 것은 캠프의 위치가

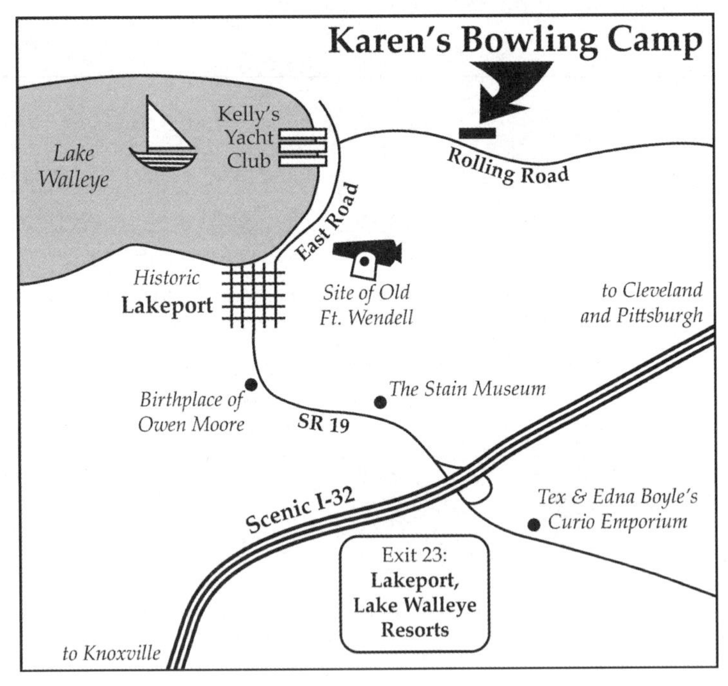

그림 6.5. 캐런의 볼링캠프에 이르는 길을 나타낸 이 지도에는 근처의 다른 명소들도 함께 그려져 있다.

'저 위 북쪽(up north)'에 있다는 그 지방 사람들의 위치감과 맞추려는 의도이다. '경관이 빼어난(scenic)' I-32번 고속도로를 통한 접근성을 강조하는 것은 이 캠프가 멀리 클리블랜드, 피츠버그, 녹스빌 등에서 오는 행복한 야영객들에게 매력적인 휴가지임을 은연중에 홍보하기 위함이다. 지도의 하단에 나타난 것처럼, 고속도로 출구 표지판을 모사한 축소 이미지를 활용해 레이크포트(Lakeport) 리조트와 레이크월아이(Lake Walleye) 리조트와의 제휴를 강조하고 있다. 지도에 등장하는 마지막 리조트는 켈리의 요트클럽(Kelly's Yacht Club)인데, 이정표로서의 기능을 위해 상대적으로 조금 크게 표시되어 있다. 레이크포트는 '유서 깊은 레이크포트(Historic Lakeport)'로 표시되어 있다. 작은 그림 아이콘이 이 지역이 즐거운 곳이라는 이미지를 주는 데 기여하고 있다. 19세기 군사 기지에 대한 그림 기호와 월아이호(Lake Walleye)에서의 즐거운 요트와 낚시 활동을 암시하는 그림 기호도 나타나 있다. 지도에는 이외에 다른 관광지들도 나타나 있는데, 현자이자 명망 있는 종교인인 오언 무어(Owen Moore)의 생가, 독특함으로 세계적인 명성을 얻은 스테인 박물관(Stain Museum), 플라스틱 아메리카(Plastic America) 관련 기념 유적지인 '텍스와 에드나 보일의 골동품점(Tex and Edna Boyle's Curio Emporium)' 등이 지도에 나타나 있다. 뉴햄프셔주 중부의 타호호(Lake Tahoe)나 위스콘신델스(Wisconsin Dells) 지역과 같지는 않지만, 월아이호 지역은 텍스와 에드나의 고객들과 볼링캠프 방문객이 인정하는 매력적인 장소이다. 여러분의 지도는 이 지역의 앙상블을 완벽하게 지도 위에 옮겨 놓았다.

여러분의 광고 회사는 그림 아이콘의 활용 폭을 좀 더 넓히기로 결정한다. 지역 시민 단체를 설득해 지역의 랜드마크와 협찬 업체를 결합한 도보 여행 지도를 제작하기로 한다. 무료로 배포해 지역 식당의 음식 깔개로 사용하게 하고, 호텔 로비나 고속도로 휴게소의 안내대에 비치해 여행객들이 가져갈 수 있게 한다. 협찬 업체가 지도 제작의 돈을 댄다. 협찬에 가담하지 않은 업체들이 위치한 곳은 나무, 허접한 구조물, 뛰어놀고 있는 아이들의 기호로 채워진다.

여러분의 광고 회사는 루디와 캐런의 지도 광고의 성공으로 한껏 고무된다. 이를 발판으로 미국 도처에 있는 잠재적인 고객들에게 손을 뻗치기로 결정한다. 익살스러운 왜곡으로 흥미를 끈 수많은 광고 지도를 리뷰한 후, 지도학적 장난을 여러분 광고 회사의 트레이드 마크로 삼기로 결정한다. 사업은 순탄치 않다. 시의 모습이 모래시계를 닮았다는 것에 착안한 펜실베이니아주 스크랜턴에 대한 광고("일생에 한 번은 스크랜턴을 방문하라!")나 악어 형상을 활용한 플로리다주 마이애미-포트로더데일의 광고("오늘 여러분의 땅이나 콘도를 덥석 무시오.") 등 몇 개의 작품에서 실패를 맛봤다. 좌절을 딛고 심기일전한 여러분 회사는 해당 지역 주민뿐만 아니라 외부인들에게도 친숙한 지리적 형태를 이용한 광고 지도에 집중하기로 결정한다. 그리고 엄청난 고뇌와 번민의 시간 끝에 플로리다주 컨벤션국(Florida Convention Bureau)과 오클라호마주 컨벤션국을 위한 두 가지 지도 작품을 만들어 낸다. 그림 6.6에 나타난 것처럼, 전자의 것은 매우 특정한 집단을 겨냥한 것으로 일반인들에게는 공개되지는 않을 법한 것이고, 후자의 것은 오로지 오클라호마주만을

그림 6.6. 플로리다의 권총 컨벤션(위쪽)과 오클라호마의 관광 컨벤션(아래쪽)을 홍보하는 지도학적 장난

대상으로 만들어진 것으로 절대로 텍사스주에서는 사용되지 않을 법한 것이다. 훌륭하다. 뉴저지주에 대한 여러분의 아이디어가 궁금해진다.

다수성과 영역성: 성공의 이미지와 편리성을 홍보하는 광고 지도

다른 지역 고객들 모두가 스크랜턴이나 마이애미 관광 당국만큼 안목이 없는 것은 아니었다. 여러분 회사의 가장 큰 최근의 성공은 미니애폴리스에 본부를 둔 지역 식당 체인점 '홀리스핫디시헤븐(Holly's Hotdish Heaven)'의 지도 광고였다. 미네소타주의 명물인 핫디시를 전문으로 하는 이 체인점은 미네소타주에 모두 53개의 분점을 가지고 있다(아이오와주, 사우스다코타주, 위스콘신주에도 분점을 내려 했으나 핫디시에 대한 선호나 수용에 있어 지방색이 너무 뚜렷해 실패했다).

어쨌든 여러분의 회사가 만든 광고 지도(그림 6.7)는 향후 5년간 미네소타

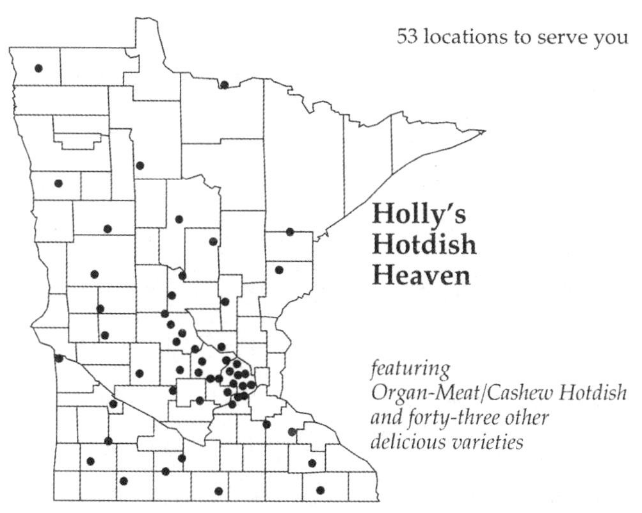

그림 6.7. 지역 음식점 체인이 해당 지역 주민들로부터 폭넓게 인정받고 있다는 사실을 홍보하는 광고 지도

주 전역에 10개의 새로운 분점을 낼 계획을 가진 홀리스에게 큰 도움을 주었다. 다수의 지점을 보유하고 있거나 원거리 고객이 많은 회사의 광고에서 많이 사용되는 단순한 전략이 이 지도에도 적용되었다. 다수성(numerousness)은 성공을 의미하고, 성공은 고품질의 상품과 서비스를 의미한다. 미네소타주 사람들은 지도만 쳐다보아도 홀리스가 성공한 사업체라고 느낀다. 지도에 나타난 점들은 홀리스가 미네소타주 전역에서 미식가들의 입을 사로잡았다는 징표이다. 그러나 주의 남동쪽에 있는 인구가 많은 미네소타 트윈시티(Twin Cities)■4에 점들이 몰려 있다. 광고 지도의 효과성이라는 측면에서는 이웃한 주에서의 프랜차이즈 확장 실패가 오히려 도움이 되는 것 같다. 지도에 한 개의 주만이 나타나 있다 보니 점포들이 조밀하게 분포해 보이는 효과가 있고, 이것이 성공의 이미지를 보다 효과적으로 부각하는 것이다. 또한 미네소타주와 그 주민들에게 자신들의 전통에 대한 자부심을 보다 강하게 고취하는 효과까지 있다. 홀리스가 더 큰 성공을 거둔다면, 좀 더 작은 포인트 기호를 사용해야 할 것이다.

여러분 회사의 또 다른 지도학적 개가는 스탠리클루츠어소시에이츠(Stanley Klutz Associates)를 위한 광고 지도이다. 이 회사는 지리정보시스템(GIS) 관련 소프트웨어 개발 및 판매 사업을 주로 하는 업체이다. 이 회사의 최고 인기 제품은 재구획(redistricting)■5을 위한 지리정보시스템 애플리케이션이다. 이 애플리케이션은 주 정부가 상하원 선거구를 재획정하는 것을 도울 뿐만 아니라 정당 정치인이 자신에게 유리한 결과를 안겨 줄 선거구를 만들어 내거나 상대 정치인을 인지도와 지지세에서 불리한 선거구에 가두려는 책략을 시도할 때도 도움을 준다. 클루츠의 소프트웨어는 막강한 힘을 가진 일부 현역 정치인들의 요구를 만족시키면서 동시에 연방 대법원의 악명 높은 1인 1표제 판결■6도 만족시키는 등 일정 수준의 타협책을 산출해 주는 효율적인 제품으로 널리 인정받고 있다.

여러분의 광고 회사가 미네소타의 핫디시 광고에서 거둔 놀랄 만한 성공을 전해 들은 클루츠는 여러분의 회사에 시장 침투를 위한 광고 제작을 의뢰했다. 최종 납품 지도(그림 6.8)를 보고 클루츠의 판매 책임자가 특히 큰 감명을 받았다. 이 지도에는 면적은 넓지만 인구가 많지 않은 서부 지역의 주들에서 클루츠가 성공을 거두었다는 사실이 적극적으로 부각되어 있다(어떤 주는 1명의 의회 의원만 있을 뿐이다). 사실 50개 주 중 26개 주는 다른 회사의 시스템을 사용하거나 종이 지도, 연필, 지우개, 그리고 담배 연기 자욱한 뒷방이 연상되는 전통적인 방법에 의존하고 있다. 어쨌건 여러분의 지도는 미국의 절반 이상이 클루츠의 시스템을 이용하고 있다는 강한 인상을 풍기고 있다. 만일 성공 지역이 서부가 아니라 동부였다면 지도는 다음과 같은 슬로건과 잘 어울렸을 것 같다. "대세를 따르라, 미국이여! 클루츠가 갈 곳이 아직 많이 남아 있다!"

광고 출판물이나 온라인 광고 콘텐츠에 등장하는 다른 종류의 삽화와 마찬가지로, 지도 역시 기발하면서 매혹적이지만 동시에 작위적이면서 기만적이

States Using ***Stanley Klutz's***
Congressional and Legislative Redistricting System

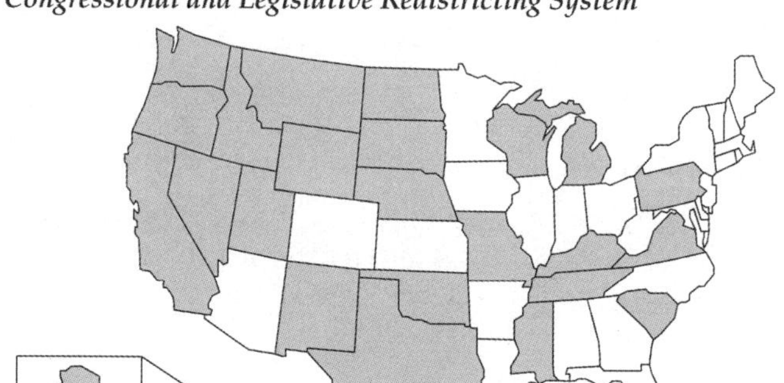

Most state governments are sticklers for StKCLRS.

그림 6.8. 서부 지역의 면적이 큰 주에서의 판매 성공을 내세워, 제품을 구입한 주의 수와 면적을 제품의 품질과 연결한 광고 지도

다. 광고 지도의 이러한 측면에 대한 소비자들은 반응은 관대한 편이다. 대부분의 경우 장난기 어린 속임수 정도로 치부하고, 그 속임수를 자신이 알아차린 것에 만족한다. 결국, 광고 지도는 지도가 지닌 엄청난 유연성과 호소력을 입증하는 또 다른 증거인 셈이다. 물론 편들기나 유혹을 의도한 많은 지도들을 긍정적으로 평가할 생각은 추호도 없다. 마찬가지로, 먼 지역의 건물 부지나 미심쩍은 광물 개발권을 구매하도록 부추기는 지도들은 당연히 바람직하지 못한 지도들이다. 이어지는 두 장에서는 부동산 개발업자나 정치 선동가들이 자신들의 목적 달성을 위한 도구로서 지도를 어떻게 사용하는지에 대해 살펴볼 것이다.

··역자 주

1. 저자가 실제 광고 지도의 사례를 사용하지 않은 것은 그랬을 경우 행여 발생할지 모를 다양한 분쟁의 소지를 미리 차단하고자 한 것이 아닌가 짐작해 본다.
2. 중심성이 강한 몇 개의 지점을 허브로 지정하고, 개별 허브와 인접한 지점들을 스포크(바큇살)의 형태로 연결함으로써, 전체적인 네트워크의 연결성을 효율화한 (주로 항공) 교통망 체계를 의미한다.
3. 엄격한 지도가 아니라 그림 같다는 인상을 주기 때문에 지도 이용자의 관대함을 이끌어 낸다는 의미로 해석된다.
4. 미네소타주의 미니애폴리스와 세인트폴을 함께 부르는 이름이다.
5. 특정한 기본 공간 단위를 바탕으로, 특정한 목적함수를 만족하는 최적의 구획 체계를 형성 혹은 재형성하는 과정을 의미한다.
6. 1964년 연방 대법원 판결을 의미하는 것으로, 선거구별 인구수를 가능한 한 비슷하게 만들어 투표의 등가성을 최대한 유지하도록 한 판결을 의미한다. 최근에는 기준을 인구수로 할지 유권자 수로 할지를 놓고 논란이 일고 있다.

7장

개발 지도: 위원회 설득하기

Development Maps (Or, How to Seduce the Town Board)

지도가 없는 도시 및 지역 개발 계획은 상상할 수 없다. 그것은 혼돈 그 자체일 것이다. 계획 요소들의 상대적 크기, 형태, 배열, 그리고 그러한 요소들 간의 상호 작용을 나타낸 세밀한 지도는 개발 계획의 수립과 추진에 필수적이다. 쇼핑몰 개발 계획 지도를 예로 들어보자. 개발 대상지의 전체 형상, 개별 점포 및 공공 공간의 규모와 일반 레이아웃, 주차장, 조경, 내부 도로, 외부 도로로부터의 진입로 등의 크기 및 위치가 정확히 표시돼 있어야 한다. 행정 당국은 이러한 지도를 펼쳐 놓고 신규 쇼핑몰이 주변 거주지, 교통 상황, 기존 비즈니스에 어떤 영향을 미치는지를 면밀히 검토한다. 개발 계획도를 해당 지역의 지형도, 토양도 등과 중첩해 살펴보면, 쇼핑몰 건설로 인한 단기적인 문제들, 즉 싱크홀, 토양 불안정, 지하수면 상승뿐만 아니라 장기적인 문제들, 즉 야생동물, 습지, 하천 유수에 미치는 환경적 영향까지도 검토해 볼 수 있다.

개발에 부정적인 사람들은 지도의 유무와 상관없이 도시 및 지역 계획은 항상 혼돈 그 자체라고 말한다. 그러나 실제에 대한 선택적 표상이라는 지도의 본질적 특성은 개발 지도에서도 그 힘을 발휘한다. 개발업자와 계획위원회(planning board) 간의 지난하고도 적대적인 협상 과정에서 양 당사자 모두 자신의 입장을 관철할 무기로 지도를 적극적으로 활용한다. 개발업자는 이미 수백만 달러의 투자금을 긁어모은 상태지만, 주민들은 뒷마당에 새로운 쇼핑몰이 들어서는 게 싫다. 계획위원회는 대개 주민들의 걱정과 편견에 조응하는 결정을 내린다. 개발업자의 지도는 인근 주민이 아니라 원거리 주민들에게 쇼핑몰의 우아함과 편리함을 부각하고, 야생 동물이나 부동산 가치에는 아무런 피해를 주지 않는다는 사실을 보여 주는 데 집중할 것이다. 이에 반해, 주민들의 지도는 동식물의 서식지 파괴, 교통 혼잡, 조망권 피해, 소음, 쓰레기 등에 초점을 맞출 것이다. 보통 개발업자가 가용 자금이 풍부하기 때문에 쇼핑몰 찬성 입장의 지도가 반대 입장의 지도보다 그래픽적으로 훨씬 우수한 편이다. 대형 쓰레기 수거통, 쓰레기, 길거리 방치 차량은 온데간데없고, 앙상한 묘목은 울창한 수목으로 탈바꿈해 있을 것이다.

이 장에서는 도시 및 지역 계획에서의 지도의 역할, 특히 설득 수단으로서 지도의 역할을 살펴볼 것이다. 우선 용도지구제(zoning) 및 환경 보호에 있어서 지도의 역할을 간략하게 소개할 것이다. 이어서 개발업자들이 사업 전망을 과장하기 위해 어떻게 지도를 조작하는지 살펴보고, 과중한 세금을 내고 싶지 않은 자가 소유자가 부동산 저평가를 위해 어떻게 지도를 이용할 수 있는지를 살펴볼 것이다. 금지 지도학을 다룬 13장에서도 용도지구도를 다루고 있으니 참고하면 좋겠다.

용도지구제, 환경 보호, 그리고 지도

용도지구제란 토지이용과 개발을 위한 토지 분할을 통제하고자 행정 당국이 사용하는 법적 절차이다.■1 계획위원회와 용도지구위원회의 운영 및 권한을 규정하는 법령은 주마다 차이가 있지만, 보통 건물의 높이, 크기, 특성, 기능 등을 규제한다. 즉, 대지의 최소 규모와 대지 내 건물의 위치, 부속 건물, 진입로, 주차장과 같은 부대 시설에 관한 것들이다. 법령, 청문회, 집행 절차 등으로 구성되는 이러한 도시 계획 시스템은 20세기 초반에 이미 확립되었다.

커뮤니티 계획위원회는 보통 세 가지의 기본 지도를 이용한다. 첫째는 현재의 공공 통행로, 행정 경계, 공원과 기타 공유지, 배수 체계 등이 나타나 있는 **공식 지도**(official map)이다. 둘째는 향후 수십 년간 해당 지역을 어떻게 체계적으로 개발할 것인가에 대한 **장기종합계획도**(master plan)이다. 셋째는 현재의 토지이용 규제 사항을 보여 주는 **용도지구도**(zoning map)이다. 그림 7.1(컬러 도판 5)에는 지방 소도시의 전형적인 용도지구도의 일부와 지도 범례가 나타나 있다. 사례 지역은 대도시로부터 멀리 떨어져 있고, 현재에도 농업 활동이 일부 이루어지고 있는 곳이다. 지도에 표현된 용도지구 범주(지목)를 통해 인구 및 주택 밀도 분포에 대한 개괄적인 사항을 알 수 있다. 또한 특정 지구가 공공에 개방되어 있는지, 경관 전망이 좋은지에 대한 사항뿐만

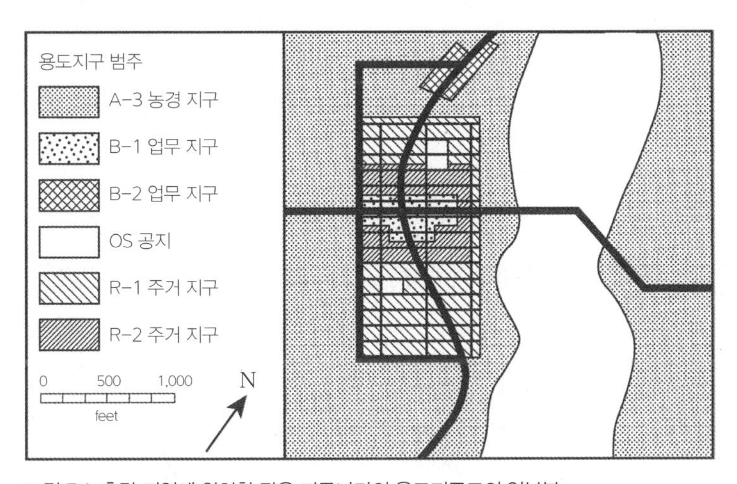

그림 7.1. 촌락 지역에 위치한 작은 커뮤니티의 용도지구도의 일부분

아니라 소음, 쓰레기 및 그 밖의 공해가 주변 지역에 영향을 주는지도 파악할 수 있다. 지도에 나타난 개별 용도지구에 어떤 종류의 구조물과 활동이 허용되는지에 대한 엄격한 제한 사항이 규정되어 있다. 예를 들어, R-1 주거 지구에서는 대지 면적은 5,000ft²를, 대지 폭은 45ft를 넘어야 한다. 또한 건평이 대지의 50%를 넘지 않는 단독 주택이 들어서야 하며, 건물은 대지 전면에서 20ft, 측면에서 5ft 이상 떨어져야 한다.

용도지구위원회는 토지 소유주로부터 **예외 인정**(variances) 요구를 경청하는 데 많은 시간을 할애한다. 원래는 용도지구 조례를 위반하는 것이지만 위원회에서 예외 인정을 받으면 토지 소유주는 자신의 계획을 진행할 수 있다. 어떤 주택 소유주가 대지 경계로부터 10ft 이내에 방이나 차고를 증축하고 싶어 할 수 있고, 어떤 사업주는 옆 건물을 구입해 철거한 후 그 자리에 주차장을 신축하고 싶어 할 수도 있다. 용도지구제 법규는 지하 깊은 곳까지 영향을 미치는 개량 사업도 인정해 주며, 지역 사회의 허락이 전제된 상태라면 너무 터무니없는 것이 아니면 가능한 한 예외를 인정해 주는 편이다. 용도지구위원회는 변경 계획안을 검토해야 하고, 이웃 주민들이나 관련 시민들의 의견을 경청해야 한다. 위원회는 제안된 예외 인정 요구를 허용할 수도 있고 거부할 수도 있다. 또한 특별한 제한 조건을 붙여 허용할 수도 있고, 일시적으로만 허용할 수도 있다. 예외 인정 청원자와 이웃 주민들 모두 위원회의 결정에 대해 용도지구 소청위원회나 법원에 의의를 제기할 수 있다.

용도지구도의 대폭 수정은 장기종합계획도의 수정으로 간주된다. 따라서 이 경우에는 계획위원회를 소집하고 청문회를 개최한다. 새로운 도로의 건설과 노선 변경을 수반하거나, 상하수도 같은 공공 서비스에 영향을 미치는 대형 사업은 계획위원회의 승인이 필요한 사안이다. 주택 개발, 토지 분할, 쇼핑몰과 대형 매장의 건설 등이 여기에 포함된다. 예를 들어, 쇼핑몰 개발업자는 쇼핑몰 주차장에서 흘러나온 유수가 침수 피해를 일으키지 않는다는 점,

기존 도로가 증가된 교통량을 충분히 수용할 수 있다는 점 등을 증명해야 한다. 새로운 접근 도로를 건설해야 하는 경우, 개발업자는 카운티나 주 고속도로 당국과 긴밀히 협조해야 하며, 도로 건설 비용을 직접 지불이나 '개발세(impact tax)' 형태로 부담해야 한다. 토지 분할을 통해 새로 만들어진 구역을 개발하려는 사람은 대지 경계와 도로 및 유틸리티 연결망■2을 보여 주는 지도를 제시해야 한다.

계획위원회는 주택 밀도, 즉 에이커당 주택 수에 굉장히 관심이 많다. 많은 행정 당국은 최소 대지 면적을 3에이커나 5에이커 정도로 상당히 크게 규정한다. 겉으로는 '환경을 보전한다'는 명목을 내세우지만, 사실은 그 정도의 값비싼 주택을 소유할 수 없는 저소득 가구가 그 지역에 들어오는 것을 막으려는 속셈이다. 그런데 타운하우스 개발이나 네 채 이상의 주택 클러스터 개발의 경우는 공지(open space)의 충분한 확보를 통해 **평균값**이 최소 대지 요구값을 만족한다면 개발 승인이 나기도 한다. 지도는 개발업자가 자신의 제안을 설명하기 위한 편리한 도구이며, 토지 분할 청문회의 필수적인 구성 요소이다.

1960년대 환경 악화에 대한 사회적 관심이 커지면서, 환경 규제의 내용이 점점 더 엄격해졌고 규제 준수를 감시하는 공공 기관의 수와 규모 역시 증가했다. 실제 내용은 지역마다 다르지만 주와 시의 환경감시위원회(environmental-quality review board)는 식생, 저습지 및 그 밖의 민감한 야생 동물 서식지, 식생, 지표수, 지하수, 토양, 사면, 지질, 유적지 등에 대한 일람표를 갖추고 있다. 이러한 일람표를 **환경자원목록**(environmental resource inventory)이라고 부르는데, 보통 토양도, 항공사진, 지형도를 토대로 만들어진다. 환경자원목록은 고속도로, 쇼핑몰, 주거단지, 매립지, 공업단지 등의 개발에 따른 잠재적인 악영향을 평가하는 데 이용된다. 목록이 정확하다는 전제하에 도시나 주의 계획가는 제안된 프로젝트가 취약한 저습지 서식지에 어떠한 영향을 미칠지, 혹은 희귀 식물의 멸종에 얼마나 큰 역할을 할지에 대해 신속한 판단을 내릴 수 있다.

공공이든 개인이든 대형 개발 프로젝트에는 보통 **환경영향평가보고서**(Environmental Impact Statement, EIS)가 요구된다. 일반적으로 개발업자는 토목 기사, 조경 기사, 지질 기사, 생물학자 등으로 구성된 환경 컨설팅팀이 수집한 야외 측정 데이터를 토대로 환경자원목록의 정보를 보완해야만 한다. EIS의 환경 영향 항목에는 대기 오염, 수질 오염, 공공 보건, 수문(하류 방향의 홍수 피해 가능성 증대와 같은 것), 침식, 지진이나 산사태와 같은 지질학적 재해, 식물상(특히 희귀 식물), 동물상(특히 멸종 위기에 처한 동물), 일반 야생 동식물, 자연 경관과 인공 경관의 심미적·풍광적 가치, 고체 폐기물, 소음, 사회 환경, 경제 여건, 위락, 공공 유틸리티 시설, 교통, 사고 위험 등이 포함된다. EIS에는 예상되는 환경 영향의 종류와 정도, 피해 지역, 그리고 영향을 줄이는 대책이 제시되어 있어야 한다.

EIS를 마련하는 일은 비용이 많이 들고 시간이 오래 걸리기 때문에, 대개의 경우 약식의 **환경평가서**(environmental assessment)를 작성한다. 개발업자는 이러한 환경평가서를 통해 해당 프로젝트가 환경에 악영향이 적고 환경 규제를 충실히 이행하며, 따라서 EIS는 불필요하다는 사실을 증명하려 한다. 지방이나 주의 환경감시위원회는 우선 환경자원목록을 토대로 환경평가서를 검토하고, 그 결과에 따라 프로젝트를 승인하거나 완전한 EIS를 요구하기도 한다.

지도는 EIS나 약식의 환경평가서에서 중요한 부분을 차지한다. 보통 환경과학자들은 상호 비교를 용이하게 하려는 목적으로 모든 지도 정보를 공통 데이터베이스 속에 통합하고자 한다. 이러한 측면에서 지리정보시스템이 데이터를 저장하고 최종 지도를 만드는 데 널리 활용된다. EIS의 본문에는 보다 소축척의, 보다 일반화된 지도가 수록되는데, 이를 보완하기 위해 보다 대축척의, 상세한, 큰 사이즈의 지도가 부록에 첨부되기도 한다(얼마나 많은 독자가 부록으로 붙어 있는 대축척 지도를 보고서의 분석 및 토론 부분에 포함된 소축척 지도와 비교해 볼까?). 원천 지도의 정보를 공통 데이터베이스로 통합하는 과정 혹은 소축척 지도의 일반화 과정(타당성에서 별 차이가 없는 몇 개의 일반화 대안이 있을 때, 의뢰인에게 유리한 것을 선택하고 싶은 유혹을 컨설턴트는 과연 참아 낼 수 있을까?)에서 종종 예기치 않은 오류가 발생한다. 또 다른 오류 발생 원인은 보정되지 않은 항공사진으로부터 경계선이나 그 밖의 다른 데이터를 추출하는 경우(3장 참조)이다. 지도 제작자가 기복변위에 대한 보정 작업을 진행하지 않았다면, 산지 지역에서 추출한 경계선들은 부정확하기 마련이다. 개발 계획에 반대하는 사람들은 EIS를 현지로 가져가 지도에 표시된 사상들을 실제와 대조해 볼 수도 있다.

개발업자나 인증대행업체가 보여 주고 싶은 것과 데이터가 말하고 있는 것이 일치하지 않는 경우가 많다. 예를 들어, 등고선만 가지고 설정한 범람원은 실제에 비해 클 수도 있고 작을 수도 있다. 정화조와 여과지(leach field)의 적절성 평가에서 주요 지표로 사용되는 기반암의 깊이가 토양조사도에 제대로 나타나 있지 않기도 한다. 토양도를 사용해 환경 평가용 지도를 제작하는 경우, 개발업자는 다양한 유혹에 노출될 수밖에 없다(그림 7.2). 지도의 범주를

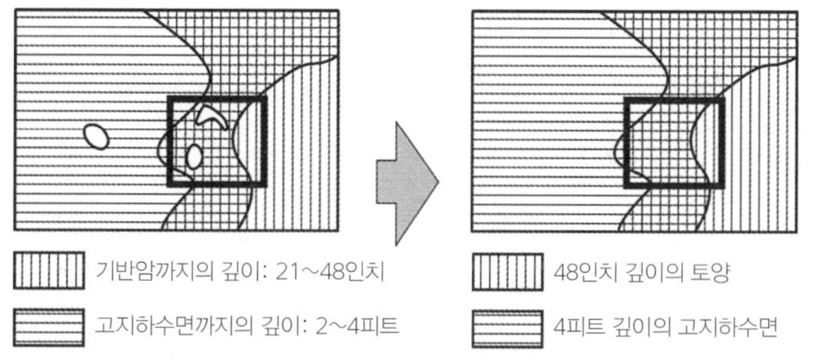

그림 7.2. 토양도에 대한 창의적 일반화와 해석의 예로서, 왼쪽 지도의 범주를 수정해 보다 유리한 지도학적 재현을 이끌어 냈다.

바꾸거나, 기술적 정의(technical definition)를 교묘하게 수정하거나, 전체 평점을 깎아 먹는 아주 작은 지역을 '부지불식간에' 생략해 버리고 싶을 수 있다. 개발업자나 심사위원 모두는 토양도의 한계를 이해하고 있어야 한다. 토양도는 지표에 대한 토양학자들의 해석에 기반하며, 매우 제한된 수의 지하 추출 표본을 토대로 만들어진다. 더욱이 연필심보다 작은 토지는 보통 토양도에 표시하지 않는데, 1:20,000 지도에서 보면 연필심에 해당하는 작은 부분에도 상당한 크기의 건물 대지가 여러 개 포함될 수 있음을 알 수 있다. 개발업자의 컨설팅 엔지니어가 특별 야외 조사를 수행할 수도 있다. 이 경우, 지도상에 표본의 실제 위치를 정확히 표시해야 하는데, 심사위원들이 지도 일반화 수준의 적절성을 판단할 때 근거로 사용한다.

용도지구와 환경 심사 관련 분쟁은 행정 청문회를 거쳐 법정으로 이어지는 경우가 허다하다. 쟁의가 사법적 판단의 문제로 비화하면 지도는 항공사진, 도안과 건축 도면, 입체 모형, 지상 사진, 동영상 등과 함께 중요한 증거물로 제출된다. 법정 청중들은 대개 지방 계획위원회 혹은 용도지구위원회보다 사안에 대한 이해도가 높다. 일반적으로 법정의 두 당사자는 전문가들을 고용하는데, 자신에게 유리한 증언을 하고 반대 심문에 관해 조언도 한다. 사업가, 농부, 교사, 주부로 구성된 지원자 그룹(volunteer group)을 설득하는 것이 중요한데, 전략이 먹히지 않기도 하고 역효과를 내기도 한다. 법정 증거물은 확실하고 설득력 있는 것이어야 하고, 강건한 방어 논리를 제공하는 것이어야 한다. 법정 공방은 대개 다른 증거물이 아니라 동일한 증거물에 대한 다른 해석을 놓고 싸우는 것이다.

토지이용 관련 소송에서 지도는 필수 불가결한 증거 자료이다. 지도 없이 소송을 준비하거나 제기하는 경우는 없다. 최소한 장기종합계획도, 해당 지역의 상세한 용도지구도, 한두 장의 확대 항공사진 등이 프레젠테이션에 등장한다. 변호사나 증인은 지도상에서의 위치를 표시하기 위해 보통 마킹펜이나 마킹테이프를 사용한다. 그들은 대부분 증거에 대해 여러 장의 사본을 요구하는데, 지도에 부가적으로 표시된 내용도 증거의 일부가 되게 하려는 것이다. 변호사는 지도에 신중하게 표식을 넣어 증거로 채택하고, 증거원을 확인하며, 증거를 설명해 줄 적절한 증인을 내세우고, 증인의 증언 범위와 반대편의 예상 반론을 미리 검토한다.

지형도, 항공사진, 용도지구도에는 어떠한 윤색도 허용되지 않지만, 입지계획이나 건축 도면의 디자인과 내용에서는 개발업자가 상당한 정도의 재량권을 가진다. 이런 의미에서 **개념 다이어그램**(concept diagram)은 호기심을 자극하는 강력한 그래픽이다. 개념 다이어그램은 도식성과 양식성이 강한 일종의 지도이다. 주로 전체적인 레이아웃과 주요 계획 요소들 간의 기능적 관련성을 보여 주기 위해 제작된다. 그림 7.3에는 도심의 교통 센터에 인터체인지 개념을 적용한 개념 다이어그램의 예가 나타나 있다. 이 예시는 개발업자

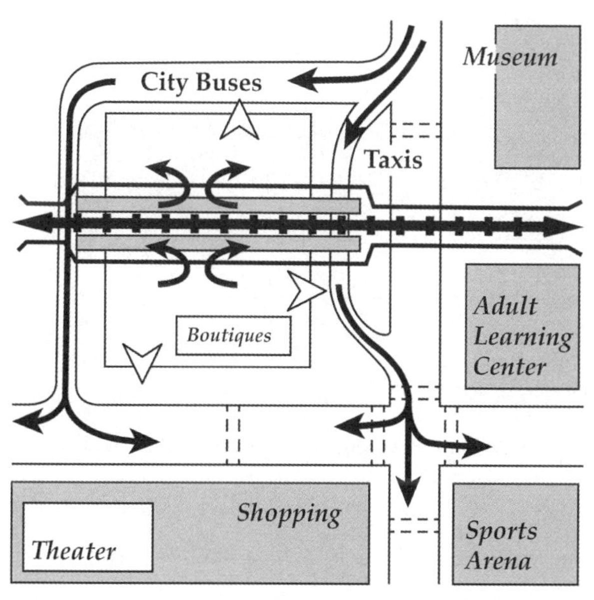

그림 7.3. 철도, 버스, 택시가 결합된 도심 교통 센터의 계획안을 나타낸 개념 다이어그램

나 계획가가 이런 종류의 다이어그램에서 선들을 어떻게 활용하는지를 잘 보여 준다. 여기에 나타난 굵직한 선들은 공간의 분할, 이동 패턴의 강조, 재활성화 이미지의 창출 등의 역할을 효과적으로 수행한다. 개념 다이어그램은 실로 거역할 수 없는 신비로운 매력을 가지고 있다. 열정적인 건축가의 프레젠테이션 속에서 엄청난 설득력을 뿜어낼 것이다. 개념 다이어그램과 같은 지도는 보는 사람들로 하여금 계획의 실행 가능성은 제쳐 두고, 그 계획이 실현되는 것을 보고 싶어 하도록 만든다. 계획의 실용성과 실행 가능성에 대한 확신을 청중들에게 심어 주는 데 성공하면, 발표자는 뒤이어 개발 계획의 최종 모습을 보여 주는 3차원 모형, 스케치, 설득력 있는 도면 등을 이어서 보여 준다. 미래에 대한 유토피아적 표현물이 다 그런 것처럼, 이러한 지도와 그림 역시 실제의 세부 내용 중 일부만을 선택적으로 보여 주지만, 마치 실제의 전부를 보여 주는 것처럼 가장한다.

지도학적 이미지를 윤색하기 위한 속임수들

개발업자의 사업 노하우가 쌓여 감에 따라, 개발 계획의 악영향을 희석하고 시각적 외양과 예상 이익을 강조할 수 있는 여러 가지 방안이 만들어졌다. 여기서 제시할 속임수들은 용도지구위원회나 계획위원회에서는 효과가 있지만, 주 재판소나 연방 재판소에서는 별로 효과가 없다.

1. **약삭빠르게 선택하라.** 상대방이 보지 않았으면 하는 모든 것을 나타내지 마라. 쓰레기, 혼잡, 소음과 같은 불쾌한 이미지를 자아내고 언젠가는 자신을 난처하게 만들 수 있는 지물들은 아예 삭제하라. 대형 쓰레기 수거함을 비롯한 모든 종류의 쓰레기통, 교통 신호등, 배회하는 10대 청소년, 트럭의 이미지 따위는 모두 빼 버려라. 스케치나 축소 모형에서 사람과

차는 전부 생략하거나 아니면 깨끗하게 차려입은 사람과 최신 자동차나 에너지 절약형 자동차만 보여 줘라. 절대로 나무가 죽은 것처럼 보이거나, 잔디가 짓밟혀 있는 것처럼 보여서는 안 된다. 멀리서 보면 굴뚝인 양 착각할 수 있는 어떠한 것도 나타내지 마라. 무엇보다도 이미지를 깨끗이, 그리고 철저히 일반화해 의도적으로 누락한 부분이 부자연스럽게 보이지 않도록 해라.

2. **전략적으로 구도를 짜라.** 불리한 배치는 피하고, 질병 발생이나 부동산 가격 하락의 우려를 불러일으킬 만한 곳은 지도와 스케치에서 아예 오려내라. 주변 지역이 매력도가 떨어지거나 부정적인 영향을 미칠 소지가 있다면 과감하게 삭제하라. 개발 예정지가 공원이나 또 다른 매력적인 장소와 인접해 있다면 그것들은 반드시 포함하라. 주변 지역의 토지가 개발되었다면 포함하되, 최근에 개발된 것처럼 보이게 하라. 매립 예정지, 고체형 폐기물 처리 시설(소각로를 좀 완곡하게 표현한 단어), 전력선과 같은 시설 주변에는 학교나 집을 나타내지 마라.
3. **긍정적인 면을 강조하라.** 유리한 데이터와 도움되는 테마만 선택하라. 쓰레기 매립 예정지에 높은 담장이나 소박한 출입구가 설치될 예정이라면 반드시 나타내라. 새로운 쇼핑몰 계획에 기존 흉물의 제거가 포함된다면, '비포(before)'과 '애프터(after)'에 대한 한 쌍의 지도를 그려라. 데이터나 원천 지도에 대한 유리한 해석을 적극 활용하라.
4. **들통날 것에 대비해 미리 변명거리를 만들어 놓아라.** 컴퓨터 에러가 발생했다든지, 멍청한 제도사가 라벨을 잘못 붙였다든지, 이전 버전의 지도로 우연하게 바뀌었다든지 등 경우에 따라 재치 있게 변명하라.
5. **부정적인 면을 최소화하라.** 싫은 사항을 완전히 제거할 수 없다면, 최소한 강조하지는 마라. 그림 7.3에는 기차역을 중심으로 한 효율적인 교통망 체계만 보일 뿐, 기차역 부근에 정차한 택시와 버스의 공회전 배기가

스는 전혀 연상되지 않는다.

6. **자세하게 그려 혼란스럽게 하라.** 결국 상세한 지도가 기술적으로 정확한 지도이다. 따라서 상세한 내용으로 주의를 산만하게 해도 뭐라 할 사람은 아무도 없다.
7. **사소한 것들을 이용해 위장하라.** 어떤 세부 사항이 불리하게 작용할지 모른다는 판단이 서면, 극단적으로 단순한 지도를 만들거나 소화기, 우체통 혹은 여타의 관련성 없는 소품을 이용해 지도를 그려라.
8. **항공사진이나 역사 지도를 이용해 주의를 산만하게 만들어라.** 서로 잡담을 나누게 하는 소재 거리를 제공해 줄 수 있다. "야, 저기 우리 집이 있어!"라고 외칠 사람들의 관심을 딴 데로 돌려야 한다.
9. **창의적으로 일반화하라.** 핵심을 잘 보여 주기 위해 추리거나 혹은 보다 세밀하게 그려라. 생략을 약간 선택적으로 하거나 등고선, 토양 경계, 심지어 부동산 경계를 약간 조작해도 지도학적 파격의 범위를 벗어나지는 않을 것이다.
10. **우아함으로 매혹시켜라.** 건축가의 지도학적 친구, 즉 나무 도장(tree stamp) 혹은 그것의 전자적 버전을 잊지 마라. 그림 7.4에서처럼 무미건조한 계획이 나무 기호들로 인해 호감 가고 친숙한 것으로 바뀌는데, 이러한 가짜 나무는 많으면 많을수록 좋다. 실제 나무를 심는 것보다 나무 기호를 찍거나 붙이는 데 시간과 노력이 훨씬 덜 든다. 어쩌면 지금 심을 묘목이 20년 후에는 그림처럼 울창한 수목으로 자라날지도 모르는 일이기도 하다.
11. **만약 이 모든 것이 실패로 돌아간다면, 뇌물이라도 써라.** 물론 탁자 밑으로 돈을 전달하라는 것은 아니다. 실업자를 위한 양질의 일자리를 제공하거나, 하청업자의 이윤을 더 확보해 주거나, 건설 노동자들에게 제대로 된 임금을 지급하거나, 지방 정부를 위해 더 많은 과세 근거 혹은 더 많

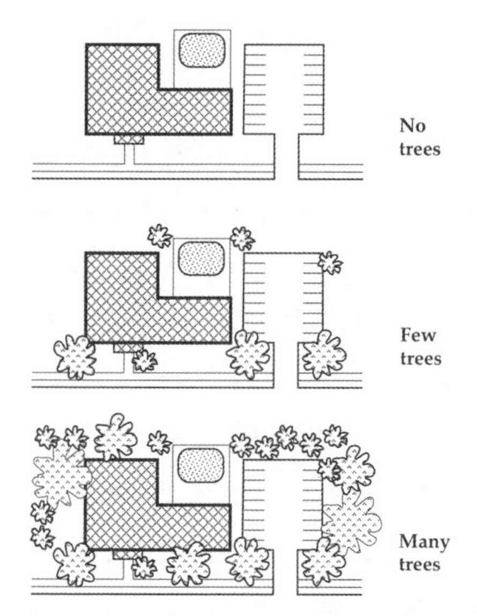

그림 7.4. 나무 기호는 황량한 개발 계획안에 시각적 호소력을 불어넣는다.

은 '연방재산세지원금(payments in lieu of taxes)'■3이 주어지도록 한다거나, 커뮤니티 곳곳에 10대 청소년, 젊은 부부, 노인들을 위한 어메니티■4를 제공하는 등의 제도적 뇌물 공여(institutional bribery)를 하라는 것이다. 그것도 안 통하면, 주민들이나 그들의 대표자들이 그래픽 속임수에 잘 넘어가는 다른 지역을 공략하라.

부동산 평가액 검토

글이나 숫자와 마찬가지로 지도는 주인이 없다. 지도는 그 누구의 무기도 될 수 있다. 지도는 건물주가 불공정한 과당 과세에 이의를 제기하는 데 도움을 준다. 그러나 앞으로 소개할 원칙들이 도움이 될 것인지는 해당 지역에서 부동산 가격이 어떻게 평가되는지에 달려 있다.

대부분 지역에서 행정 당국의 컴퓨터가 건물이나 토지의 공시가(公示價)

에 지방세율을 곱해 '부동산'에 대한 1년 세금을 계산한다. 세율은 지역 전체의 토지와 건물의 총가치, 그리고 학교, 정부 운영, 복지, 채무 상환에 소요되는 추정 비용에 따라 결정된다. 각 필지에 대한 공시가는 그 토지의 가치에 대한 추정값이다. '현시가(現時價) 평가(full-value assessment)'가 적용된 지역에서 이 추정값은 부동산에 대한 현재의 공정 시장 가격이다. 그 밖의 지역은 공정 시장 가격의 일정 비율을 공시가로 삼는다. 그러나 다른 요인, 예를 들어 정치적 요인이 추정값에 영향을 주기도 한다.

부동산 평가는 아주 다양한 방식으로 이루어진다. 어떤 지역은 대지의 규모, 건평, 침실 및 화장실 수와 같은 구체적인 측정값을 일단의 지침이나 공식에 대입한다. 또 다른 지역은 이러한 객관적 기준에 토지 평가사나 평가위원회의 주관적인 판단을 일부 가미한다. 입지는 부동산 가치의 중요 요소이기 때문에 공식을 맹종하지 않는 평가사는 근처 부동산의 최근 매매 가격, 그리고 측정이 쉽지 않은 경관 가치와 무형의 어메니티까지도 함께 고려한다.

주택 가격은 인플레이션, 선호 시설과 기피 시설의 입지, 좋은 근린(neighborhood)에 대한 개념 변화에 따라 지속적으로 요동치기 때문에 보통 감정평가사는 새로운 건물을 신규 평가하기보다는 오래된 건물을 재평가하는 데 더 많은 시간을 보낸다. 어떤 지역은 매년 또는 2~4년에 한 번씩 재평가하는 반면, 어떤 지역은 평가사의 판단에 따라 부정기적으로 이루어진다.

재평가는 부동산이 매각되거나 방이나 벽난로가 증축되는 것과 같은 중요한 구조적 변화가 있을 때만 하는 것이 일반적인 관례이다. 이러한 재평가는 부동산을 수년 전에 사서 별로 수리하지 않은 장기 거주민들에게 유리하다. 왜냐하면 전수 혹은 전수에 준하는 대규모 재평가가 이루어질 경우, 근린의 퇴락이 두드러지지 않는다면, 세금의 상승은 불을 보듯 뻔하기 때문이다. 장기 거주민들은 일반적으로 투표에 적극적으로 참여하고, 어쩌면 더 공정할 수도 있는 새로운 평가 시스템에 반대하는 경향이 강하기 때문에 직접 선거를 통해 선출된 평가사나 지역위원회가 위촉한 평가사는 장기 거주민의 이익을 대변할 소지가 크다. 그 결과, 새로운 평가 체계는 대개 '신입 주민에 대한 과당 과세(soak the newcomer)' 또는 '신입 주민 환영식(Welcome, stranger)'이라 일컬어진다.

용도지구 결정과 마찬가지로 과세 평가도 청원의 대상이다. 큰 도시의 경우 공식적인 청원은 변호사를 통해서만 이루어진다. 하지만 주로 새로운 이주민에 대한 재평가가 이루어지는 작은 도시나 마을에서는 보다 덜 심각한 접근이 시행된다. 일 년에 한 번 연례 '고충 처리일(grievance day)'을 운영하는데, 일주일 내지 한 달간 지속되기도 한다. 주민들은 위원회에 출석해 '고충의 토로', 즉 과세에 대한 이의를 제기하면 된다. 그런데 평가사의 무능을 질책하거나 행정 업무의 예산이나 질에 대한 불만을 토로한다고 해서 청원에 성공할 수 있는 것은 아니다. 이것 외에 부과된 세금이 분명히 정도를 벗어나 있다는 사실을 확실히 입증해야 한다. 간단하게 말해 여러분 역시 공부를 열심히 해야 한다는 것이다.

평가사의 사무실에서 청원의 첫발을 떼는 것이 좋다. 평가사에 관한 정보는 온라인에서 쉽게 찾을 수 있다. 과당 과세되었다는 사실을 보여 주려면 동일한 근린 내의 다른 부동산, 특히 비슷한 수준의 건물의 세금과 비교해야 한다. 본인이 조사했으면 하는 대상 부동산들의 주소를 알고 가야만 한다. 평가사 사무실의 직원은 각 부동산의 내역과 그것의 과세 과정을 알아내는 데 도움을 줄 것이다. 이렇게 수집된 기록에는 주목할 만한 개축 사실과 특별 사항이 나타나 있으며, 대지와 건평은 물론 개별 방의 크기까지 나타나 있다. 만약 여러분의 세금이 유사한 주택의 세금과 크게 다르지 않다면 청원은 성립되지 않는다. 처음부터 공정하게 과세되었다는 것에 만족해야 한다는 뜻이다. 하지만 여러분의 세금이 동일한 근린 내의 유사한 부동산보다 아주 높게 책정되었다면, 청원이 정답이다. 특히 그 집에 오랫동안 거주했을 때는 더욱 그렇다.

두 가지 유형의 증거를 제출할 수 있다. 하나는 본인이 유사하다고 생각하는 부동산이 정말로 유사하다는 것을 보여 주는 증거이다. 또 다른 하나는 본인에게 새로 부과된 세금이 너무 높다는 것을 입증할 수 있는 비교 세금액이다. (만약 '유사한' 부동산 중에 부당 과세로 보이는 사례를 발견하면, 그 이웃을 우군 삼아 공동 청원을 할 수도 있다.) 유사함을 입증하는 데는 세 가지 종류의 증거가 도움된다. 근린을 나타낸 지도, 사진과 주소가 포함된 포스터, 그리고 여러분의 집과 이웃집을 비교하는 표나 차트인데, 비교 준거에는 건물 유형(목조, 벽돌, 석조 등), 방수, 건평, 건축 연도, 대지 면적 등이 있다. 그림 7.5는 평가사의 지도에서 거리, 대지, 기본 경계를 따서 편집한 전형적인 근린 지도인데, 유사성과 근접성을 모두 보여 줄 수 있다. 여러분이 유능한 선동가로서 자질이 있다면, 화룡점정으로 지도 제목을 '근린 내의 유사한 부동산들'로 뽑을 것이다.

이들 주택이 여러분의 주택과 유사하다는 사실을 위원회에 확신시킨 다음, 과세의 불일치를 극적으로 표현한 두 번째 지도를 제시한다. 그림 7.6에서 보

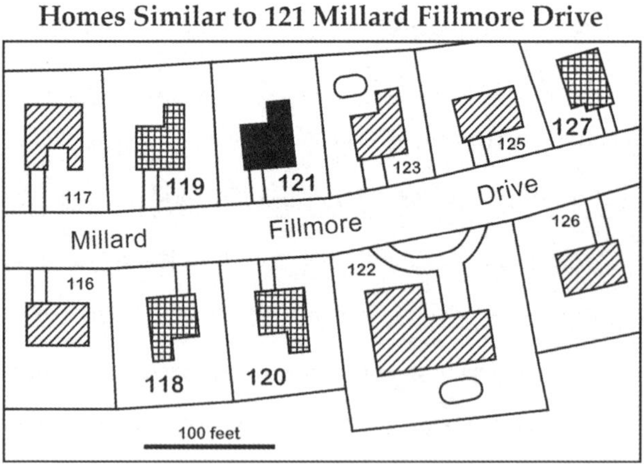
Homes Similar to 121 Millard Fillmore Drive
117
119
121
123
125
127
Millard
Fillmore
Drive
116
118
120
122
126
100 feet

그림 7.5. 해당 주택과 비교 대상이 되는 주변의 주택을 함께 나타낸 지도

듯이, 유사한 부동산의 평균 평가액(여러분의 부동산은 제외하고 계산)은 그래픽 비교의 기준이 됨과 동시에 여러분 부동산의 공정한 평가액이 얼마여야 하는지에 대한 은근한 힌트가 된다. 평균 평가액은 준거 구실을 하기 때문에 평가액 자체가 아닌 평가액의 **차이**에 초점을 맞춘 기호를 사용할 수 있다. 이런 의미에서 비교 막대 기호는 과세의 불공정성을 보다 효과적으로 표현해준다. 유사성에 대한 여러분의 주장이 먹혔다면, 이 지도를 통해 세금 감면에 대한 여러분의 주장도 먹힐 것이다.

만약 여러분에게 부과된 세금이 이웃보다 많다면, 여러분의 주택과 두 번째로 많은 세금이 부과된 주택을 비교함으로써 청원을 끌고 나갈 수도 있다.

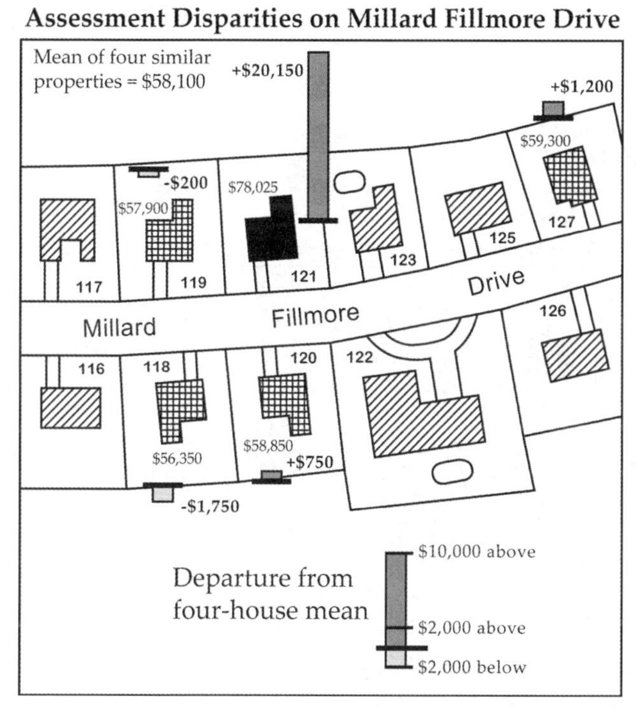

그림 7.6. 해당 주택의 평가액과 동일한 근린 내의 유사한 주택의 평가액 간의 차이를 표현한 지도

이번에는 대지의 위치, 주소, 평가액만 나타낸 단순한 지도를 사용하자. 그림 7.7에서 보듯이 지도의 기호와 라벨을 이용해 여러분이 근린의 평가액을 잘 파악하고 있다는 사실과 여러분의 문제 제기가 합리적이라는 사실을 위원들에게 보여 주어야 한다. 다음으로는 여러분의 집이 외형, 규모, 어메니티 측면에서 두 번째로 높게 평가된 집보다 훨씬 더 수수하다는 사실을 증명할 만한 사진이나 도표를 제시한다. 만약 평가사가 무턱대고 '신입주자에게 과당 과세'를 한 것이 사실이라면, 여러분이 제시한 증거들은 여러분이 이 사안에 대해 충분히 잘 준비가 되어 있으므로, 평가액 조정이 이루어지지 않을 경우 위원회를 몹시 난처하게 만들 수 있다는 메시지를 분명하게 전달할 것이다. 여러분이 위원회를 너무 구석으로 몰지만 않는다면, 대부분 세액 감면이 이루어질 것이다.

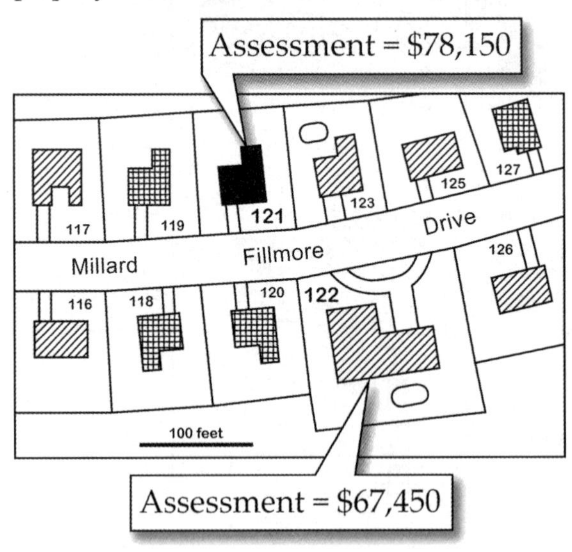

그림 7.7. 해당 주택이 근린 내에서 가장 높은 세금을 낼 이유가 없다는 점을 입증하는 지도

이 장의 논조가 다소 냉소적으로 들렸을지도 모르겠다. 그러나 나의 의도는 일부 사람들의 지도 이용 방법에 대해 약간의 회의를 품으라는 것일 뿐 지도 일반에 대해 냉소적인 태도를 가지라는 것이 결코 아니다. 식견 있는 시민이라면 경관과 환경에 상당한 변화를 야기하는 다양한 계획서들을 제대로 평가할 수 있어야 한다. 지도학적 조작을 이해하는 것이 바로 이러한 식견 있는 시민의 필수적인 자격 요건임을 반드시 기억해야 한다. 지도는 실제(혹은 미래의 실제)에 대한 특정한 관점을 반영한다. 따라서 모든 관점은 다양한 관점 중 하나에 불과하며, 모든 관점이 반드시 실제에 대한 타당한 근사를 제공하는 것도 아니라는 사실을 반드시 명심해야 한다. 이것이 지도를 바라볼 때마다 견지해야 하는 가장 중요한 태도이다.

··역자 주

1. 좀 더 자세히 설명하면, 땅을 분할해 여러 개의 지구(zone)로 만들고 각각의 지구에 특정한 용도 범주(zoning category) 혹은 지목(地目)을 지정하는 제도이다. 예를 들어, 어떤 땅이 택지로 용도 지정되면 그곳에는 상업 시설이 들어설 수 없다. 상업 시설로 개발하려면 우선 땅의 용도 변경부터 추진해야 한다.
2. 수도, 전기, 가스, 상하수도 등의 인프라를 유틸리티라고 부르며, 그것이 대지 내 건물에 연결되는 방식을 의미한다.
3. 미국 연방 정부가 재산세 감소분을 벌충해 주기 위해 지방 정부에게 지불하는 지원금으로, 지방 정부 역내에 세금 부과가 불가능한 연방 정부 소유의 토지가 존재하기 때문에 발생한다.
4. 단순히 생활 편의 시설을 의미하기도 하지만, 최근에는 인간에게 신체적 쾌적감과 정서적 만족감을 선사하는, 도시나 지역의 다양한 환경적 조건을 의미하는 것으로 확대되고 있다.

8장

정치 선전 지도

Maps for Political Propaganda

유능한 정치 선전가는 지도를 조작해 여론을 형성하는 방법을 알고 있다. 정치적 설득의 많은 부분이 지도를 이용하면 손쉽게 표현되는 다양한 지리적 현상들과 결부되어 있다. 예컨대, 영토 주장, 국적, 국가적 자긍심, 국경, 전략적 요충지, 정복, 침공, 부대 이동, 방어, 영향권, 지역 불균등과 같은 것들이다. 정치 선전가는 자신에게 유리한 사항은 강조하고 불리한 정보는 억제함으로써, 그리고 자극적이고 극적인 기호를 사용함으로써 자신이 원하는 지도 메시지를 만들어 낸다. 사람들은 지도를 신뢰한다. 또한 사람들은 흥미를 불러일으키는 지도에 눈길을 줄 뿐만 아니라 권위도 부여한다. 순진한 시민들은 사실의 편향적 선택, 보다 극악한 경우, 기만적인 선택에 기반해 만들어진 지도를 진실을 말하는 지도로 순순히 받아들인다.

정치 선전가, 광고주, 부동산 개발업자, 이 세 사람 모두 지도를 통한 여론 조작을 일삼는다. 그런데 정치 선전가의 목표는 광고주나 부동산 개발업자의 목표와는 다르다. 광고주와 정치 선전가 모두 수요를 창출하려 하지만, 광고주는 상품이나 서비스를 팔려 하지 이념을 팔려 하지는 않는다. 이 둘은 대중의 반감을 낮추려 하고 모호한 혹은 손상된 이미지를 개선하려 한다. 그러나 광고주는 상업적이고 금전적인 목적을 가지고 있는 반면, 정치 선전가는 외교적이고 전략적인 목적을 가지고 있다. 부동산 개발업자와 정치 선전가는 둘 다 승인이나 허락을 갈구한다. 그러나 개발업자는 대개 거주민이 없는 훨씬 작은 영토에 관심을 가지며, 상대방의 공식적인 인가 없이 일방적으로 활동을 전개하는 경우는 거의 없다. 부동산 개발업자와 정치 선전가 모두 반대자와 맞닥뜨릴 수밖에 없다. 그러나 개발업자는 보통 근처 부동산의 소유자나 환경 운동가 또는 역사 보전주의자들과 대치하지만, 정치 선전가는 소수 민족, 국가, 국가 동맹체, 반대 이념(다른 말로, 상당한 보편성을 확보한 선악의 기준)과 대치한다. 선전 지도(propaganda map)의 범위는 보통 국가 내 지방 수준이 아니라 지구 전체나 대륙 수준인 경우가 많기 때문에 정치 선전가가 지도의 투영법이나 구성을 조작함으로써 진실 왜곡을 자행할 가능성이 광고주나 부동산 개발업자에 비해 훨씬 더 높다.

이 장에서는 정치 선전의 도구로서 지도가 가지는 무궁무진한 역할에 대해 다룬다. 첫째로는 지도가 정치적 아이콘(권력, 권위, 국가 통합의 상징)으로서 어떻게 기능하는지를 살펴본다. 둘째로는 투영법이 국가와 지역의 면적이나 상대적 중요성을 어떻게 확대하고 축소하는지, 그리고 어떻게 투영법 자체가 지도학적으로 억압받는 지역에 활로를 제공할 수 있는지를 설명한다. 셋째로는 나치 선전가들이 자행한 지도 조작에 대해 알아본다. 그들은 제2차 세계 대전 이전의 독일의 확장 정책을 정당화하고 미국을 중립 상태로 묶어두기 위해 지도를 부지런히 활용했다. 마지막으로는 지도학적 선전가들이 즐겨 사용하는 화살표, 폭탄, 동심원, 지명과 같은 몇 가지 기호에 관해 집중적으로 다룬다.

크고 작은 지도학적 아이콘: 권력과 국가의 상징으로서의 지도

지도는 국가에 대한 완벽한 상징이다. 과거로 돌아가 여러분이 대공국의 영주라고 하자. 그런데 여러분의 영토가 활력을 잃어 점점 쇠락의 길을 걷고 있고, 변경(邊境)도 허술해지기만 한다. 지도학적 마법을 부려 보자. 종이 한 장을 꺼내 들고 그 위에 도시, 도로, 지형 같은 것들을 잔뜩 그려 넣는다. 그것들 주변에 여러분이 원하는 만큼의 영역에 대해 굵고 뚜렷한 경계선를 그려 넣는다. 그 영역 속을 색깔로 채워 넣고는, '○○ 공화국'이라는 이름을 써넣는다. 준비는 다 끝났다. 마술사처럼 지도에 기합을 불어넣는다. "얍!" 자 이제 여러분은 새로운 자주 독립국의 지도자가 되었다. 누군가 미심쩍어 하면 지도를 보여 주기만 하면 된다. 여러분의 새로운 국가는 단순히 종이 위에 존재하는 것이 아니라 지도 위에 존재하는 것이다. 따라서 그것은 실제일 수밖에 없다. 오늘날의 여러분도 군주가 되고 싶다면 그래픽 소프트웨어를 이용해 똑같은 짓을 하면 된다.

만약 국가의 상징으로서 지도라는 이 같은 개념이 너무 황당하다면, 16세기 후반 영국과 프랑스에서 제작된 국가 지도첩들을 살펴보라.■1 영국의 엘리자베스 1세는 크리스토퍼 색스턴(Christopher Saxton)에게 잉글랜드와 웨일스에 대한 범국가적 지형 조사를 수행해 정교하고 손으로 채색한 지도첩을 발간하게 했다. 이 지도첩은 왕국 통치를 위한 유용한 정보를 제공하는 것 이외에도, 영국의 여러 카운티 지도들을 한데 묶고, 엘리자베스 여왕 치세의 국가적 통일성을 확고히 하는 데 일익을 담당했다. 이 지도책의 표지 그림(그림 8.1의 왼쪽)은 현란한 장식이 돋보이는 판화이다. 다양한 상징이 어우러져 여왕을 지리학과 천문학의 후원자로 각인시켜 주고 있다. 십 수년이 지난 후, 프랑스의 앙리 4세는 자신이 이룩한 왕국의 재통일을 자축하고자 서적상 모리스 부게로(Maurice Bouguereau)에게 영국의 지도책과 같이 세밀하고 장식이 많이 들어간 지도첩을 만들도록 했다. 색스턴의 지도와 마찬가지로 『프랑수아의 무대(Le théâtre françoys)』(그림 8.1의 오른쪽)에는 왕과 왕국의 영광을 나타내는 인상적인 판화가 들어 있다. 이 두 지도첩에는 지리적 세부 사항을 담고 있는 여러 장의 지역도와 국가적 통일성을 강조하는 한 장의 국가 전체 개관도가 실려 있다.

제2차 세계 대전 이후 무수히 많은 신흥 독립 국가들이 독립의 상징으로 국가 지도첩을 만들어 냈다. 서유럽과 북아메리카의 몇몇 국가들은 이보다 훨씬 앞선 19세기 후반과 20세기 초반에 정부 주도의 국가 지도첩을 출간했다. 그렇지만 이들 대부분은 참고 서적이거나 과학적 성취의 상징으로만 여겨졌다. 그런데 1940년부터 1980년 사이 국가 지도첩의 수가 20개 미만에서 80개 이상으로 크게 늘어났다. 이것은 신흥 독립국들이 지도를 경제 발전과 정치적 주체성을 나타내는 도구로 이용했기 때문이다. 국가와 관련해 지도와 지

그림 8.1. 국가적 상징물로서 지도와 지도첩의 도상적 중요성을 반영하는 판화들로, 왼쪽은 1579년 크리스토퍼 색스턴의 『잉글랜드와 웨일스 아틀라스』이고, 오른쪽은 1594년 모리스 부게로의 『프랑수아의 무대』이다.

도첩은 이러한 두 가지 역할을 동시에 수행한다.

신흥 독립국들이 독립을 공고히 하기 위해 앞다투어 지도를 활용한 것은 아마도 자신들을 지배한 제국주의 국가들이 영토 정복, 경제 수탈, 문화적 제국주의 등을 합리화하기 위한 지적 도구로 지도를 적극적으로 활용했기 때문일 것이다. 지도는 유럽 제국들이 아프리카 대륙과 같은 '이교도'의 땅을 분할하고, 영토와 자원을 수탈하고, 고유의 사회정치적 구조를 무력화하는 데 일익을 담당했다. 지리적 지식은 곧바로 권력이었으며, 탐험가의 조잡한 지도도 상반된 주장을 하는 국가들 사이의 협정에서 사용되었다. 외교관이나 군인이 만든 지도가 정치적 실제가 된다는 사실은 '펜은 칼보다 강하다'는 격언을 떠올리게 하는데, 의도치 않은 아이러니가 느껴진다.

지도가 국가적 상징이며 지적인 무기라는 사실을 영토 분쟁만큼 명확하게 보여 주는 경우는 없다. A 국가와 B 국가가 공히 영토 C에 대한 주권을 주장하게 되면, 대개 지도학적으로 전쟁을 벌이게 된다. 수십 년 전 A 국가가 B 국가를 굴복시켜 현재 영토 C를 차지하고 있다고 하자. A는 자신의 지도 속에 당연히 C를 편입시켜 놓겠지만, 지명은 잘 드러나지 않게 할 것이다. 그래도 C 지명이 드러나는 경우가 있다면, C가 아닌 다른 지방이나 C 지방의 하위 지역에 라벨을 다는 경우일 뿐이다. B 국가가 자신의 패배를 매우 억울하게 생각한다면, 자신들의 지도에 C를 분쟁 지역으로 표시할 것이다. A 국가의 지도와는 달리 B 국가의 지도에는 C의 지명이 항상 붙어 있다. 만약 B 국가가 자신의 전력에 확신을 가지거나 A 국가가 내부 분열로 약화되었다고 믿는다면, B 국가는 C를 자신의 영토에 편입함으로써 보다 용감하게 정치적 실제를 부인하고 나설 것이다.

중립적인 국가들은 매우 얇은 지도학적 선 위를 아슬아슬하게 걷는다. C에 대한 A의 점유를 나타내기 위해 분쟁 지역에 색을 칠하거나 음영으로 표시한다. 아주 작은 활자로 B의 주장을 나타내는 글귀를 포함시키기도 한다. 만약

A 국가와 B 국가가 C를 다른 이름으로 부른다면, A의 지명이 표시되고 B의 지명은 괄호 안에 표시된다(비록 B에 의한 재탈환 가능성이 매우 낮다고 하더라도 지도 제작자는 자신의 확률 계산을 드러내지 않는다). 하지만 지도학적 중립은 쉽지 않다. 간혹 B 국가의 세관 관리가 A의 C에 대한 지배를 문제 삼지 않은 서적에 대해 금수 조치를 내리기도 한다. A 국가의 C에 대한 지배가 보다 확고하다면, A의 검열관은 보다 관대해질 것이다.

인도, 파키스탄, 중국 사이에 있는 잠무 카슈미르(Jammu-Kashmir) 분쟁 지역의 예를 살펴보자. 인도와 파키스탄은 한때 독립 군주국이었던 카슈미르에 대해 공히 영유권을 주장했고, 1965년 8월 전쟁에 돌입했다. 미국 국무성 지도인 그림 8.2에는 1965년 가을의 휴전선이 나타나 있다. 카슈미르 북서부는 파키스탄의 영토로, 남부는 인도의 영토로 표시되어 있다(카슈미르 북동부는 중국이 차지했다). 하지만 인도와 파키스탄의 공식 관광 지도에는 정치적 현실을 도외시하는 듯한 내용이 담겨 있다. 파키스탄의 지도는 카슈미르

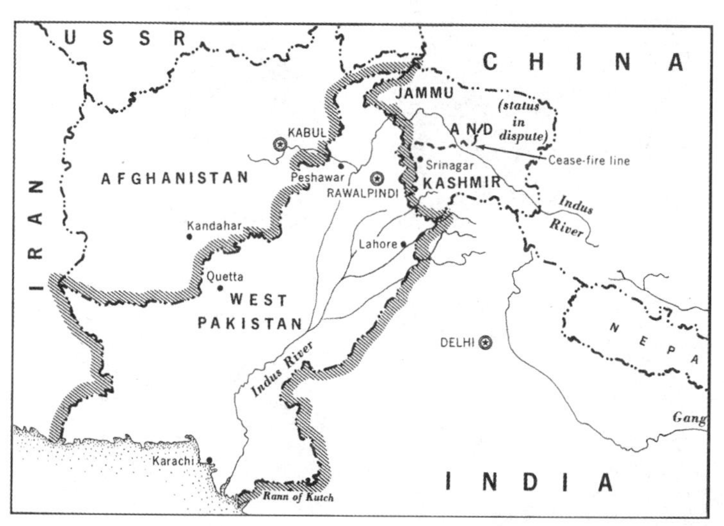

그림 8.2. 1965년 미국 정부가 발간한 『파키스탄의 지역 안내서(Area Handbook of Pakistan)』에 실린 인도-파키스탄 국경과 잠무 카슈미르 분쟁 지역

를 파키스탄에 포함시키고 있고, 인도의 지도는 분쟁 지역 전체를 인도에 포함시키고 있다. 영국과 미국의 지도첩은 일곱 개의 세부 지역에 대해 개별적인 주석을 달아 이 문제를 해결하고자 한다. 즉, 전체 분쟁 지역을 인도가 영유권을 주장하지만 파키스탄이 점유하고 있는 지역, 파키스탄이 영유권을 주장하지만 인도가 점유하고 있는 지역, 인도와 파키스탄 공히 영유권을 주장하지만 중국이 점유하고 있는 세 지역, 인도가 영유권을 주장하지만 중국이 점유하고 있는 지역, 중국이 영유권을 주장하지만 인도가 점유하고 있는 지역 등으로 세분화해 나타낸다. 수년에 걸쳐, 남아시아 지지서를 출간한 출판사들이 동일한 서적을 인도와 파키스탄에 동시에 수출하려 할 때 많은 어려움을 겪었다.

한편 우표에 그려진 아주 작은 지도도 정치적 선전의 도구가 될 수 있다. 우표 속 지도는 영유권 주장에서 작지만, 다방면의 역할을 한다. 국내 우편에서

그림 8.3. 아르헨티나 우표에 나타난 교묘한 지도학적 선전(그렇게 교묘하지 않은 것도 포함함)

는 국민의 염원을 이어 나가는 데 일익을 담당하고, 국제 우편에서는 국가적 단합과 확고한 의지를 표출하는 데 쓰인다. 그림 8.3에 나타난 것처럼, 아르헨티나의 우표는 자국의 영토가 동쪽으로는 포클랜드 제도와 영국이 점령한 섬들까지, 남쪽으로는 남극 대륙의 일부에까지 이른다고 선전하고 있다. 아르헨티나의 모든 공식 지도와 마찬가지로 이들 우표도 '말비나 제도'라는 에스파냐어 지명을 붙이면서 영국의 포클랜드 제도 점유에 항의하고 있다. 이처럼 지도를 담은 우표는 신생국이나 야심찬 개혁 운동의 선전 도구로 유용하게 사용될 수 있다.

면적, 동정심, 위협, 중요성

선전 지도는 어떤 경우에는 특정 국가나 지역을 크고 중요하게 나타내고자 하고, 또 어떤 경우에는 작고 위협에 직면한 것처럼 나타내고자 한다. 전자의 경우, 지도는 공정성을 호소하는 데 도움을 준다. 즉, 제3세계는 넓기 때문에 세계 자원의 상당 부분을 소비할 권리가 있고, 유네스코(UNESCO)와 같은 국제기구에서 보다 큰 영향력을 행사해야 하며, 서구 세계나 선진 공산 국가로부터 더 많은 관심과 개발 자금을 지원받아 마땅하다는 것이다. 후자의 경우, 지도는 작은 국가에 대한 큰 국가와 국가 집단의 위협을 극적으로 표현할 수 있다. 예를 들어, 그림 8.4는 아주 작은 이스라엘과 주변의 거대한 석유 부국인 아랍권 간에 벌어지고 있는 다윗과 골리앗의 대결 양상을 지도를 통해 보여 준다. 그러나 지도에 나타난 지리적 사실이 정확하다 해도 영토 면적만을 비교하는 이 지도는 이스라엘의 선진 기술, 첨단의 군사적 방비, 미국 및 다른 서방 국가들과의 동맹 등에 관해서는 아무것도 말해 주지 않는다.

어떤 도법은 작은 지역은 크게, 큰 지역은 더 크게 보여 줌으로써 정치 선전가를 돕기도 한다. 16세기 지도첩 편집인이며 지도학자인 헤라르뒤스 메르카

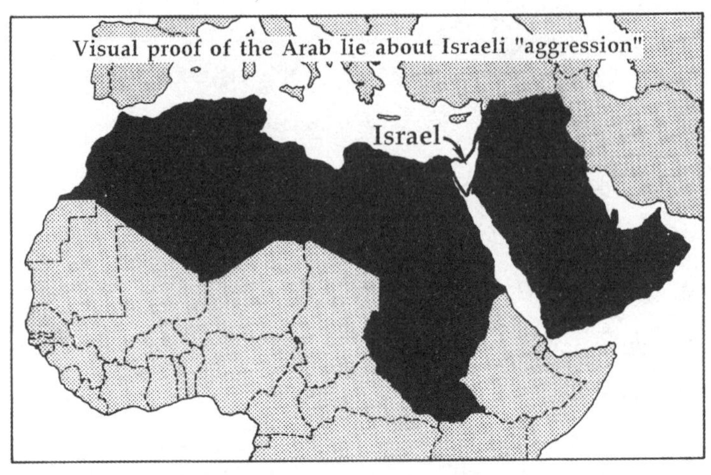

그림 8.4. 아랍 국가들로 포위된 이스라엘을 표현한 지도. 이 지도는 1973년 전쟁 기간에 캐나다 유대인 국가 기금(Jewish National Fund of Canada)이 발행한 지도를 다시 그린 것이다.

토르(Gerardus Mercator)가 고안한 도법보다 면적을 왜곡하는 데 더 많이 이바지한 도법은 없다. 항해자를 돕기 위해 특별히 고안된 메르카토르 도법은 극으로 갈수록 면적이 지나치게 확대되지만, 직선은 **등각항로** 혹은 **항정선**(고정 방향을 나타내는 선)을 나타낸다[만일 항해자의 나침반이 자북이 아니라 진북을 나타낸다면, 항정선을 고정 나침반 방향(constant compass direction)이라고 부를 수 있다]. 그림 8.5에 나타난 것처럼, 항해자는 출발지 A와 도착지 B를 연결하는 직선을 긋고, 자오선과 항정선이 이루는 각도 세타(θ)를 읽어 항로를 찾는다. A에서 이 방향을 따라 계속 항해하면 B에 도착하게 된다. 이러한 항로 설정의 편이성 때문에 거리가 더 짧은 대권을 포기하고, 극 방향으로 갈수록 심해지는 면적 왜곡을 감수하는 것이다. 메르카토르 도법의 지도에는 북극권이나 남극권이 거의 나타나지 않는데, 극이 적도로부터 무한히 떨어져 있기 때문이다.■2 빙산을 경계해야 하는 항해자들은 수세기 동안 극지방의 바다를 피해 왔기 때문에 메르카토르 도법의 지나친 면적 확대를 단지 작은 결점 정도로 보았다. 그런데 수 세기에 걸쳐 '공산주의의 위협(red

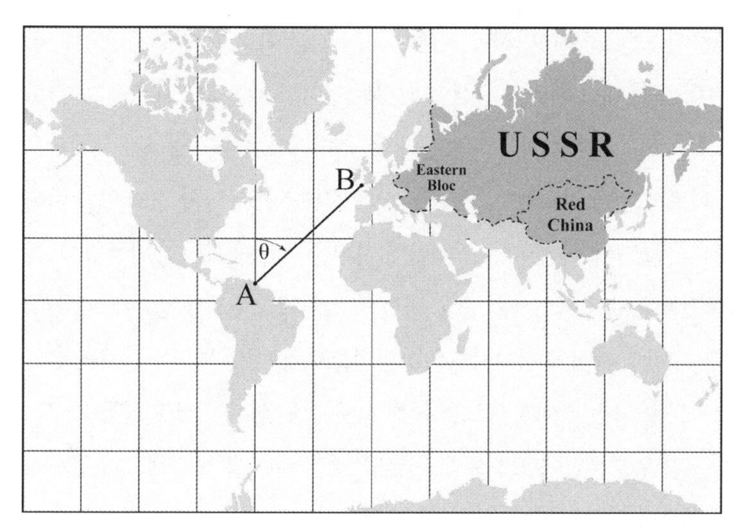

그림 8.5. A에서 B까지의 항정선 방위각 세타와 중국, 특히 구소련의 면적 확대를 나타내는 메르카토르 도법의 세계 지도. 항해자를 돕기 위해 고안된 메르카토르 도법은 공산주의의 위협을 과장하려는 정치 선전가에 의해 이용되기도 한다.

menace)'을 경고해 온 존버치협회(John Birch Society)■3와 다른 정치 집단들은 오히려 중국과 러시아가 상대적으로 크게 나타나는 메르카토르 도법을 선호했다. 도발적인 의미의 진한 붉은색으로 두 나라를 채색까지 하면, 그들의 메시지를 전달할 더 좋은 세계 지도는 없었다.

면적 왜곡이 없는 정적도법(그림 2.5와 그림 2.6 참조)의 역사가 일천한 것이 아니다. 최소한 요한 하인리히 람베르트(Johann Heinrich Lambert)가 그의 고전 『수학의 사용과 그 적용에 관한 연구(Beiträge zum Gebrauche der Mathematik und deren Anwendung)』를 발간한 1772년 이후에는 정적도법으로 세계 지도를 만드는 것이 가능했다. 그러나 메르카토르 도법은 오랜 세월 동안 세상을 재현하는 지리적 프레임워크 역할을 했다. 19세기와 20세기 초에는 수많은 교실의 벽걸이용 세계 지도의 지배적인 투영법이었고, 그 뒤에는 텔레비전 뉴스나 공식 회견장의 뒷배경을 장식하는 세계 지도의 투영법으로도 널리 사용되었다. 또한 최근 대화형 온라인 지도의 급격한 성장과 함께 메르카토르 도법이 다시 인기를 끌고 있기도 하다(14장 참조). 항해, 탐험, 시간대 등에 대한 지나친 관심 탓인지는 몰라도, 메르카토르 도법에 경도된 지도학적으로 근시안적인 교육자나 무대 디자이너들이 왜곡된 세계관을 만방에 퍼트리는 데 일조했다. 즉, 캐나다와 시베리아는 말할 것도 없이 서유럽이나 미국을 크게 나타내기 위해 열대 지역을 하찮게 보이게 만들었다. 특히, 영국인들은 본초자오선을 중앙 경선으로 놓고 오스트레일리아, 캐나다, 남아프리카 등이 세상에 펼쳐지도록 표현함으로써, 대영 제국을 돋보이게 그린 메르카토르 도법의 세계 지도를 특히 사랑했다. 심지어 어떤 영국 지도는 지도의 왼편과 오른편에 오스트레일리아와 뉴질랜드를 반복적으로 등장시켜 대영 제국의 위용을 좀더 과장되게 표현하기도 했다.

이러한 미묘하고도 어쩌면 무의식 수준에서 발생하는 지정학적 선전이 누군가의 이익을 위해 허수아비 구실을 한 사건이 발생했다. 1970년대 초반, 독일의 역사학자 아르노 페터스(Arno Peters)는 1855년 스코틀랜드의 목사 제임스 골(Reverend James Gall)이 만든 것과 매우 유사한 정적도법을 고안하고 그것에 따른 '새로운' 세계 지도를 발간했다.■4 그런데 이 골-페터스 도법에서는 형태의 왜곡이 극심하다(그림 8.6). 저위도에서는 대륙들이 다소 야윈, 길쭉하게 늘어진 모습을 보인다. 아마도 이러한 단점 때문에 대부분의 지리학자와 지도학자는 골-패터스 도법 대신 보다 타당성이 높은 다른 정적도법을 채택하고 있다. 또한 페터스가 투영법을 고안할 당시 참조했던 기초 지도 투영법 서적에 왜 골 도법이 기술되어 있지 않았는지를 설명해 주기도 한다. 람베르트를 비롯한 많은 지도학자가 수많은 종류의 정적도법을 개발했으며, 그중 많은 것이 골-페터스 도법보다 형태 왜곡이 훨씬 덜하다.■5

그러나 페터스 박사는 대중을 이용하는 방법을 잘 알고 있었다. 페터스는 정치 선전으로 박사 학위를 받은 역사학자이자 저널리스트였다. 그는 기자회견을 자청해 메르카토르의 세계관을 직격하고[모든 비장방형(nonrectan-

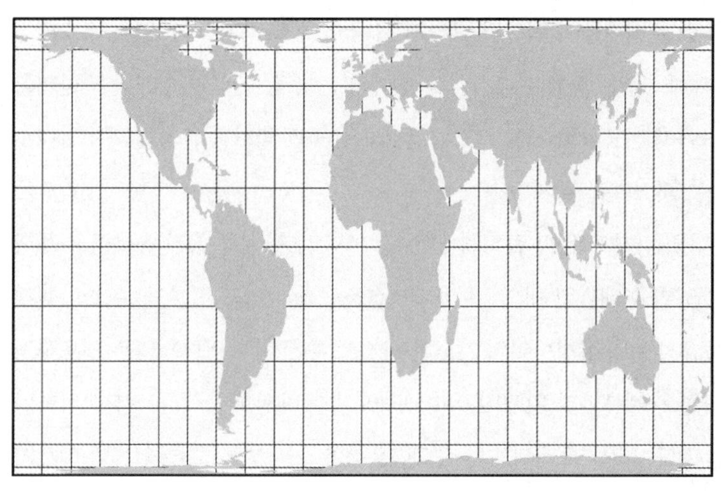

그림 8.6. 페터스 도법으로 그린 세계 지도. 엄밀히 말하면 페터스 도법이 아니고 골-페터스 도법이다.

gular) 도법도 비난했다], 자신의 투영법이 '면적의 충실도(fidelity of area)' 면에서 탁월할 뿐만 아니라, 지구에 대한 보다 정확하고, 보다 평등주의에 입각한 재현이라고 선전했다. 페터스는 메르카토르 도법이 제3세계 국가에 대한 무시적 시각을 반영한다고 지적하고, 지도학 발달의 정체에 대해서도 맹비난했다. 페터스의 주장은 세계교회위원회(the World Council of Churches), 미국루터교회(the Lutheran Church of America), 그리고 다양한 국제연합 산하 기구들로부터 공감을 끌어내는 데 성공했다. 종교 단체와 국제 개발 기구들은 페터스와 그가 공언한 공정성과 정확성을 약속한 '새로운 지도학(new cartography)'을 열렬히 환영했다. 그들은 크고 작은 크기의 페터스 도법 세계 지도를 출간했고, 사무실 벽에 걸어 두었으며, 언론 배포물 및 출판물에서 사용했다. 대개 저널리스트들은 약자를 옹호하고 싸움을 부추기는 걸 좋아하는 속성을 가지고 있기 때문에 신문은 반복적으로 페터스의 주장을 실었으며, 그가 개최한 행사의 성공을 앞다투어 보도했다. 그러나 전문 지도학자들은 이에 대해 당혹감과 동시에 분노를 느꼈다. 그토록 유명하고 존경받는 기구들과 언론 매체들이 어쩌면 그렇게 쉽게 속고 또 무지할 수 있는지에 대해 당혹감을 느꼈다. 또한 페터스의 터무니 없는 주장을 그렇게 계속 되풀이할 뿐만 아니라 지도학의 저작, 업적, 그리고 유구한 역사를 그처럼 막무가내로 부정하는 것에 분노했다.

모든 지도학자가 유머 감각이 없는 건 아니었다. 여러 가지 유용하고 독창적인 투영법을 개발한 바 있는 미국지질조사국의 지도 전문가 존 스나이더(John Snyder)는 정적도법의 지도가 반드시 좋은 지도는 아니라는 지도학자들의 반론을 예증하기 위해 새로운 정적도법을 제안했다. 그림 8.7에 나타난 것처럼 스나이더의 모래시계 정적도법은 페터스 도법은 할 수 있지만 메르카토르 도법은 할 수 없는, 바로 면적을 보전하는 일을 한다. 스나이더의 지도는 면적의 충실도가 형태의 충실도를 엄청나게 훼손한다는 사실을 극적인 방식으로 보여 준다.

아이러니한 것은 제3세계 문제에 민감한 유네스코와 다른 기구들이 페터스의 허풍에 굴복해 엉터리 도법을 충실하게 변호함으로써 엄청나게 큰 잠재적인 선전 기회를 놓치고 말았다는 점이다. 이 기구들은 "인간에 관한 지도는

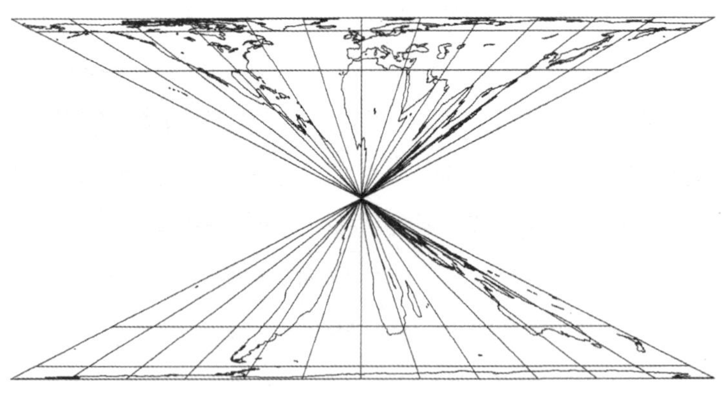

그림 8.7. 모든 정적도법과 마찬가지로, 웃자고 만든 존 스나이더의 모래시계 정적도법도 면적의 충실도는 가졌지만, 형태의 왜곡은 극심하다.

면적을 정확히 나타내야 한다."는 모호하기 그지없는 가정을 무비판적으로 수용함으로써 자신들의 지도학적 순진무구를 만천하에 드러냈을 뿐만 아니라, 일부 제3세계 국가의 인구가 실제로 엄청나게 많다는 사실을 제대로 부각할 수 있는 보다 인본주의적 유형의 투영법을 스스로 걷어차 버리는 실수를 범했다. 만약 그들이 인구 크기에 비례해 국가의 크기를 다르게 표현하는 인구 기본도 혹은 카토그램을 지지했더라면(그림 2.10 참조), 언론을 통한 그들의 선전이 얼마나 더 많은 신뢰감을 심어 줄 수 있었을까? 실제로 역형 카토그램은 페터스의 지도에 비해 중국, 인도, 인도네시아의 중요성을 부각하고, 캐나다, 미국, 소련 등 비교적 인구밀도가 낮은 국가들의 인구는 그리 중요하지 않다는 사실을 설명하는 데 훨씬 더 효과적이었을 것이다. 그런데 유네스코와 세계교회위원회의 지도자들이 페터스의 도법을 선호한 데는 아마도 보다 미묘한 내부적 연유가 있었던 것 같다. 페터스의 도법에서는 인구밀도가 낮거나 보통인 아프리카, 라틴아메리카, 중동이 비교적 크게 나타난다. 실제로 냉소적인 사람들은 유네스코 내의 아프리카 외교관들의 영향력이나 라틴아메리카와 중앙아프리카에 집중한 세계교회위원회의 선교 활동에 의심의 시선을 보내기도 한다.

선전 지도와 역사: 설명과 정당화의 수단

선전 지도학(propaganda cartography)도 지도 그 자체만큼이나 긴 역사를 가진다. 그렇지만 여기서는 비교적 최근의 예를 살펴보려고 하는데, 1933년부터 1945년까지 독일을 지배한 나치 집단에 대한 것이다. 역사상 나치만큼 그렇게 노골적으로, 그렇게 극렬하게, 그렇게 집요하게, 그렇게 다양한 방식으로 지도를 지적 무기로 활용한 집단은 없었다. 유독 미국을 겨냥했던 나치의 선전은 선택적이고 왜곡된 역사관을 살포했다. 구체적인 의도는 독일에 대한 동정심을 유발하고, 영국과 프랑스에 대한 지원을 차단하고, 추축국[6] 이 유럽을 정복할 때까지만이라도 미국이 제2차 세계 대전에 참전하지 않도록 하는 것이었다. 이 절에서 다룰 예들은 미국 뉴욕 소재의 독일 정보 도서관(German Library of Information)이 1939년, 1940년, 1941년에 간행한 시사 주간지 『팩트 인 리뷰(Facts in Review)』에서 발췌한 것들이다.[7]

나치의 지도학적 선전은 대개 독일의 굴욕적인 제1차 세계 대전 패배와 관련한 동정심 유발 테마로 이루어진다. 물론 패전이 결국 심각한 경제 침체로 이어졌고, 이것이 국가 사회주의가 권력을 잡는 계기가 되었다. 1914년과 1939년의 독일의 곤경 상태를 비교한 그림 8.8은 끊임없이 반영국(anti-British) 정서를 부채질하고 있다. 이 두 지도는 1939년 12월 8일자 『팩트 인 리뷰』의 표지를 장식했다. 1914년 지도의 캡션에는 "영국의 성공적인 식량 봉쇄(Hunger-blockade)의 근간이 된" 봉쇄 정책을 언급하고 있다. 반면에 1939년 지도의 캡션에는 영국의 새로운 봉쇄 정책 시도의 실패에 대한 은근한 암시와 "동쪽과 남동쪽으로 산업 및 경제 협력의 길이 열려 있다."는 확신에 찬 주장이 나타나 있다. 그런데 1939년 지도를 자세히 살펴보면, 당시 독일의 주요 동맹국인 무솔리니의 이탈리아와 스탈린의 러시아에 스위스를 비롯한 '중립국들'을 은근슬쩍 한 편인양 묶어 놓았음을 알 수 있다.

1941년 초반에 발간된 다른 지도를 보면 영국에 대항하기 위해 독일이 왜 프랑스, 벨기에, 네덜란드를 향해 서진해야만 하는지에 대한 설명과 정당화가 나타나 있다. 이 목적을 달성하기 위해 1914년 당시의 독일의 전략적 불리함과 1940년의 보다 호전된 상황을 비교한다. 그림 8.9에는 1914~1918년 영국에 의해 북해에서 '완전 봉쇄된' 독일 해군과 1940년 '대서양으로의 진출을 돌파해 낸' 독일 해군을 비교하고 있다. 당시까지 히틀러는 스탈린과 우호적인 관계를 유지하고 있었다. 이 지도의 캡션은 독일이 1914년에는 2개의 전선에서, 나중에는 3개의 전선에서 전투를 치러야 했지만, "오늘날 그러한 위

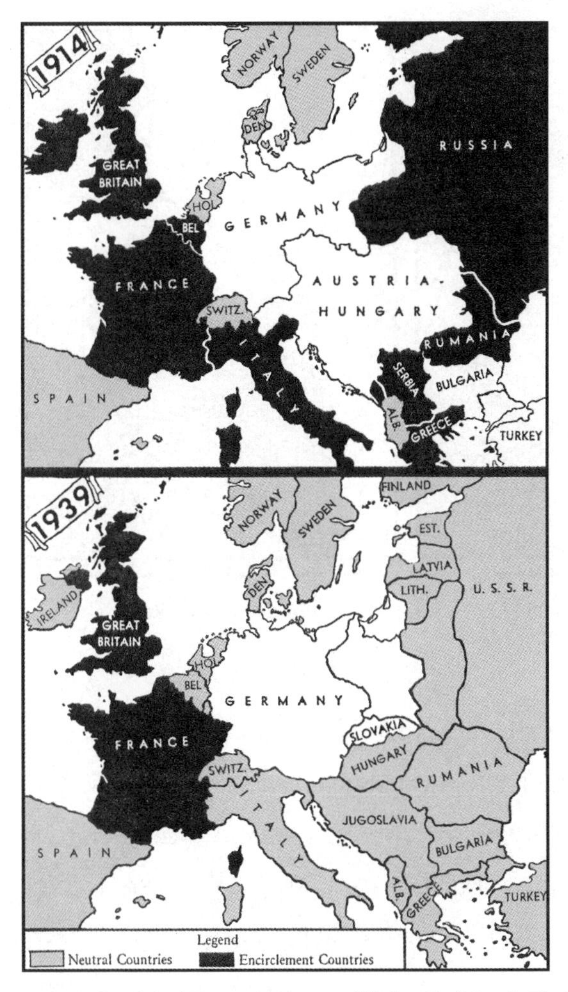

그림 8.8. "그때와 지금! 1914년과 1939년"(『팩트 인 리뷰』, 제1권, 제17호, 1939년 12월 8일, 1쪽)

험은 존재하지 않는다. 영국의 봉쇄 정책은 더 이상 효과가 없고, 대신에 봉쇄하는 측에서 오히려 봉쇄당한 꼴이 되었다."라고 적고 있다. 1914~1918년 지도에 나타나 있는 아크 기호는 봉쇄 정책을 강조하는 것이고, 1940년 지도에 나타나 있는 굵은 화살표 기호는 대서양으로의 자유로운 독일 진출을 극적으로 표현하는 것이다.

1914—1918: German Fleet Bottled Up.

1940: Germany Breaks Through to the Atlantic.

그림 8.9. "지도로 본 전쟁"(『팩트 인 리뷰』, 제3권, 제16호, 1941년 5월 5일, 250쪽)

다른 나치 지도는 영국과는 다른 독일의 처지를 부각함으로써 동정심을 유발하고자 했다. "제국에 대한 연구(A Study in Empires)"라는 제목을 가진 그림 8.10의 지도는 8,700만 명의 독일인이 '살아가야만 하는' 264,300mile²의 터전과 단지 4,600만 명의 국민을 위해 영국이 '빼앗은' 13,320,854mile²의 제국을 비교한다. 이렇게 작은 독일이 어떻게 침략국이 될 수 있을까라고 왼쪽 지도는 반문하고 있다. 반대로 오른쪽 지도에는 세계 육지의 26%를 정복한 영국의 탐욕스러움이 나타나 있다. 지도의 캡션에도 영국에 대한 반감이 고스란히 드러나 있는데, 대영 제국이 "예전의 독일 식민지까지 차지했다."라고 적혀 있다.

『팩트 인 리뷰』에 게재된 또 다른 지도는 독일과 러시아 간의 폴란드 분할을 정당화하려는 의도로 만들어졌다. "폴란드의 과대망상"이라는 제목이 붙은 그림 8.11의 지도에는 독일이 진한 검은색으로 몹시 위축된 모습으로 그

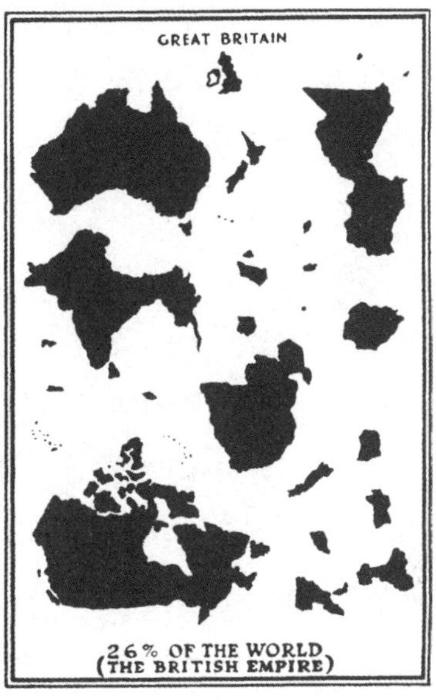

그림 8.10. “제국에 대한 연구”(『팩트 인 리뷰』, 제2권, 제5호, 1940년 2월 5일, 33쪽)

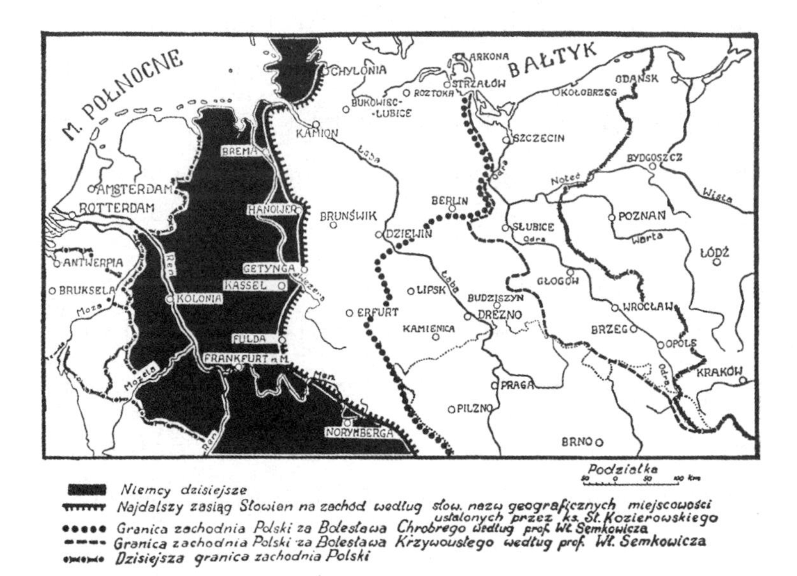

그림 8.11. “폴란드의 과대망상”(『팩트 인 리뷰』, 제2권, 제28호, 1940년 7월 8일, 294쪽)

려져 있다. 격분한 편집자가 "포젠(Posen)의 신문 『포즈난 일보(Dziennik Poznanski)』에 실린 이 지도는 체임벌린(Chamberlain)■8의 '백지 수표'를 받은 후 베저강(Weser River)까지 영토를 확장하려는 폴란드의 망상을 나타낸 것이다."라고 주장했다. 일개 신문의 지도가 국가 정책을 대변한다고 몰아가기에는 무리가 있지만, 그럼에도 불구하고 이 지도는 정치적으로 무지한 사람들에게 1939년 독일의 침공이 자신의 영토를 감히 합병하려 했던 폴란드에 대한 호된 앙갚음이라는 인상을 주기에 충분했다.

지도란 상대방을 나쁜 놈으로 만드는 데도 유용할 뿐만 아니라 스스로를 좋은 놈이라 선전하는 데도 이용된다. "본국 송환: 평화의 조건"이라는 헤드라인 기사와 함께 실린 그림 8.12의 지도에는 발트해 연안 국가들로부터 8만~12만 명에 달하는 독일인들을 송환함으로써 평화의 사도 독일이 이들 국가의 인종 갈등을 감소하는 데 이바지했다는 메시지가 드러나 있다. 『팩트 인 리뷰』는 "독일은 지리와 역사의 실수를 수정하는 데 두려워하지 않는다."라고 자랑스럽게 이야기한다. 이 지도에 나타난 그림 기호는 본국 송환에 극적 효과를 더하고 있다. "독일인들을 제국으로 송환하기 위해" 파견된 배를 타려고 가방을 들고 줄을 서 있는, 자긍심 있고 용감하고 복종심 강한 독일인들이 잘 표현되어 있는 것이다. 동쪽의 구소련 지역은 경직되고 침울한 검은색으로 나타냈고, 남쪽의 독일은 순수하고 희망찬 백색으로 나타냈다.

미국을 중립으로 남아 있게 하고 싶었던 나치 독일은 지도 선전을 통해 고립주의와 먼로주의를 지속적으로 들먹였다.■9 "영향권"이란 제목이 붙은 그림 8.13의 지도는 "유럽에서 손을 떼고 당신의 반구에 머물러라."는 분명한 메시지를 미국인들에게 전달하기 위해 굵은 선형 기호를 사용하고 있다. 많은 학생에게 친숙한 구드 단열 도법(그림 2.6 참조)의 열편 같은 것이 이 지도에도 나타나 있는데, 오른쪽 하단을 보면 독일의 동맹국이었던 일본의 지정학적 영향권이 표시되어 있다. 나치의 지도학적 공세가 얼마나 성공적이었는

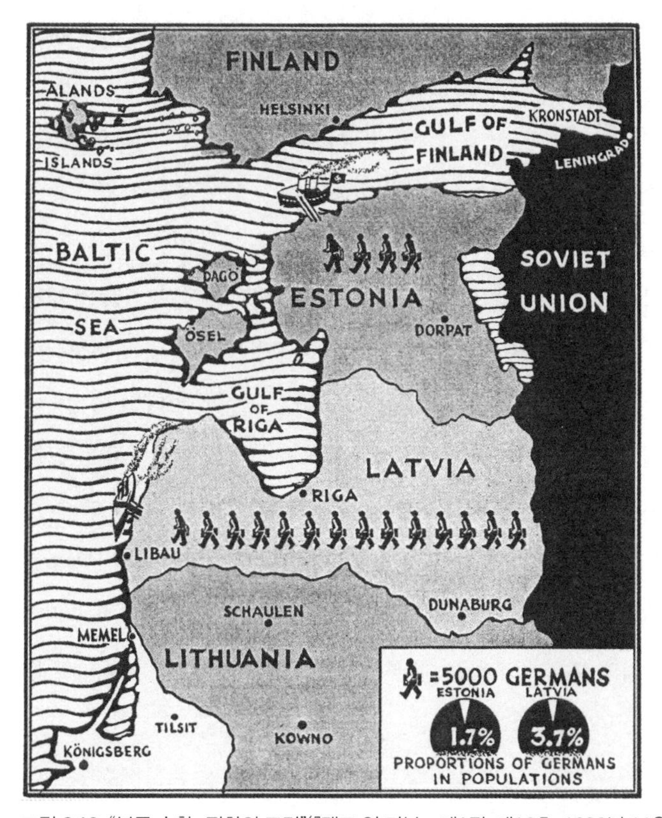

그림 8.12. "본국 송환: 평화의 조건"(『팩트 인 리뷰』, 제1권, 제16호, 1939년 11월 30일, 3쪽)

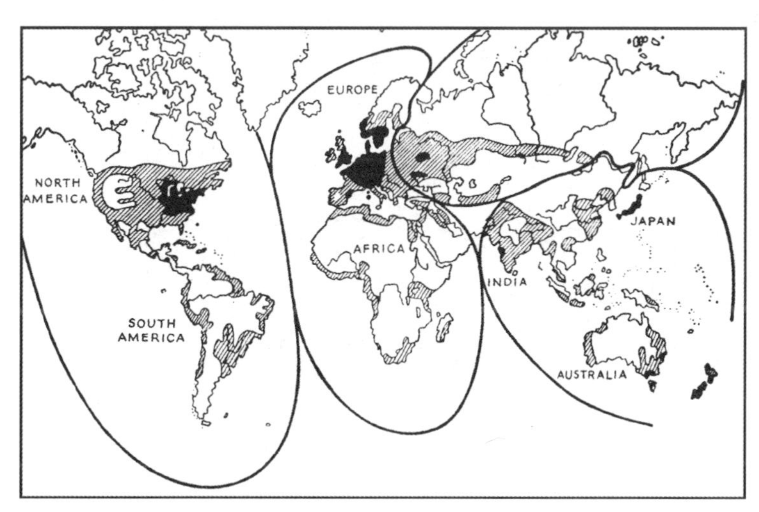

그림 8.13. "영향권"(『팩트 인 리뷰』, 제3권, 제13호, 1941년 4월 10일, 182쪽)

지는 논란의 여지가 있다. 왜냐하면 1941년 12월 8일 일본의 진주만 공격 이후 미국이 영국 편에 서서 전쟁에 참전했기 때문이다.

지도학적 공격 무기: 화살표, 동심원, 지명 등

화살표만큼 강력하고 도발적인 지도 기호는 없다. 지도를 읽는 사람은 지도에 나타난 굵은 실선을 보통 국경으로 인식한다. 국경은 각기 내적 동질성이 강한 두 개의 이웃 국가를 구분하는 명확한 선이다. 그런데 하나의 화살표나 일단의 화살표들은 바로 그 국경을 넘는 침공을 극적으로 표현하거나, 군사적 집결을 과장하거나, 때로는 심지어 '선제공격'을 정당화하기까지 한다. 그림 8.14에 나타난 것처럼, 다양한 군사적 대치 상황을 묘사하기 위해서는 화살표 기호의 크기, 개수, 배열을 달리해야 한다. 총공세와 필사 항전의 강대강 대치에서부터 다양한 형태의 침공 상황들에 이르기까지, 화살표 기호는 필수

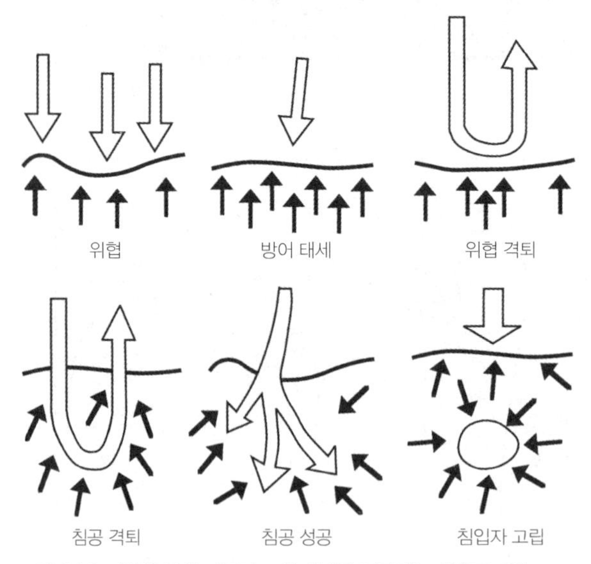

그림 8.14. 다양한 군사 기동과 교착 상태를 나타내는 화살표 기호

도구로 사용된다. 제2차 세계 대전과 한국 전쟁 당시 미국의 신문들은 강력하고도 도발적인 화살표를 이용한 일간 전장 지도를 만들어 연합군의 승리와 패배의 세세한 전황을 독자들에게 전달했다. 그림 8.15에서 보듯이, 짙은 색 화살표와 빼앗긴 점령지를 나타내는 검은색 지역은 진격해 오는 적의 공세를 극적으로 표현하고 있다.

화살표에 비해 덜 추상적인 기호로는 폭탄이나 미사일 기호가 있다. 모든 사람은 그것이 무엇인지 알고 있고, 그것이 야기하는 결과를 두려워한다. 미사일 모양의 기호가 얼마나 길게 배열해 있는지, 섬뜩한 느낌을 주는 붉거나 검은색의 폭탄이 어느 정도 크기의 무더기를 이루고 있는지를 통해, 상대방

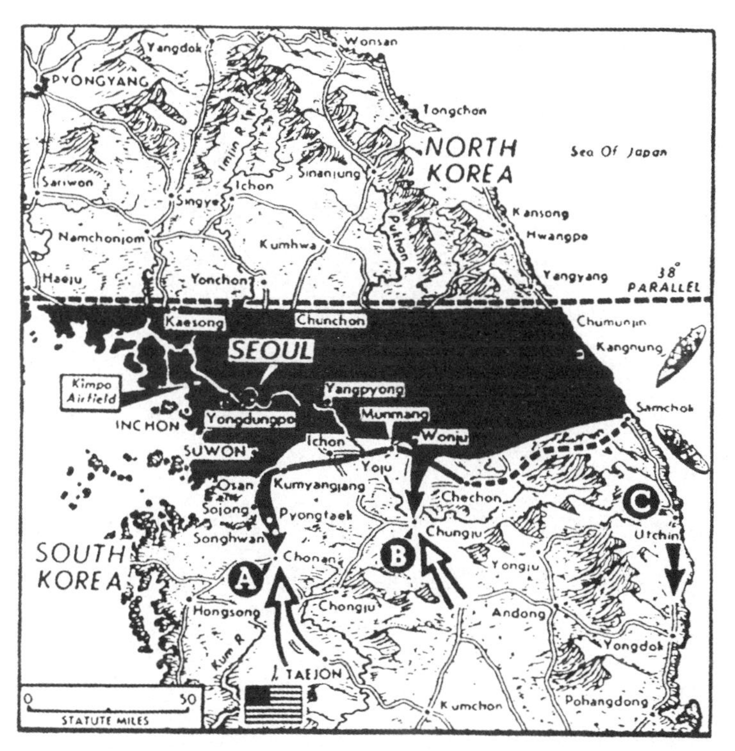

그림 8.15. 1950년 AP 통신의 신문 지도는 북한군이 점령한 남한 지역을 나타내는 데는 검정색 음영 기호를 사용했고, 군대 이동을 나타내는 데는 화살표 기호를 사용했다.

무기고의 상대적 규모를 가늠해 볼 수 있다. 시각 변수인 방향 역시 중요하다. 폭탄은 수평으로 쌓여 있지만 수직으로 떨어지고, 미사일은 수직으로 세워져 있지만 수평으로 날아간다. 정치 선전가는 방위비 예산 증액을 정당화하기 위해 심지어 소규모 핵 공격을 상정하기도 한다. 물론 성공적인 방어를 위해선 돈이 필요하다는 논리를 펴기 위한 것이다. 지도는 핵전쟁이 일어나도 우리가 생존할 수 있을 것처럼 보이게 할 수 있다.

핵전쟁이 일어날지 모른다는 불안감이 고조되면서, 스스로 위협받고 있다고 생각하는 국가들이나 전 세계에 흩어져 있는 평화주의자들은 지정학에서 널리 쓰이고 있는 동심원 개념을 지도학적 무기로 사용한다. 외교관과 군사 전략가들은 폭격 지역을 나타내는 데 동심원이 특히 유용하다는 것을 이미 알고 있다. 또한 현대 전략가들도 유도 미사일의 사정거리를 논할 때 동심원이 필수 불가결하다는 것을 알고 있다. 동심원은 기하학적 순수성을 지도에 선사한다. 여기서 조심할 것은 원의 기하학적 속성을 정확성이나 권위로 착각해서는 안 된다는 것이다. 또한 지구본상의 원이 2차원 평면에서도 원으로 표시되는 그런 소축척 지도는 별로 없다는 점도 명심해야 한다.■10 지방 환경 운동가들조차 동심원의 힘을 알고 있다. 그림 8.16(컬러 도판 8)에 나타난 것처럼, 소각로나 핵 발전소 예정 지점 주변에 여러 개의 동심원을 배열하고, 안쪽에 위치한 동심원일수록 보다 큰 글씨의 위압감을 주는 라벨을 붙이면 큰 효과를 얻을 수 있다.

지명을 붙이는 일은 지도 선전가에게 강력한 무기가 될 수 있다. **지명**(toponym)은 익명의 장소를 문화 경관의 주요 요소로 만들어 줄 뿐만 아니라 한 지역의 고유성이나 민족 구성에 대한 강한 암시 효과를 발휘한다. 선전의 의도가 전혀 없는 지도도 지명을 아예 다른 언어(Trois Rivières를 Three Rivers)로 바꾸거나, 다른 언어(Moskva를 Moscow)나 심지어 다른 철자(Peking 혹은 Beijing)로 음역함으로써, 해당 지역 주민들에게 모욕감을 주거나 당혹

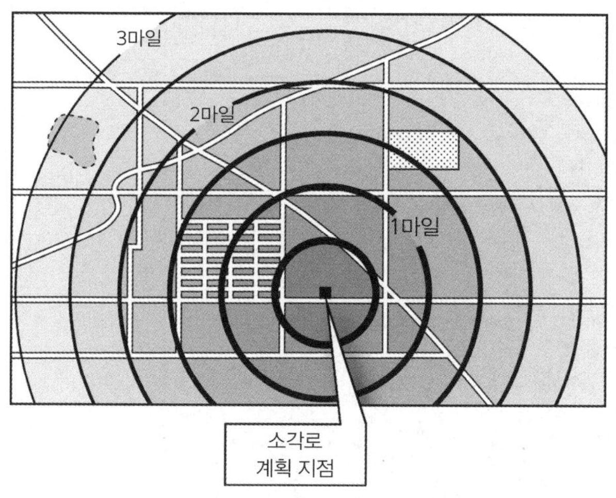

그림 8.16. 지역 환경 보호 단체가 소각로 건설 반대를 위한 시민들의 지지를 구하기 위해 제작한 선전 지도. 소각로 계획 지점 주위에 동심원을 배열하고 보다 가까이에 위치한 동심원에 보다 위압감을 주는 라벨을 붙여 놓았다.

감을 느끼게 할 수 있다. 하지만 선전의 의도를 뚜렷하게 가진 능숙한 선전가들은 지명에 대한 어떤 집단의 영향은 축소하고 어떤 집단의 영향은 과장함으로써 다민족 문화 경관에 대한 지도 이용자의 인상에 강력한 영향력을 행사한다.

지역 사회 운동가들 역시 지도를 이용해 자신들의 주장을 관철하려고 할 때 지명의 암시력(suggestive power)■11을 이용한다. 예를 들어, 그림 8.17에는 캘리포니아주 샌디에이고의 유아사망률 지도가 나타나 있는데, 산모와 출생아의 건강 상태에 대한 도시 내 불균형을 강력히 고발하고 있다. 지도에서 일부 지역의 유아사망률은 스웨덴, 스위스와 같은 고도로 발달한 서유럽 국가들에 필적하는 반면, 다른 지역의 유아사망률은 헝가리나 자메이카와 비슷한 수준인 것으로 표현되어 있다. 그림 8.16과 8.17은 모두 지도 선전이 무책임하고 편향된, 심지어 부패하기까지 한 지방 관료주의에 대한 효과적인 지적 무기가 될 수 있음을 명확히 보여 준다.

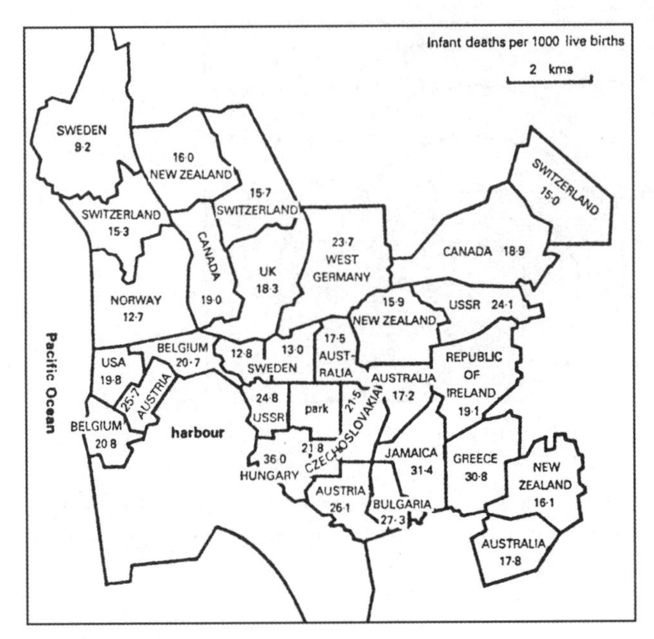

그림 8.17. 여러 국가의 유아사망률을 가지고 캘리포니아주 샌디에이고의 지역별 유아사망률을 비교해 극적인 효과를 꾀한 지도

총이나 라크로스(lacrosse)■12의 스틱처럼 누가 가지고 있는지, 누구를 위해 쓰는지, 어떻게 사용하는지, 왜 사용하는지에 따라 지도는 좋은 물건이 될 수도 있고 나쁜 물건이 될 수도 있다.

··역자 주

1. 낱장의 지도를 묶어 책의 형태로 만든 것을 지도첩이라고 한다. 이러한 책 형태의 지도 저작물에 아틀라스(atlas)라는 이름을 최초로 붙인 사람이 바로 헤라르뒤스 메르카토르이다.
2. 메르카토르 도법은 적도에서 멀어질수록 남북 방향으로 축척이 점점 확대되는데(동서 방향도 마찬가지며, 확대 비율도 동일함), 극에서는 무한대로 확대된다. 따라서 극을 나타내는 '직선'은 결코 표시될 수 없다.
3. 1958년에 설립된 미국의 반공 극우 단체이다.

4. 페터스는 자신이 투영법을 고안할 당시 제임스 골의 투영법에 대해 알지 못했다고 밝힌 바 있다. 현재는 보통 골-페터스 도법이라고 부른다.
5. 페터스는 열 가지 조건을 제시하고 자신의 도법은 10점 만점에 10점이라고 했다. 그런데 페터스가 이해하지 못했던 것은 정적원통도법 계열의 지도는 모두 자신의 기준을 적용할 경우 10점 만점에 10점이라는 사실이다. 이론적으로 말해 무수히 많은 정적원통도법이 가능하고, 골-페터스 도법은 그중 하나일 뿐이다. 더 나아가 정형성과 정적성은 상충 관계에 있기 때문에 모든 정적도법은 정형성이 좋지 않다. 그러나 이것이 모든 정적도법의 정형성이 동일하다고 말하는 것이 아니다. 최선의 선택은 정적도법 중 정형성이 가장 좋은 것을 고르는 것이다. 골-페터스 도법보다 정형성이 좋은 정적도법이, 이론적으로 말해, 무수히 많다. 따라서 페터스는 가장 좋게 보면 무식한 사람이고, 가장 나쁘게 보면 사기꾼이다. 그러나 페터스가 끼친 긍정적인 영향도 적지 않다고 생각한다. 우선, 지도학의 영역을 '공간 재현의 정치학'으로까지 확장했다. 소위 '비판 지도학(critical cartography)'의 길을 열었다. 둘째, 메르카토르 도법의 세계 지도를 학교 교실의 벽에서 끌어내리는 데 결정적인 역할을 했다. 그 잘난 지도학자들도 못한 일이다.
6. 제2차 세계 대전 당시, 연합국에 대항해 전쟁을 한 세력을 의미하는데, 독일, 이탈리아, 일본 등이 포함된다.
7. 『팩트 인 리뷰』는 제2차 세계 대전에 대한 독일 나치의 시각을 미국 대중들에게 선전하는 역할을 담당했다. 이런 일이 가능했던 것은 시점이 미국이 제2차 세계 대전에 참전하기 전이었기 때문이다. 하지만 이미 많은 사람이 이러한 나치의 선전 활동에 심각한 우려를 표명하고 있었다.
8. 체임벌린(Arthur Neville Chamberlain)은 영국의 보수당 정치가로, 1937~1940년에 총리를 역임했다.
9. 고립주의와 먼로주의는 미국과 유럽의 상호 불간섭이라는 미국의 전통적인 외교정책의 원칙을 담고 있는 것으로, 나치 독일의 입장에서는 미국이 이러한 노선을 계속 견지하도록 할 필요가 있었다.
10. 개념적인 의미에서는 정형도법의 경우 원의 형태가 유지된다. 그러나 2장의 관련 내용에 대한 역자주에서도 설명한 것처럼 그것은 무한소역이라고 하는 개념적 공간에서만 가능한 일이다. 따라서 지구본상에 조금이라도 면적을 가진 원이(그런 원을 곡면인 지구본상에 부착한다는 것도 말이 안 되지만) 지도상에서도 원으로 나타나는 것은 있을 수 없다.
11. 무언가를 떠올리게 만드는 혹은 연상하게 만드는 힘을 의미한다.
12. 열 명이 하는 하키와 비슷한 캐나다의 구기 경기이다.

9장

안보와 지도: 적 기만하기

Maps, Defense, and Disinformation: Fool Thine Enemy

군사 지도와 비교하면 대부분 선전 지도는 그저 만화 수준에 지나지 않는다. 제대로 된 국가의 방위 부처는 자국의 지도와 지리적 상세 정보를 어떻게 보호할지, 그리고 적이 진실이라 생각할 만한 거짓 정보를 어떻게 흘려야 할지 알고 있어야 한다. 물론 '허위 정보'를 믿게 하려면 때때로 약간의 정확한 정보를 제공해야 함은 당연하다. 정치 선전에서 지적 무기였던 지도는 군사 방첩 활동과 비밀 외교에서는 전술 무기이다.

이 장에서는 정부가 어떻게, 그리고 왜 지도를 보호하고 지리 정보를 숨기며, 때로는 고의로 허위 지도를 배포하는지를 다룬다. 첫째로는 지도 보안의 지극히 현실적인 필요성에 대해 논의한다. 둘째로는 이제는 주지의 사실이 되었지만, 구소련 지도학자들이 자행한 도를 넘은 의도적 지도 조작에 대해 알아본다. 셋째로는 행정 당국이 환경 저해 요소나 그 밖의 난처한 문제 거리들을 지도에서 배제함으로써 어떻게 주민들을 오도하는지에 대해 살펴본다.

안보와 지도 데이터베이스 보안

지도 정보가 보호되어야 한다는 사실은 너무나 자명하다. 아는 것이 힘이다. 우리의 약점과 강점을 적군이 알고 있다면 그것은 실제적인 위협이다. 지도 때문에 계획이 누설될 수도 있다. 유명한 조반니 비글리오토(Giovanni Vigliotto) 사건을 살펴보자. 1981년 애리조나주의 배심원들은 53세 여성의 남편인 조반니의 사기 및 중혼죄를 인정했다. 33년 동안 105명 이상의 여인과 결혼했다고 주장하는 이 사람은 항상 신혼여행 중에 피해자의 현금과 보석을 훔쳐 종적을 감추었다. 조반니가 피해자들 중 한 명에게 설명이 붙은 한 장의 지도만 흘리고 가지 않았더라면, 어쩌면 그는 영원히 체포되지 않았을지도 모른다. 현재의 자동차 내비게이션 운행 기록이 유사한 역할을 할지도 모르겠다.

세계 각국은 현재 지도는 물론이고 심지어 낡은 지도마저 적의 수중에 넘어가지 않게 하려고 무던히도 애를 쓴다. 1668년 프랑스의 루이 14세는 동쪽 국경 마을들에 대한 3차원 모형도 제작을 지시했다. 파리와 베르사유에 있던 장군들은 그 모형을 이용해 현실성 있는 군사 작전 계획을 수립할 수 있었다. 이 모형은 파리의 앵발리드(Hôtel des Invalides)에 있는 입체모형박물관(La Musée des Plans-Reliefs)에 전시되어 있는데, 나무와 실크로 된 아주 정교한 모형으로 17세기 프랑스 도시를 놀랍도록 정확하게 재현하고 있다. 프랑스 정부는 제2차 세계 대전 당시에도 이 모형을 일급 군사 기밀로 보호했다. 현재는 수많은 관광객을 끌어들이는 전시물이 되었다. 지도에 큰 관심이 없는 국가들도 정보 통신망, 요새 배치, 교통망 등의 전략적 정보를 담고 있는 전투 계획서와 지도는 엄격히 통제한다. 적에게 상세 지도를 제공하는 것은 보통 반역 행위로 간주한다. 물론, 적을 혼돈에 빠뜨리거나 적의 공격 개시 혹은 공격 철회를 유도하기 위한 기만책으로 지도가 사용된 경우는 예외이다.

지도 그 자체만 아니라 지도에 무엇을 나타낼지도 기밀 사항이다. 왜냐하면 어떤 지역의 어떤 사상이 지도화되는지는 무엇에 관심이 있는지와 관련이 있고, 이를 드러내는 것은 어떤 계획이 있는지를 드러내는 것과 마찬가지이기 때문이다. 정부는 '비밀' 또는 '일급 비밀' 취급 인가를 가진 지도학자들로 하여금 안전하고 외부와 단절된 건물에서 다른 나라 영토에 대한 지도를 제작하게 한다. 적이나 중립국은 물론 심지어 동맹국에게도 자신들의 관심사를 알리고 싶지 않기 때문이다.

국가 지도 제작 기관은 당연히 화재, 자연재해, 방해 공작 등으로부터 철저히 보호되어야 한다. 전자 시대의 도래는 여기에 새로운 위협 요소를 부가했다. 1970년대 들어, 민감한 군사 정보를 포함한 다양한 지리 정보를 조직하고 저장하는 일차적 수단이 종이나 플라스틱 필름에 그려진 전통 지도로부터 컴퓨터 데이터베이스에 저장된 전자 지도로 넘어가기 시작했다. 그러나 전자 지도는 컴퓨터 해킹이나 전자기파(electromagnetic pulse, EMP)라 불리는 일종의 핵 공격에는 매우 취약하다. 해커들은 정보를 임의로 수정해 놓을 수도 있고, 데이터와 프로그램을 파괴하는 바이러스를 심어 놓을 수도 있다. 전자 통신 네트워크의 발달로 원거리 이용자와 통신하거나 컴퓨터끼리 통신하는 것이 가능해지기 이전에는 이러한 해킹의 위협은 생소한 것이었다. 철통 보안을 자랑하던 미국 국방부 컴퓨터마저 해커의 침입을 받았다는 것을 보면 해커들에 의한 지도 보안 위협이 무시할 만한 수준을 넘어선 것은 분명해 보인다. 해커들은 지도 데이터 시스템에 침투해 몬태나주의 위치를 옮겨 놓거나 사해를 범람시키는 등의 행위를 함으로써 도전과 전율을 즐기는 것 같다. 단독으로 활동하는 악성 해커보다 훨씬 더 위협적인 존재는 사이버 공격을 주도하는 군사 조직 혹은 테러 조직이다.

자기 장치에 저장된 지도에 대한 두 번째 위협인 EMP는 대기 상층의 열핵(thermonuclear) 폭발이나 대규모 태양 폭발에 의해 지상에 쏟아지는 방사선을 의미한다. 순간적으로 나타나는 강력한 이 방사선은 전력 공급 시스템이나 통신 전달 시스템을 파괴하고 집적 회로, 광섬유, 자기 저장 장치에 피해를 줄 수 있다. 이렇게 되면 온라인 출판 지도나 전자 기기상의 지도들은 판독이 불가능해진다. 정부 당국은 EMP를 막기 위해 자신들의 전자 정보 시스템을 '강화하고', 지도를 종이, 마이크로필름, 혹은 다른 비자기적(nonmagnetic) 장치에 따로 저장한다. 문명이 핵전쟁을 견뎌 내고 살아남으려면, 부피가 큰 전통 지도가 보다 유연하지만 더 손상되기 쉬운 전자 지도를 백업하기 위해 계속 잔존해야 할지도 모르겠다.

소비에트 지도학, 냉전, 그리고 옮겨진 장소들

지도가 적의 수중에 들어가는 것을 완전히 차단하는 것은 거의 불가능한 일이다. 지도의 누수를 전제한 다른 전략적 선택이 있을 수 있다. 그것은 지도학적 '허위 정보'를 지도 속에 심는 것인데, 지도의 부존재보다 독도자를 훨씬 더 난감하게 할 수 있다. 오늘날에도 완전히 근절되지 않은 이러한 지도학적 술책은 과거 구소련이 즐겨 사용했던 냉전 전략이다.

다른 나라들도 고의적으로 자신들의 지도에 왜곡을 가했겠지만, 특히 구소련이 자행한 지리적 위치에 대한 체계적 변조 행위는 지도학사에서도 중요하게 다뤄질 만큼 악명이 높다. NKVD■1 혹은 정보부가 지도 제작을 통제하던 1930년대 후반 이후, 구소련의 지도 제작 당국은 일반 판매용 지도나 지도첩에 나타난 마을, 해안선, 하천, 고속도로, 철도, 건물, 경계 등의 위치나 형태를 고의적으로 왜곡하기 시작했다. 이러한 정책은 경찰국가의 기조를 반영한 것이기도 하지만, 기본적으로 미국과 영국을 비롯한 다른 서방 국가들을 난감하게 만든 허위 정보 정책이나 은폐 공작과 맥을 같이 하는 것이다. 구소련은 중국과 서방의 군사 전략가들이 자신의 지도를 신뢰하기 어렵다고 판단하기를 바랐다. 그래야만 구소련 지도에서 크루즈 미사일의 목표 지점에 대한 좌표값을 읽지 않을 것이기 때문이다.

그렇다면 어느 정도로 왜곡이 심했을까? 그림 9.1에는 1939년부터 1969년 사이에 발행된 다양한 구소련 지도들이 나타나 있다. 동시베리아해 인근에 위치한 로가시키노(Logashkino)의 위치 변화를 살펴볼 수 있는데, 해안 도시인지 해안에 가까운 내륙 도시인지 도무지 알 수가 없다. 1939년에 발행된 구소련의 지도책 『볼쇼이 소베츠키 세계 지도첩(Bol'shoy Sovetskiy Atlas Mira)』에는 알라제야(Alazeya)강 연안의 로가시키노가 해안가가 아니라 내륙 안쪽으로 들어가 있다. 그러나 1954년판 『세계 지도첩(Atlas Mira)』에는 이 도시가 아예 없어지고 하천은 단일 유로로 표현되어 있다. 1958년에 발행된 『소련 지도(Karta SSSR)』에는 로가시키노가 해안에 다시 등장하고 생략되었

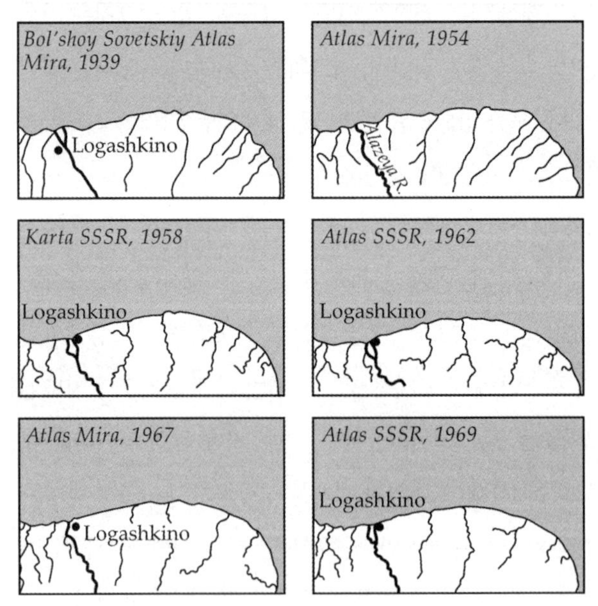

그림 9.1. 1939년에서 1969년 사이에 발간된 구소련 지도들로, 동시베리아해에 위치한 로가시키노와 그 주변 지역을 나타낸다.

던 유로도 복원되었다. 1962년에 발행된 『소련 지도첩(Atlas SSSR)』에는 로가시키노와 하천이 1958년 지도와 비슷하게 유지되고 있지만, 1967년판 『세계 지도첩』에서는 다시 동쪽 하도가 생략되고 도시는 내륙으로 옮겨졌다. 마지막으로 1969년판 『소련 지도첩』에서는 도시가 다시 해안에 나타나고 하도도 두 개로 복원되었다. 『공병(Military Engineer)』이라는 잡지의 익명의 기고가는 이와 같은 변덕스러움에 대해 "분명히 그 도시는 있다. 하지만 해안에 있는지 하천 연안에 있는지 혹은 이도 저도 아닌지, 소련 지도만 봐서는 확실하게 말할 수 있는 게 아무것도 없다."라고 비꼬았다.

위선이나 경선 가까이에 있는 도시의 경우는 특히 위치 변경을 쉽게 확인할 수 있다. 그림 9.2에는 라도가(Ladoga)호 북안, 즉 해안 근처 연안 사주에 있는 살미(Salmi)의 좌표 이동이 나타나 있다. 각 지도의 중앙을 관통하는 굵은 수직선이 동경 32°를 나타내는 경선이다. 1962년판 『소련 지도첩』에서는 경선에서 서쪽으로 10km 지점에 살미가 나타나지만, 1967년판 『세계 지도첩』에서는 동쪽으로 이동해 바로 경선 위에 나타난다. 또한 1969년판 『소련 지도첩』에서는 4km나 동쪽으로 더 이동해 있다. 또한 1962년판 지도에서는 경선 32°가 섬의 동쪽 편을 비껴 지나고 있으나, 1969년판 지도에서는 섬 가운데를 관통하고 있다. 1962년판 지도와 1969년판 지도에 나타난 살미의 위치 차이는 단지 14km, 약 9마일 정도이지만, 무려 25마일이나 위치 차이를 보이는 다른 도시도 존재한다.

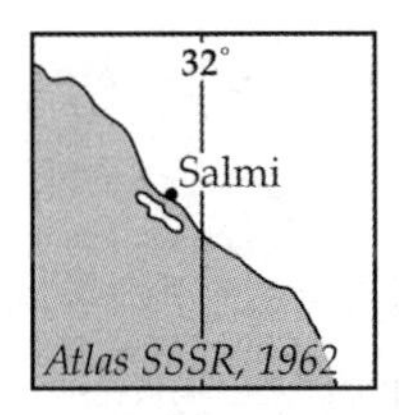

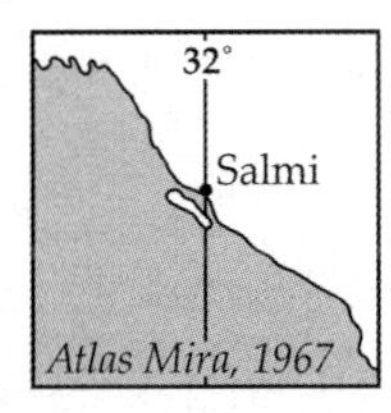

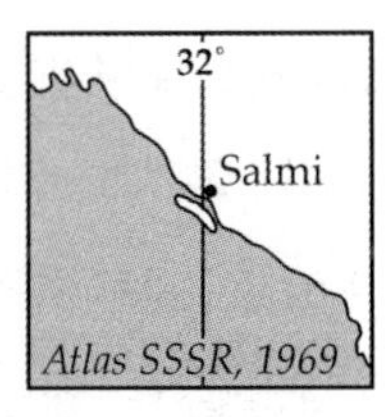

그림 9.2. 1962년에서 1969년 사이에 발간된 구소련 지도들로, 동경 32° 부근 라도가호 주변의 살미와 그 주변 지역을 나타내고 있다.

구소련의 지도학적 허위 정보는 심지어 도시 관광 지도에도 영향을 미쳤다. 모스크바와 그 밖의 다른 구소련 도시들의 정밀 도로 지도에는 대개 간선 도로가 잘 드러나 있지 않았으며, 축척이 생략되어 거리를 가늠하기 매우 어렵게 되어 있었다. 모스크바 시민들은 위압적인 KGB 건물이 어디에 있는지 모두 잘 알고 있었겠지만, 구소련에서 만든 모스크바 도로 지도에는 제르진스키(Dzerzhinski) 광장에 있는 그 건물은 물론이고 그 밖의 다른 중요한 건물들도 전혀 나타나 있지 않았다. 반대로 구소련에 파견된 미국 정부 관리들이 사용했던 CIA의 포켓용 지도첩에는 자세하고, 색인이 잘 되어 있고, 사용이 편리한 지도가 실려 있었는데, KGB 본부는 물론 주요 랜드마크가 모두 표시되어 있었다. 미국 주재 소련 외교관이 미국 정부 요원, 여행객, 일반 시민들보다 더 좋은 워싱턴의 지도를 가지고 있다고 상상해 보라. 난리가 나지 않겠는가?

그런데 왜 구소련의 지도학자들이 지도 날조를 멈추게 되었을까? 첫째, 지도의 허위 정보화는 지도 제작 비용은 물론 경제 개발 비용도 높였기 때문이다. 국가 지도의 정확성과 최신성을 높이는 데 사용하면 더 좋았을 시간과 인력을 사상들의 위치를 허위로 지정하는 데 투입한 것이다. 이것은 정확한 지도 판본을 부가적으로 생산해야 한다는 것을 의미하는데, 그것의 생산과 비밀 관리에 많은 비용이 소요된다. 그리고 경제 계획가나 정책 결정자들에게 정확한 지도를 제한적으로 그것도 비밀리에 제공하는 일도 비용과 시간이 많이 소요될 뿐만 아니라 위험하기 짝이 없는 것이었다. 둘째, 구소련의 적들의 정보 탐지 능력이 급신장함에 따라 조작된 지도의 유용성과 필요성이 하락했기 때문이다. 1960년대 혹은 그 이전 시대에는 주로 오래된 지도나 스파이, 탐지기, U-2 첩보 비행기에 주로 의존했지만, 스파이 위성의 등장이 이 모든 것을 바꾸어 놓았다. 오늘날에는 첨단 첩보 위성을 이용해 잠재적 적대국에 대한 지표 정찰을 정기적으로 실시하고 있고, 영상 분석 컴퓨터 시스템을 활용한 위성 영상 분석을 통해 지표상의 의심스러운 변화를 면밀하게 탐지, 분석하고 있다. 고해상도 센서를 장착한 일부 첩보 위성은 의심스러운 지역에 대한 아주 세밀한 영상을 얻기 위해 기존 궤도를 수정하기도 한다. 자동차의 제조사와 모델을 인식할 정도의 해상도만 가지면 미사일 발사대나 군대의 이동을 추적하는 데 아무런 모자람이 없다. 구소련의 지도학적 조작을 반세기가 지난 지금의 기준으로 반추해 보면 그저 헛웃음만 나온다. 세상의 그 누구라도 당장 인터넷에 접속해 모든 러시아 도시들을 줌인해 들여다볼 수 있으니 말이다.

표시되지 않은 사상들, 만들어지지 않은 지도들

그렇다면 구소련의 지도에 비해 다른 나라들의 지도가 더 공개적이고, 더 많이 드러내고, 더 완성도가 높았을까? 일반적으로는 그렇다. 예를 들어, 그림 9.3은 1970년대의 일반 판매용 대축척 주 고속도로 지도로, 뉴욕주 롬(Rome)에 있는 그리피스(Griffiss) 공군기지의 위치가 비교적 자세하게 표시되어 있다. 전략공군사령부(Strategic Air Command, SAC)의 장거리 폭격기 기지이며, 롬항공개발사령부(Rome Air Development Command, RADC)의 전자 공중 정찰에 관한 첨단 연구가 이루어지던 그리피스 공군기지는 구소련과의 전쟁 발발 시 주요 목표물이 될 수밖에 없는 곳이었다.

그러나 미국의 지도 공개성이 모든 경우에 항상 지켜지는 것은 아니었다. 원칙을 깨뜨리는 예외들은 화나게 하는 것이 아니라 어이없게 만드는 것이었다. 예를 들어, 그림 9.4의 지도를 자세히 살펴보면, 메릴랜드주 서부 캐톡틴 마운틴(Catoctin Mountain) 국립 공원 내에 위치한 유명한 대통령 별장지 캠프데이비드(Camp David)가 '캠프 3(Camp 3)'이라는 막연한 지명으로 위장되어 있음을 알 수 있다. 하지만 놀라운 점은 중요한 단서들이 지도에 고스란히 나타나 있다는 것인데, 방어벽을 따라 나 있는 환상 도로가 그대로 표시되어 있다. 또한 그림 9.4의 하단에 인용된 것처럼, 메릴랜드주의 고속도로 여행객을 위한 1976년판 안내서에는 별장으로 가는 길이 상세히 묘사되어 있다. 결국 지리적 익명성을 위한 이 어설픈 시도는 완전히 무산된 것이다. 보다 최근에는, 온라인 매핑 애플리케이션과 무료로 이용 가능한 항공 영상으로 말미암아 캠프데이비드의 익명성은 더욱 심하게 훼손되었다. 최근에 있었

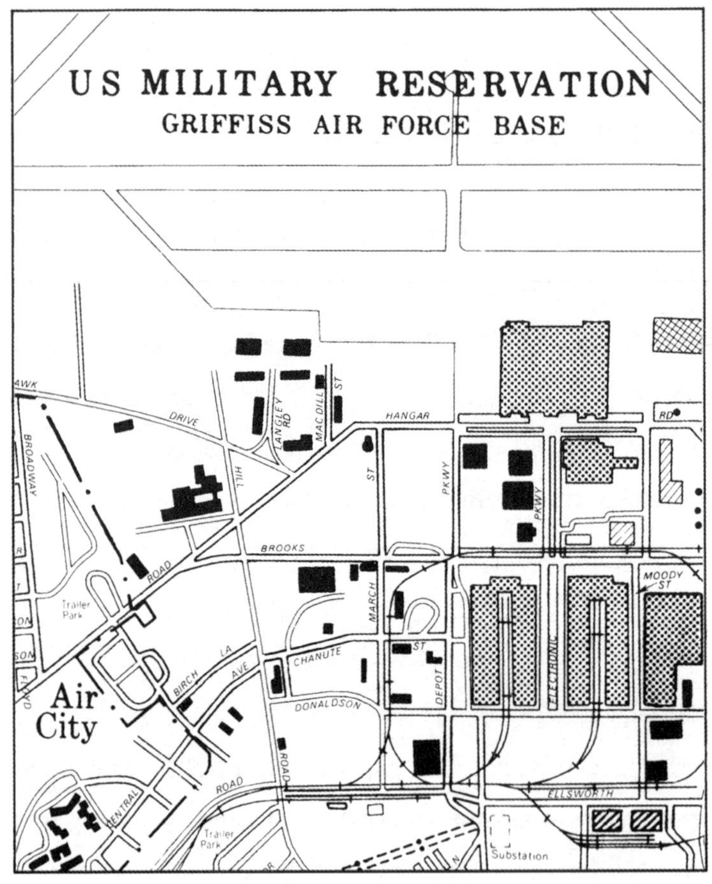

그림 9.3. 뉴욕주 롬에 있는 그리피스 공군기지로, 뉴욕주가 일반인들에게 판매하는 대축척 평면 지도의 일부분이다.

던 위락 시설물 증축과 헬리콥터 착륙장 보강 공사 등이 고스란히 드러난 것이다.

그런데 지도학적 공개성을 향한 진전은 2001년 납치 항공기에 의한 세계무역 센터와 펜타곤의 테러 공격이 있은 직후 큰 도전에 직면하게 된다. 데이터 공유 센터의 책임자들은 상세한 지리적 데이터에 대한 접근에 과감한 제한을 가할 것을 촉구했다. 결국, 지도학적 공개성이 테러리스트들이 목표물을 선정하고 공격 계획을 수립하는 것을 도왔을 거라는 주장이다. 산업 시설물의 상세 내용이 디지털 항공 영상에서 희미하게 처리되었고, 지도 도서관은 자격을 얻은 연구자가 아니라면 공공 데이터에 대한 접근을 허용하지 말

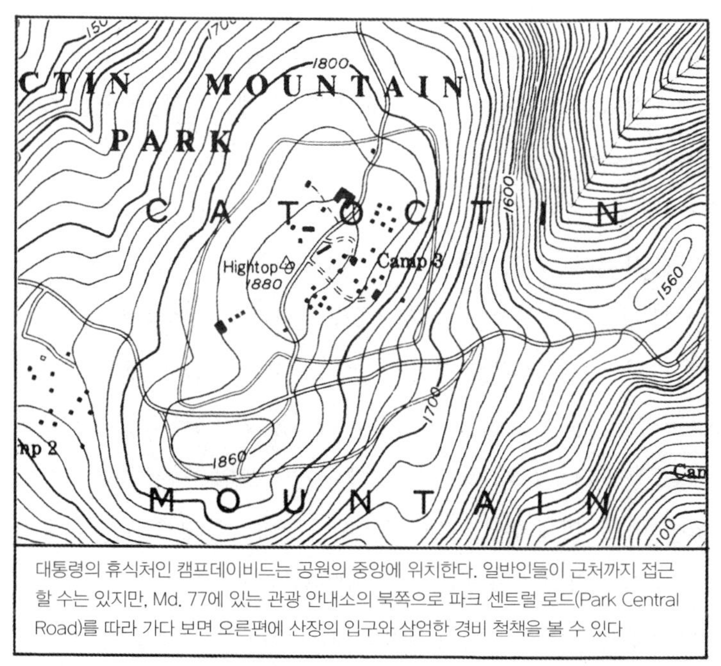

그림 9.4. 메릴랜드주 프레더릭 카운티의 캐톡틴 마운틴 국립 공원 내에 위치한 캠프데이비드 산장. 미국지질조사국 지형도(위쪽)에는 이곳이 '캠프 3'이라는 막연한 지명으로 표시되어 있다. 이와는 반대로, 어떤 관광 안내서에는 거기로 가는 길에 대한 상세한 설명이 나타나 있다(아래쪽).

것을 요청받았다. 이러한 히스테리는 미국 국방성이 연구비를 지원한 학술 연구의 최종 결과가 발표되고 나서야 서서히 사라지게 되었다. 많은 민감한 정보가 다른 경로를 통해서도 충분히 접근 가능하며, 공적 자금을 통해 구축된 지리 정보에 대한 접근 제한 조치는 과학, 교육, 경제 개발, 공공 행정에 악영향을 끼칠 것이라는 것이 연구의 결론이었다.

런던에서 발행되는 좌익 성향의 정치평론지 『뉴 스테이츠먼(New Statesman)』에 따르면, 역사적으로 볼 때 영국이 미국에 비해 지도학적 편집증이 더 심하다고 한다. 영국의 민간 지도 제작 기구인 육지측량국(Ordnance Survey)은 냉전 시대에 지도와 항공사진상에서 생략하거나 위장하거나 감추어야 할 보안 사이트에 대한 명확한 목록을 마련하고 있었다. 핵 피난소는 창고로 위장하고, 방송국이나 핵연료 처리 시설, 정부 소유의 유류 저장소 등은 생략했다. 한편 그리스와 같은 일부 국가들은 지도의 일부분을 아예 큰 공백으로 남겨 두기도 하는데, 너무 티가 많이 나기 때문에 오히려 덜 기만적이라고 해야 할 듯하다.

그러나 미국인들이 상대적으로 공개성이 높다고 자화자찬에만 빠져 있을 처지는 아닌 것 같다. 실제로 영국이 미국에 비해 대축척 지도의 상세성이 더 높은 경향이 있다. 더욱이 미국 지도는 공해 물질 배출 기업과 지방 공무원을 난감하게 만들 수 있는 주요 정보를 생략해 버리기도 한다. 예를 들어, 그림 9.5에 나타나 있는 두 지도를 보자. 유해 폐기물 오염으로 악명 높은 나이아가라 폭포 부근 러브 운하(Love Canal)가 이 두 지도의 가운데를 지나고 있다. 1946년 지도는 길게 수직으로 달리는 운하를 보여 주고 있지만, 이 운하가 1942년 이래 화학 폐기물 투기장으로 이용되어 왔다는 사실은 보여 주지는 않는다. 1980년 지도는 운하의 매립 흔적조차 보여 주지 않으며, 이 지역의 비극적인 역사도 보여 주지 않는다. 이 운하에 폐기물 투기는 1953년까지 계속되었다. 1950년대에 부동산 개발업자가 운하를 매립해 그곳에 주택을

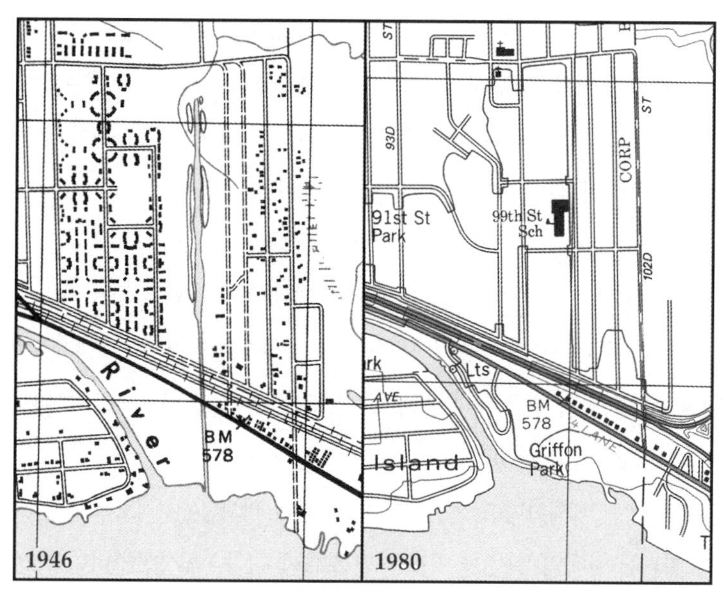

그림 9.5. 뉴욕주 나이아가라 폭포 주변의 러브 운하 지역으로, 왼쪽 지도는 1946년의 대축척 지형도이고, 오른쪽 지도는 1980년의 대축척 지형도이다.

건설했고, 시 당국은 1954년에 메워진 운하 위에 공립 초등학교를 세웠다. 이후 유독 침출수가 지표 위로 새 나오거나 인근 주택의 지하실로 스며들었다. 1970년대 초반 주민들과 애완동물들이 질병에 걸린 이후에야 해당 지역에 클로로벤젠, 디클로로벤젠, 톨루엔 같은 성분의 비정상적인 집적이 있었다는 것이 토양 분석가들에 의해 밝혀졌다. 1978년 뉴욕주 보건 당국은 주에 비상사태를 선포하고 239가구를 이주시켰다. 연방 혹은 주의 지도 제작 기관은 지형도에는 두드러진 사상들, 다소간 영속성이 있는 사상들만 추려서 그것들에 대한 표준화된 기호만을 나타내야 한다고 주장할지 모른다. 경계선, 자동차 전용 영화관 등과 같이 사람들의 보건에 별로 중요하지 않은 사상들을 무비판적으로 계속 지도에 싣는 한, 그들의 주장은 위선적이라는 비판을 피할 길이 없을 것이다.

지도학사 분야의 대가인 브라이언 할리(Brian Harley)에 따르면, 최근 수세기에 걸쳐 제작된 정부 간행 지도들은 지리적 실제에 대한 완전히 객관적이고 '가치 중립적'인 과학적 재현물이라기보다는 특정 이념의 표현물이었다. 할리는 정부 당국이 두 가지 형태의 지도 검열을 행한다고 주장한다. 하나는 국방을 위한 비밀 유지의 검열이고, 나머지는 하나는 사회정치적 가치를 강화하거나 재강화하기 위한 침묵의 검열이다. 사회정치적 검열은 국가 권력이나 대지주의 사적 권익을 옹호할 수 있다. 또한 사회정치적 검열은 소수 민족의 불만을 누그러뜨릴 수도 있다. 예를 들어, 1988년 미국 뉴욕의 주지사 마리오 쿠오모(Mario Cuomo)는 소수 민족을 경멸적으로 표현한 모든 지명을 주 공식 지도에서 삭제한다고 선언했다.[2] 그러나 러브 운하 지도의 경우처럼, 보다 미묘한 형태의 두 번째 지도 검열은 대개 침묵, 즉 사상들이나 조건들의 삭제로 이어진다. 대부분 도시 기본 지도에는 도로, 랜드마크, 고도, 공원, 교회, 대형 박물관 등은 나타나지만, 위험한 교차로, 빈민 지역, 범죄 다발 지역 등은 표시되지 않는다. 도시 인프라와 지형 관련 정보를 크게 희생시키지 않는 범위 내에서, 이러한 사항들도 지형도에 나타내는 것이 옳다.

정치적으로 난감하고 심미적으로 볼품없는 지리적 실체를 생략함으로써, 그리고 토목공학자, 지질학자, 행정가, 토지 개발업자의 관심사에만 초점을 맞춤으로써 지형 '기본도'는 어떤 사람들에게는 전혀 기본이 안 된 지도가 되었다. 공중 보건 및 치안 담당 공무원, 사회 복지사, 그리고 자신과 이웃의 복리 증진에 관심이 많은 건실한 시민들에게 이러한 지도는 제대로 된 정보를 제공하지 않는다. 이러한 의미에서 지도학적 침묵(cartographic silence)은 지리적 허위 정보의 한 형태라 할 수 있다.

··역자 주

1. 구소련의 비밀경찰 조직으로 내무인민위원회 정도로 번역된다.
2. 사건의 발단은 '검둥이 늪(Nigger Swamp)'이라는 지명 때문이다. 이곳은 뉴욕주 북부의 워싱턴 카운티에 있는 습지로, 샘플레인호(Lake Champlain)와 조지호(Lake George) 사이에 위치한 지역이다. 1880년 천연두에 걸린 한 흑인이 버려져 그 지역에서 사망한 데서 유래했다고 한다. 관련 내용이 10장에도 등장한다.

10장

대축척 국가 지형도: 문화적 해석

Large-Scale Mapping, Culture, and the National Interest

지금까지 이 책이 견지해 온 입장으로 볼 때, 어쩌면 독자들이 대축척 국가 기본도를 생산하는 국가 지도 제작 기관이나 민간 지도 회사조차도 노골적으로 기만적이거나 악질적으로 무책임하다는 인상을 받을지도 모른다는 노파심이 든다. 그래서 이 장에서는 문화라는 렌즈를 통해 지형도 제작 과정을 살펴보고자 한다. 사회과학자들이 많이 사용하는 문화 개념이 대축척 국가 지형도 제작의 다양한 측면을 잘 설명해 줄 수 있을 것이라 믿는다. 지도 피처와 그것의 표현과 관련된 반복적이고도 기계적인 과정뿐만 아니라 지도학적 정보를 수집하고 배포하는 것과 관련된 국가 정책의 수립 및 실행 과정 모두 문화적 과정이라는 관점하에서 살펴볼 것이다. 뒤에서 보게 되겠지만, 우리의 국가 지형도 속에는 서구적 가치, 즉 기하학적 정확성(geometric precision), 일관성(consistency), 포괄성(completeness), 비용 효율성(cost-effectiveness)이 반영되어 있을 뿐만 아니라, 지도 제작 관료들과 온라인 지도제작자의 직업적 하위문화도 함께 반영되어 있다. 몇 가지 국제 비교를 통해 미국의 문화가 유일한 문화가 아님을 보여 줄 것이다.

이 장은 국가 지도 제작 기관, 특히 미국지질조사국(United States Geological Survey, USGS)[1]의 운영 방식 및 관습 체계에 초점을 맞출 것이다. 지도학적 정보를 직접 다루는 지도 제작 업체나 지방 정부 당국자들이 주로 관심을 가질 만한 내용이지만, 지형도를 가끔씩 접하는 일반 사용자들에게도 지형도 생산에 대한 안목을 넓히는 데 많은 도움이 될 것이다. 우선, 국가 지도 제작 사업과 그것의 변화 과정을 간략히 살펴본다. 그다음, 지도 시리즈를 구성하는 수백, 수천의 개별 지도들의 일관성을 담보하기 위해서는 피처 유형, 지도 기호, 일반화 절차 등이 매우 엄격히 규정되어야 한다는 사실을 강조할 것이다. 뒤이어, '지도학적 행동 강령'이라는 제목하에서 제도적 과정으로서의 지도 제작을 살펴본다. 관료주의적 규범, 행정적 형식주의, 정치적 압력에 휘둘릴 수밖에 없는 지도 제작 과정이 조명될 것이다. 민간 지도 회사에 의한 온라인 매핑의 등장이 국가 지형도의 역할을 약화하기도, 확장하기도 한다는 논지로 이 장을 마무리하고자 한다.

준칙과 세칙

국가 전체를 포괄하는 한 질의 지형도 생산에는 엄격한 준칙(standard)과 세칙(specification)[2]이 적용되는데, 국가 지도 제작 기관의 관료적 사고방식이 여기처럼 잘 드러나 있는 곳도 없다. 국가 지도 제작 기관은 **도엽**(圖葉, quadrangle)이라 불리는 직사각형 구역들로 구성된 임의의 그리드 체계에 의거해 전국을 구획한다. 이렇게 하는 가장 중요한 이유는 균일한 경위선망을 따라 구획하는 것이 무엇보다도 지형도 도엽 관리에 편리하기 때문이다. 이것은 일종의 분할 정복 전략(divide-and-conquer strategy)[3]을 연상시키는데, 완전 포괄(complete coverage)이 가능할 뿐만 아니라 꼭 그래야만 한다는 메시지를 창출한다. 하지만 이는 정치적, 인종적, 자연적 경계와 같은 다른 중요한 구역 체계를 의도적으로 무시하는 결과를 초래한다. 국가 지형도 제작이라는 지도학적 기획은 보다 높은 차원을 향한 과학적 요구와 보다 확장된 영역을 향한 지리적 요구를 그 기치(旗幟)로 내세운다. 이러한 명분으로 인해 두세 개의 도엽으로 분할된 지역 커뮤니티는 마치 외부의 침략을 받아 영토가 유린당한 것 같은 느낌을 받을 수도 있을 것이다.

그렇다면 국가 지형도는 어떠한 요구에 부응하기 위해 제작되는가? 미국과 같은 선진국의 국가 지도 사업은 국방과 경제 개발이라고 하는 서로 상보적인 두 가지 목표를 이루는 데 이바지해 왔다. 군 수뇌부가 공격 지점을 결정하고 방어 계획을 수립하기 위해서는 정밀한 지도가 필수적이다. 효과적인 방어를 위해서는 계획 수립과 더불어 병력과 무기의 신속한 전개가 필요하며, 이를 위해서는 도로, 철도, 수로와 같은 교통망이 잘 갖추어져 있어야 한다. 그런데 이러한 하부 구조는 당연히 원자재를 공장으로 보내고 생산된 제품을 시장으로 운송하는 데도 필수적인 것이다. 지형측량을 통해 지도 제작을 위한 기하학적 토대가 마련되는데, 특히 교통 시설물이 주로 표현되는 지도에서 그러하다. 토목 기사들이 노선을 결정하고 다리를 건설하는 경우에도 지형측량은 필수적인 역할을 한다. 지도는 광물 채굴과 농업 발달에도 도움을 주며, 토지의 사적 소유권과 과세에도 큰 역할을 한다. 선진 산업 국가의 경우, 경제 개발이 야기한 다양한 문제를 해결하는 과정에서도 지도가 필수적인 역할을 담당한다. 환경 보호와 성장 관리라는 두 가지 목표가 이와 관련된다. 지도 제작의 목적이 국가마다 다양할 수 있지만, 대부분의 대축척 지도 생산은 이러한 네 가지 기본적인 목적하에서 이루어진다.

대축척 지도는 다양한 소축척 지도(도로 지도, 부동산 지도, 그리고 서적, 과학 논문, 뉴스 미디어에 실린 지도 등)의 기본도 구실을 한다. 그런데 이것은 사실 의도치 않은 지리적 횡재(geographic windfall)에 속하는 것이다. 1892년 USGS의 초대 수석 지형학자였던 헨리 개닛(Henry Gannett)은 상세한 지도학적 자료원이 가지는 중요성을 인식하고, USGS가 보유한 1:125,000과 1:62,500 지형도를 '모지도(mother map)'라고 명명했다. 국가적 현장 조사를 통해 구축된 유럽의 체계적인 대축척 지도 시리즈를 부러워했던 개닛은 미국에도 그에 상응하는 지도 산출물이 존재하길 바랐던 것이다.

초창기 USGS의 지도 제작자들은 지도학적 피처들을 선택함에 있어 하천이나 지형과 같은 '자연 사상'에 우선권을 부여했다. 그리고 인위적 건조 환경(built environment)을 구성하는 '인공 사상' 중에서는 운하, 철도, 우마차로와 같은 '공적 문화물'과 주택, 경작지, 과수원과 같은 '사적 부동산'을 엄격히 구분했다. 공적 지물은 당연히 지도에 나타내야 하지만, 계속 변하는 사적 지물은 중요한 자연 및 공적 사상의 기호를 방해할 수 있을 뿐만 아니라 갱신 비용도 만만치 않은 것들이었다. 그래도 일부 사적 지물(주택단지와 대규모 쇼핑 시설)은 기본적인 지리적 준거틀의 필수 사항으로 간주되어 지도에 표현되었다. 1940년대에 들어 경위도를 7.5′ 단위로 자른 1:24,000 지형도 시리즈가 새로이 제작되기 시작했다. 경위도를 15′ 단위로 자른 기존의 1:62,000 지형도에 비해 1/4 정도의 영역을 하나의 도엽에 담는 것인데, 이로써 가정집, 공장, 하수 처리장, 송전선과 같은 '문화물'이라는 지도학적 속어로 통칭되는 다양한 인공 사상들을 표현할 수 있는 공간이 더 많이 확보되었다.■4

USGS는 어떤 자연 및 인공 사상들을 포함할 것인지에 대한 명세화를 수행함과 동시에, 전 직원이 공유하는 일반화와 기호화 작업의 표준 매뉴얼을 마련했다. 수극(水隙, water gap)을 예로 들어 설명하고자 한다. 원래 끊김 없는 직선 능선으로 나타나야 할 곳이 하천의 침식으로 인해 깊고 좁은 협곡 혹은 협로로 나타나게 된 것을 수극이라고 한다. 수극 위에는 보통 도로와 철도가 건설된다. 그림 10.1에 나타난 것처럼, 좁은 공간을 가득 채우고 있는 피처들을 최소한의 명료성과 가독성을 유지하면서 표현하는 것은 결코 쉬운 일이 아니다. 이 협소한 그래픽 회랑을 도로, 철도, 하천 제방, 하도를 나타내는 기호뿐만 아니라 경사와 고도를 나타내는 조밀한 등고선으로 채워야 한다. 국가 지도 제작 기관은 지도 시리즈 내의 일관성을 도모하고 작업자와 관리자 간의 의견 충돌을 방지하기 위해 지도학적 쟁점 상황에 적용되는 다양한 규칙을 미리 확립해 두었다. 수극의 경우 문화물, 하계망, 지물의 순으로 제도한다는 지침에 근거해, 등고선과 하천의 위치를 옮김으로써 그래픽 과밀을 회피하고 산길과 고속도로의 꼬임도 제거할 수 있었다.

설정된 준칙과 세칙은 다양한 위원회가 제정하는 세부 규칙들을 통해 더욱 정교해진다. 위원회의 지침에 따라 피처의 선택 방법과 세밀함을 표현하는 방법 등이 결정된다. USGS의 도로 선택 규칙을 예로 들면, 일단 도로의 규모가 가장 중요한 준거이고, 인간 활동과의 관련성이 부차적인 준거인데, 이것은 규모가 작아도 사람이 많이 이용하면 중요한 것으로 취급한다는 것을 의

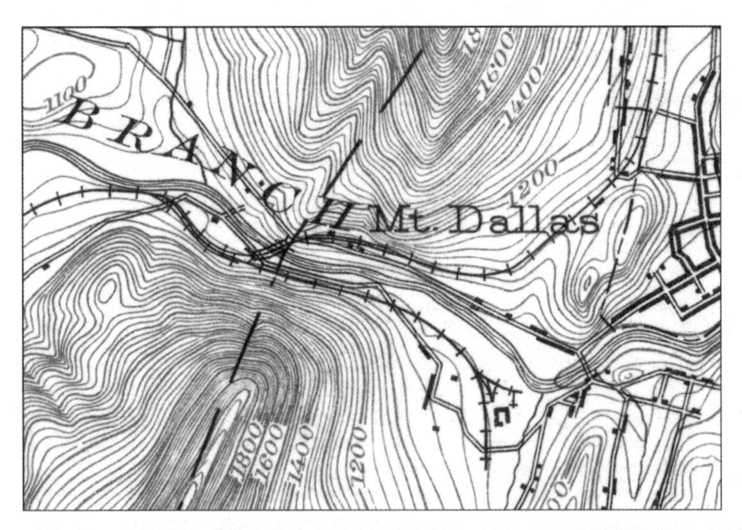

그림 10.1. 가시성을 고려해야 하기 때문에 도로와 철도 기호는 지도 축척이 규정하는 것보다 더 넓게 표시해야 한다. 따라서 그래픽 혼잡을 최소화하기 위해 하천 기호와 등고선을 옆으로 조금 이동해야 한다. 예는 펜실베니아주 에버렛(Everett) 바로 서쪽에 있는 수극으로, 1902년 USGS가 발행한 1:62,500 지형도(원래에 비해 두 배로 확대)에서 가져온 것이다.

미한다.

> 길이 500ft(152.4m) 이하의 개인 도로, 접근로, 진입로 등은 '문화물'이 많지 않은 지역에서 랜드마크 구실을 하는 경우가 아니라면 표시하지 않는다.
>
> 인구밀도가 높은 지역의 도로는 길이에 관계없이 모두 표시한다.

그리고 철로 표현을 위한 가이드라인이 보여 주는 것처럼, 전체적인 형태가 세부 구성물이나 정확한 위치보다 더 중요할 수 있다.

> 역 구내 선로 중 주 선로의 위치는 정확히 나타내야 하지만 다른 선로들은 역 구내의 형태를 최대한 유지하면서 기호를 부여해야 한다.
>
> 돌출 선로, 측선, 전철기, 예비 선로의 길이는 정확히 나타내야 하지만, 지도 축척과 주변 피처 때문에 필요하다면 위치는 적당히 조정(즉, 변위)할 수 있다.

이러한 무미건조한 규칙들이 실린 두꺼운 책은 지도 제작자들에게나 의미 있는 것이겠지만, 표준화 그 자체는 지도 이용자들에게도 꽤 중요한 것이다. 한 지역의 지형도를 해독하는 능력을 갖게 되었다는 것은 다른 지역의 지도 해독도 자신감 있게 행할 수 있다는 것을 의미하기 때문이다.

미국의 지도 제작 가이드라인은 군사 지도 제작에 깊은 뿌리를 두고 있다. 1879년 설립 당시 USGS는 독립 전쟁 이후 네 번에 걸친 대규모 서부 지역 측량에 참여했던 많은 지도 제작자들을 직원으로 흡수했다. 킹(Clarence King), 헤이든(F. V. Hayden), 파월(John Wesley Powell), 휠러(George M. Wheeler) 등이 이끈 탐험 측량은 다양한 과학적·군사적·경제적 목표를 표방했고, 거의 알려지지 않았던 서경 100° 서쪽의 광대한 공유지에 취락이 성장할 수 있는 기틀을 마련했다. 초기 USGS의 측량사들과 토목 기사들은 모두 약간의 군 경험을 가지고 있었다. 그들의 지도 제작 방법은 웨스트포인트(West Point), 북부군, 공병대에서 사용된 테크닉에 그 토대를 둔 것이었다. 이러한 연유로 초기 USGS의 지형도 제작에는 많은 군대 관행이 묻어나게 되었다. 참전자를 우대하는 공무원 조직법이나 공동의 이해를 가진 민간 기구와 군사 기구가 최소한의 협조 관계를 유지해야 한다는 행정 명령 등이 USGS 내부의 이러한 전통이 발전하는 데 도움을 주었다.

민간 지형도에 군이 끼친 영향 가운데 잘 알려지지 않은 것이 바로 삼림을 녹색으로 표현하는 것이다. 나무가 있는 지역을 녹색으로 표현한 것은 식물학적 혹은 생태학적 이유 때문이 아니라 전술적 필요에 따른 것이었다. USGS의 지형 표현 세칙에 따르면, 지도에 나타내야 하는 삼림지는 "수목 피복 혹은 장차 수목 피복될 덤불을 포함하고 있는 마른 토지 지역"이며 "완전히 자랐을 때 높이가 적어도 6ft(2m) 이상이고 병력을 숨길 수 있을 정도로 울창해야 한다." 전통적인 측정 단위 역시 지도학적 세칙에 영향을 미친다. 예를 들어, 소규모의 고립된 삼림은 그 면적이 1에이커 이상 되어야 지도에 표현되고, 이러한 1에이커라는 최소 단위는 삼림 내의 개간지를 표현하는 데도 적용된다. 이와는 대조적으로 유럽의 지도는 일반적으로 킬로미터나 헥타르 단위에 기반한 표준들의 영향을 받는다.

19세기 미군에 의한 측량 조사가 유럽의 영향을 많이 받은 것은 분명한 사실이지만, 미국의 대축척 지도는 내용과 기호화 측면에서 미국만의 독특한 전통을 보유하고 있다. 철도 표현법을 예로 들도록 한다. 가는 직선에 동일한 간격의 짧은 수직선을 교차한 철도 기호(그림 10.2의 왼쪽)는 많은 사람이 알고 있는 지도학적 아이콘이다. 미국의 지도 이용자들에게는 너무나 친숙한 것이기 때문에 심지어 지도 범례에서 빠지기도 한다. 그런데 이것이 철도에 대한 천부적인 기호라 말 할 수 있을까? 당연히 아니다. 이 기호가 평행하게 놓인 침목 위를 강철 선로가 수직으로 달리는 모습을 연상시켜 주긴 하지만, 유럽이나 다른 나라에서 그들 고유의 지형도 표현 기준을 세운 사람들이 미국 철도 기호의 그래픽 논리에 쉽게 동의할 것 같지는 않다. 이러한 불일치의 결과로 유럽을 처음 여행하는 미국 여행객들은 일종의 지도학적 문화 충격을 경험하게 되는데, 처음에는 꽤 거슬리지만 이내 익숙해지기도 한다. 미국 여행객들이 장식 없이 검은색 굵은 실선으로 표현된 유럽식 철도 기호를 처음 보면 당황할 수밖에 없다. 보다 심각한 문제는 지도의 어디에서도 기호의 의미를 파악하도록 도와주는 어떠한 그래픽 단서도 찾을 수 없다는 것이다. 스위스 지도를 예로 살펴보면(그림 10.2의 오른쪽), 그래픽 단서 대신 Bhf.와 Hst.라는 글씨가 나타나 있다. Bhf.는 반호프(Bahnhof: '기차역'을 의미함)의 약어이고, Hst.는 할텐스텔(Haltenstelle: 정거장 혹은 작은 기차역을 의미함)

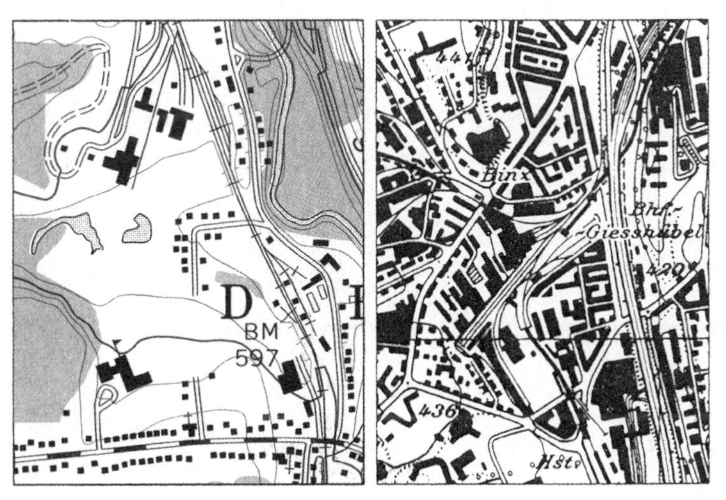

그림 10.2. 미국(왼쪽)과 스위스(오른쪽)의 대축척 지형도에 나타난 철도 기호의 비교(원축척에서 150% 확대)

의 약어이다. 이러한 약어나 피처 이름은 보완적인 단서, 어떤 경우에는 유일한 단서 구실을 하는데, 전적으로 기하학적이거나 전적으로 회화적인 그래픽 기호를 충분히 보완해 줄 수 있다.

미국과 스위스의 지도를 비교해 보면, 그래픽 표현의 관례에 있어 다양한 차이점이 있음을 알 수 있다. 그림 10.3에 나타난 바처럼, 애당초 모호한 피처에 대한 지도학적 기호는 두 국가 사이에서 매우 다를 수밖에 없다. 하지만 기호로서의 타당성이라는 측면에서는 동등하다. 예를 들어, 스위스 지도에서 굵고 긴 점선을 가는 평행선이 둘러싸고 있는 기호는 톱니 궤도 철도(cog-in-rack railway)를 의미한다. 이 철도에는 등간격으로 배열된 수직 톱니의 랙(rack)이 설치되어 있고, 톱니바퀴를 장착한 기관차나 동력차가 랙 레일과 톱니바퀴의 맞물림을 이용해 급경사를 올라간다. 그러나 미국 지도 이용자들은 빨간 점선으로 된 비슷한 모양의 기호를 보조 고속도로(secondary highway)■5로 인식한다. 그래픽적으로 볼 때, 간선도로(검은색 평행선을 빨간색이 채우고 있는 기호)와 지선도로(색이 채워져 있지 않은 같은 폭의 검은색 평행선)의 중간에 해당되기 때문이다. 또한 미국의 철도 기호를 약간 변형한 것 같은 기호가 스위스 지도에 나타나는데, 이것은 공중 케이블 선로(aerial tramway)이다. 공중 케이블 선로란 두 개 이상의 탑에 연결된 이동 케이블에 매달린 차량이 급경사를 오르거나 깊은 골짜기를 가로지르도록 고안된 교통로이다. 한편 미국 지도는 스위스의 복선 철도를 나타내는 두 개의 두꺼운 실

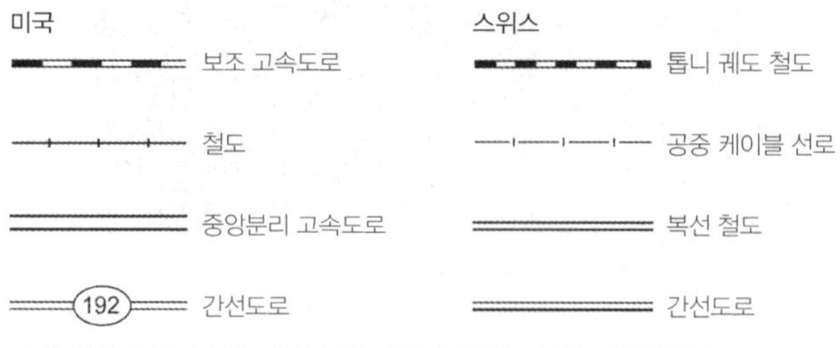

그림 10.3. 미국과 스위스의 지형도에서 사용되는 선형 기호의 비교

선 기호를 가져다가 그 간격을 약간 넓히고 붉은색으로 바꾸어서 중앙분리 고속도로의 기호로 사용한다. 미국의 지도 제작자들이 노선의 위계를 표현하기 위해 다양한 도로 표지판 기호[주 간 고속도로(interstate highway), 연방 고속도로(US highway), 주 고속도로(state highway)]■6를 사용하는 반면, 스위스는 아래쪽이나 오른쪽을 아주 굵게 그린 평행선을 통해 주요 고속도로를 표현한다. 이러한 확연한 차이에도 불구하고, 미국과 스위스의 지도학적 어휘는 개별 영토 내에서 동등하게 잘 작동하고 있다. 지도 이용자들이 기호를 숙지하고 있기 때문이기도 하고, 범례를 잘 활용하기 때문이기도 하다.

스위스를 방문한 사람들은 스위스처럼 작고 부유하며 영세 중립국인 나라의 대축척 지도가 아주 정밀하다는 사실에 놀라움을 금치 못한다. 자세히 살펴보면, 스위스 연방지형국(Bundesamt für Landestopografie)■7의 1:25,000 지형도가 미국의 1:24,000 지형도보다 내용이 더 풍부하고 더 많은 피처를 포함하고 있다는 사실을 발견할 수 있다. 물론 이러한 나의 평가에 반론이 있을 수도 있다. 두 나라 지형도의 외견상 가장 큰 차이점은 스위스 지도가 등고선을 보완해 주는 은은한 회색 음영을 사용한다는 점이다. 나는 정말로 이점을 강조하고 싶다. 이러한 지도학적 고양(高揚, enhancement) 덕분에 스위스의 지형도는 미국의 지형도보다 판독성이 뛰어날 뿐만 아니라 미적인 품격마저 갖췄다. 또 다른 뚜렷한 차이는 스위스 지도에는 도심 지역의 건물이 보다 자세히 표현되어 있다는 점이다(그림 10.2의 오른쪽). 미국의 지형도는 도시 건조(建造, built-up) 지역을 연한 붉은 색으로 뭉뚱그려 표현하고, 법원이나 교회와 같은 랜드마크 구실을 하는 건물만을 나타낸다. 스위스 지도학자들은 기하학과 지형을 중심에 두는 반면, 미국의 지도학자들은 교회, 학교 등 스위스 지도에서는 구분해 표시하지도 않는 피처들을 자세히 드러내는 데 치중한다. 미국 지도학자들이 지역 홍보에 열심인 지방 유지와 뭐가 다르냐는 비아냥에 어떻게 반응할지 궁금하다. 이처럼 미국과 스위스의 지도 제작자들은 서로 다른 기호 어휘를 발전시켜 왔다. 하지만 동시에 무엇을 지도상에 보여 줄 것인가에 대한 서로 다른 관점도 발전시켜 왔다.

다양한 국가 지도 제작 기관들에 대한 비교 분석을 수행해 보면 지형 어휘가 매우 다양하고, 매우 인접한 미국과 캐나다, 오스트리아와 독일, 노르웨이와 스웨덴 사이에서도 상당한 차이가 있다는 사실에 놀라게 된다. 이러한 차이는 마치 방언처럼 발전해 온 것인데, 국가별 필요성의 차이, 국가 간 격리 정도, 국가 간 혁신 수용의 차이 등에 기인한 것이다. 그러나 구두(verbal) 어휘와 달리 지도학적 어휘는 변화와 논쟁을 원치 않는 국가 기관의 공식 준칙과 세칙에 의해 보다 엄격하게 통제된다. 이것이 바로 스위스나 미국의 지형도에서 유독성 폐기장이나 핵 발전소 주변의 대피 구역을 찾아볼 수 없는 이유이기도 하다.

지도학적 행동 강령

지도 제작의 준칙과 세칙에는 지도 제작자들이 따라야 하는 수많은 의무 사항이 명시되어 있다. 그러나 국가 지도 제작 기관은 그들의 산출물과 활동을 면밀히 검토하기 전에는 잘 드러나지 않는 보다 암묵적이고 교묘한 전략을 추구한다. 이러한 숨겨진 지도학적 행동 강령을 살펴봐야만 마침내 그들이 갖고 있는 관료주의적 사고방식의 허울을 벗길 수 있다. 생산성을 추구하는 듯 보이고자 쉼 없이 노력하지만 어떤 순간이 도래하면 원칙을 스스로 무너뜨리는 그런 사고방식 말이다.

증오 발언(hate speech)에 대항하는 다문화 관점이 널리 확산되기 한참 전에 지도 제작자들은 '깜둥이 개천(Niger Creek; 'Nigger'의 오기)'(그림 10.4의 왼쪽)과 같은 지명이 인종 혐오적 성격을 지니고 있음을 잘 알고 있었다. 그럼에도 불구하고 왜 그러한 지명을 알아서 없애지 않았을까? 그들의 행동 강령을 옹호할 생각은 추호도 없지만, 정확성을 금과옥조로 여긴 그들의 순진함에 기인한 것이라는 설명에 동의한다. 즉, 19세기 말과 20세기 초반의 지도학자들은 초기 유럽 이주민 세대들이 가지고 있던 차별적 태도를 가감 없이 기록한다는 신조하에 그러한 지명을 사무적으로 표기했던 것이다. 초기 정착민들이 자연 사상들에 대해 친크 개천(Chink Creek), 다고 고개(Dago Pass), 잽 협곡(Jap Gulch), 깜둥이 호수(Nigger Lake)[8]와 같은 지명을 붙일 때도 엄청난 악의를 갖고 그렇게 한 것은 아닐 것이다. 제2차 세계 대전 이후 주 의회와 연방 의회가 학교, 공공장소, 주거 시설, 직장 등에서 인종 차별을 금지했기 때문에 최소한 공식적이고 공적인 자리에서 인종적 별칭(epithet)의 사용은 사라져 갔다. 또한 그러한 용어를 사용하면 그 대상이 아니라 그것을 사용한 사람이 훨씬 더 곤란한 상황에 몰리게 되는 정도로까지 사회가 진보해 갔다. 이러한 상황 변화로 볼 때, 수많은 인종 혐오 지명을 간직하고 있던 미국의 대축척 지도는 엄청난 항의와 난처함을 몰고 올 시한폭탄과 같은 존재

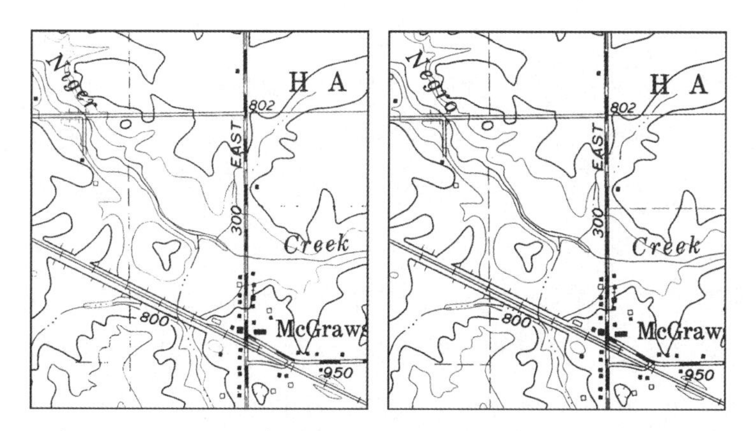

그림 10.4. 1980년도 판 7.5′ 지형도의 인디애나주 벙커힐(Bunker Hill) 도엽에 '깜둥이 개천(Niger Creek)'으로 표시된 것이(왼쪽) 1994년도 개정판에는 '니그로 개천(Negro Creek)'으로 개명되어 있다(오른쪽). 만일 1980년도 판본의 깜둥이(Niger) 철자가 두 개의 'g'로 올바르게 표시되어 있었더라면, USGS가 모욕성 지명을 솎아 내기 위해 지명 데이터베이스를 검색할 때 더 빨리 확인되었을 것이다.

가 되었다. 그러나 지도 관료들은 내부의 완고한 규칙들 때문에 지명 문제에 조치를 취하는 일에 적극적으로 나서지 못했다.

지형도상의 다른 모든 것들과 마찬가지로, 자연 사상에 이름을 부여 혹은 재부여하는 일 역시 공식적 절차를 밟도록 제도 개선이 이루어져 왔는데, 미국지명위원회(U.S. Board on Geographic Names) 산하 국내지명소위원회(Domestic Names Committee)가 이것을 관장하게 되었다. 국내지명소위원회는 주별 지명소위원회가 상정한 지명들을 검토하는 일을 주로 했다. 이제 지도상에 표기된 지명 때문에 모욕을 당한 사람이면 누구나 이용할 수 있는 공식적인 항의 채널이 마련된 것이다. 그런데 문제는 해당 지명을 그냥 삭제할 수 있는 게 아니라 반드시 다른 이름으로 그것을 대체해야 한다는 것이었다. 절차는 간단해 보이지만, 사실 채택될 만한 대체 지명을 제안하는 것 자체가 쉽지 않고, 많은 시간을 소요하는 일이었다. 따라서 지명위원회에 직접 호소해 모욕적인 지명이 사라진 경우는 거의 없었다.

결론적으로 미 연방 정부가 수립한 원칙은 USGS가 소속된 내무부의 공식 요청이 있을 때만 조치를 취한다는 것이었다. 지도에 나타난 두 개의 가장 심각한 모욕 단어를 상대적으로 중립적인 동의어로 교체하라는 훈령이 내려지게 된다. '흑인(black)'이 '아프리카계 미국인(African-American)'보다 더 선호되는 명칭이 되기 10년쯤 전인 1962년, 내무장관 스튜어트 유돌(Stuart Udall)은 도엽을 개정하거나 재인쇄할 때 '깜둥이(Nigger)'라는 지명이 포함되어 있으면 모두 '니그로(Negro)'로 바꾸라고 명령했다(그림 10.4의 예는 1994년판에 수정된 것을 보여 주지만, 기이하게도 1980년판에는 수정이 이루어지지 않았다). 또한 1967년에는 경멸적인 의미의 '잽(Jap)'을 '일본(Japanese)'으로 수정하라는 명령도 있었다. 그런데 무슨 연유인지는 모르지만, 중국계 미국인들과 에스파냐계 미국인들은 아직도 지도에서 '친크'와 '다고'라는 표현을 완전히 삭제하지 못하고 있다.

인종 혐오 지명에 대해 교과서적 태도로 일관한 지도 제작자들의 고집불통에 대해 진보적 자유주의자들은 개탄해 마지않았을 것이다. 그런데 또 다른 부류의 사람들은 또 다른 이유로 지도 제작자들의 또 다른 문화에 비슷한 감정을 가졌을 것이다. 재정적 보수주의자들은 그레이트솔트호를 커버하는, 푸른색만 칠해진 몇 장의 도엽이 존재한다는 사실에 대해 아연실색했을 것이다. 유타주의 7.5′ 도엽인 로첼 포인트 SW(Rozel Point SW)가 대표적인 예인데, 심지어 이 도엽 명도 해당 도엽 오른쪽 위의 다른 도엽의 사상에서 따온 것이다. 1:24,000 로첼 포인트 SW 도엽은 중앙에 '고도 4200'이라는 글자 외에는 아무것도 없는 연푸른색을 띤 허전한 직사각형일 뿐이다.■9 이것이 지도 도엽인 이유는 동일 축척의 다른 도엽, 예를 들어 프레즈노(Fresno) 도엽이나 캘러머주(Kalamazoo) 도엽처럼 제목, 경위선, 난외 주기(marginal notations) 등의 도엽 요소를 가지고 있다는 것뿐이다. 고도 4200이라는 숫자는 수면의 해발 고도에 대한 근사값일 뿐 호수의 깊이와는 아무런 관련이 없다. 그레이트베이슨■10에 있는 다른 수체(water body)와 마찬가지로 호수의 수위가 강우, 융설수, 증발로 인해 오르락내리락하기 때문에 개략적인 수치로만 나타낸 것이 올바른 방식이긴 하다. 호수의 물이 다 사라져 바닥의 깊이를 알게 될 즈음에는 지형도가 분명히 갱신될 것인데, 이것을 위안거리로 삼아야 할지 모르겠다.

왜 이렇게 의미 없어 보이는 도엽이 만들어지는 걸까? 아마도 두 가지 설명이 가능할 것 같은데, 둘 다 마뜩잖기는 마찬가지이다. 우선, 지도 제작자가 제시할 수 있는 가장 안전한 주장은 아무것도 없는 도엽도 여전히 도엽이며, 한 질을 완성하기 위해서는 구성 내용에 관계없이 내륙부에 대한 모든 도엽을 완성해야 한다는 것이다. 언젠가 강박에 사로잡힌 호소학자가 그레이트솔트호 전체 지형도를 한 장으로 붙여 전시장을 장식하려 할는지 아무도 모르는 일이라고 주장할 수 있다. 보다 비용적인 측면의 두 번째 설명이 있을 수 있다. 그레이트솔트호의 도엽과 같은 것은 적은 비용을 들이고도 '완성된 도엽'의 리스트에 쉽게 추가할 수 있기 때문에 성과에 집착하는 관리자의 입장에서 보면 연말 보고서를 윤색할 좋은 소재일 것이다. 첫 번째 동기가 두 번째 동기를 위한 그럴듯한 핑곗거리를 제공하기 때문에 두 개의 동기를 결합한 설명이 설득력 있게 들릴 것 같다.

지도학적 연방 관료주의를 최소 비용에 기반한 완벽한 지도 제작에의 집착으로 규정한 나의 설명이 아직 미심쩍게 들린다면 1980년대 초반의 '임시 지도(provisional map)'의 예를 통해 한 번 더 생각해 보기를 권한다. 백악관으로부터 7.5′ 도엽 시리즈의 제작 비용 절감을 압박받자, USGS 관리들은 지형도 제작 과정을 한 단계씩 따져 보기 시작했다. 비용 절감을 위한 여러 전략을 평가한 결과, 야외 조사, 그래픽 도안 작업, 편집 작업은 줄이는 대신 예비 조사와 조사 후 편집 과정을 늘리면 도엽당 1인 평균 작업 시간을 745시간에서 573시간으로 줄일 수 있다는 판단에 이르게 되었다. 완성된 임시 지도는 외견이 그다지 훌륭하지는 않았지만 여전히 국가지도정확도기준은 만족하는 것이었다. 또한 '임시'의 의미가 '사전에 준비된' 혹은 '이후에 영구적인 것이 만들어질 것을 전제한, 일시적인'이라는 의미를 갖는 것이라면, 미적으로 보다 완전한 지도가 언젠가 만들어질 것이라는 공약을 통해 지도 외견에 화가 난 지도 감정가들을 다독거릴 수도 있었을 것 같다.

이러한 저가형 지도의 미적 결함은 어느 정도였을까? 그림 10.5의 지도를 보이는 그대로 평가해 보자. '제 눈에 안경'이라는 말이 지도학적 결과물에도 적용될 수 있는지는 모르겠지만, 날카로운 펜으로 인쇄 원판을 긁어 '선착장(Boat Ramp)', '미국 성공회 첨탑(Episcopal Ch. Spire)'과 같이 흐릿하고 삐뚤삐뚤한 라벨을 붙이는 것은 USGS가 '지도 마무리(map finishing)'라고 부른 것에 턱없이 부족한 가히 원시적인 기법이라 아니할 수 없다. 부차적인 랜드마크, 해당 지역에서만 중요한 시설물, 측량 표식(예를 들어, 4피트 조수위

기준점을 'BM 4-Tidal'이라고 표시함) 등을 나타내는 라벨보다는 덜 조악하긴 하지만, 펜으로 긁어서 식자(植字)하는 것 자체가 지도의 양식성, 품위, 판독성에 대한 모독이다. 단축된 편집 공정과 오타 수정의 어려움 때문에 임시 지도는 전통적인 지형도에 비해 철자 오류의 가능성이 훨씬 더 높을 수밖에 없다.

제도사들이 라벨을 마구 갈겨 쓰던 바로 그즈음에 USGS가 7.5′ 임시 지도와 새로운 1:100,000 도엽 시리즈를 위해 수베니어(Souvenir)라는 독특한 글자체를 사용하기 시작했다는 것은 아이러니가 아닐 수 없다. 얼마나 독특한 글자체인지는 그림 10.6의 '스토더츠빌(Stoddartsville)'과 전통적인 글자체를 사용한 그림 10.4의 '맥그로빌(McGrawville)'을 비교해 보면 알 수 있다. 특히 뭉툭한 세리프(serif: 활자의 끝부분에 붙어 있는 짧은 획)와 대문자 K, U, Z

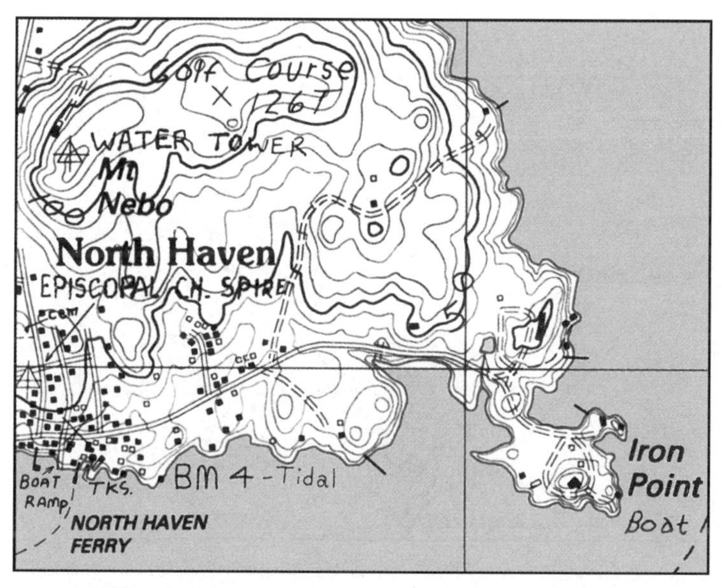

그림 10.5. 미국 USGS는 7.5′ 단위 1:24,000 축척의 '임시 지도' 시리즈를 서둘러 완성해야 했다. 메인주의 노스헤이븐(North Haven) 도엽을 보면 사진 음판에 조악한 라벨을 긁어 넣은 것을 확인할 수 있다(원도를 150% 확대).

와 소문자 v에서 볼 수 있는 유별나게 휘어진 대각선 획을 유심히 보자. 당시 광고 디자이너들이 따뜻한 느낌을 주는 컨템퍼러리룩(contemporary look)의 이 글자체를 좋아했다. 피자헛과 같은 전국 규모의 패스트푸드 체인점도 광고 문안과 메뉴에 수베니어체를 사용했다.

USGS 관리자들이 어떤 의도를 가졌는지를 정확히 알 수는 없다. 아마도 자신들이 생산하는 지도의 외양이 동시대의 감각에 부응하고 이용자들에게 친숙하게 느껴지길 바랬을 것이다. 이렇게 하면 권위와 권력이라는 지형도가 가진 전통적인 오라(aura)는 훼손되겠지만, 지도 판매는 늘어날 수 있었을 것이다. 어쩌면 최고 관리자가 수베니어체를 접하고는 마음을 빼앗겨 하급자들에게 그것의 사용을 권했을지도 모른다. 아니면 광고 분야에서 일한 경험이 있는 디자인 컨설턴트가 그 서체를 추천했을 수도 있다. 보다 냉소적인 추정도 가능한데, USGS 당국자들이 임시 지도의 앙상한 글씨로부터 사람들의 관

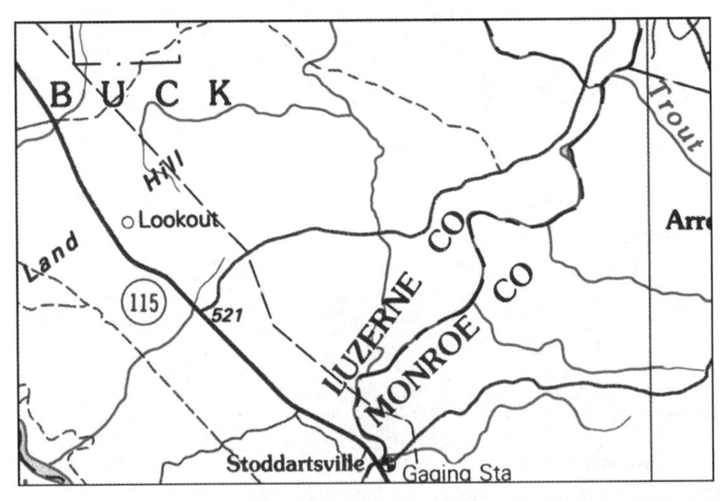

그림 10.6. 1:100,000 지형도의 많은 지명이 수베니어체로 표시되어 있다. 지도에는 벅(Buck)이라는 타운십 이름, 스토더츠빌(Stoddartsville)이라는 빌리지 이름, 그리고 두 개의 카운티 이름(LUZERNE CO, MONROE CO)이 수베니어체로 표기되어 있다. 지도는 펜실베니아주 스크랜턴(Scranton) 도엽의 1986년판 평면도(등고선 제거) 버전의 일부이다.

심을 돌리고 싶어 그림 10.5의 '노스헤이븐(North Haven)'과 같은 굵고 짙은 글씨의 위력에 빌붙고 싶었는지도 모르겠다. 디자인 고려 때문이건 우연 때문이건, 이러한 유인 효과(decoy effect)에 의지하는 것은 패스트푸드 지도학(fast-food cartography)에 걸맞는 겉치레의 한 양상일 뿐이다.

비용 절감을 위해 외양을 희생시킨 것이 의외의 긍정적 결과를 가져올 수 있다는 것을 잘 보여 주는 예가 바로 사진수정판(photorevised) 7.5′ 지형도이다. USGS는 54,000장이나 되는 지형도 도엽을 합리적으로 갱신하기 위해 일종의 편법을 쓰기로 결정한다. 지도 제작자들은 평균 5년에서 10년 주기로 가장 최근에 제작된 지도와 현재의 항공사진을 비교한다. 지도를 개정해야 할 만한 상당한 변화가 있는지, 그렇다면 완전히 새로운 지도를 제작할지 아니면 도로나 건물과 같은 새로운 피처들을 보라색 잉크로 첨가한 사진수정판을 만들 것인지를 결정한다. 갱신의 결과가 좋지 않을 수 있다. 일관성이 결여되어 있거나(예를 들어, 중앙분리 고속도로가 새로 건설되면 절토와 성토로 말미암아 주변의 고도가 변하게 되는데, 이를 반영한 등고선 수정이 이루어지지 않은 경우), 너무 튀어 보일 수도 있다(특히 여러분이 보라색을 싫어한다면). 그러나 많은 도엽에서 최신성의 향상이 가져다주는 이익은 미적 결함을 능가하고도 남는다. 색상에 대한 호불호와 관계없이 보라색 기호를 사용함으로써 어디서 변화가 발생했는지, 그리고 어떤 유형의 변화가 발생했는지를 매우 효과적으로 전달할 수 있다. 또한 지도 이용자들이 정적인 지도는 그것이 나타내려는 동적인 경관보다 항상 시간적으로 뒤처져 있다는 사실을 자각하게 해 주는 기능도 한다. 모든 지도는 거짓말을 하지만 사진수정판 지형도보다 더 솔직한 지도를 찾아보기는 거의 불가능하다.

기하학적 정확성과 지리학적 포괄성을 추구하는 연방 정부의 지도학자들이 터무니없는 실수를 하는 경우는 거의 없지만, 만약 그럴 경우 그 충격은 오래 간다. 내가 알고 있는 가장 어처구니없는 사례는 똑같이 어처구니없는 은폐 조작 시도에서 비롯되었다. 그림 10.7에는 스테이트칼리지(State College)에서 북동쪽의 데일서밋(Dale Summit)으로 이어지고 다시 545번 주 고속도로를 따라 북쪽으로 진행되는 가상의 철도가 표시되어 있다. 이 지도학적 허구는 1957년판 1:250,000 해리스버그 도엽에 등장하는데, 이 지도는 1:250,000 도엽 시리즈를 작업한 바 있는 미국 육군지도창(Army Map Service) 소속 제도사에 의해 편집된 것이다. 그는 스테이트칼리지에서 남쪽으로 파인그로브밀스(Pine Grove Mills)에 이르는 짧은 불용 지선을 항공사진과 고지도를 참고해 복원한 것으로 보인다. 그러나 그 복원로를 지나 업무 지구와 주택단지를 통과하고 상당히 급한 경사지를 가로질러 도시의 북동쪽으로 달리는 철도는 역사상 단 한번도 존재한 적이 없다. 만일 이런 노선이 가능하려면 적어도 한 개 이상의 교각 건설이나 상당량의 성토가 필요했을 것이다(내가 거기 살아봐서 잘 안다). 그러나 여기까지는 이야기의 절반에 불과하다. 그 뒤 '미국 USGS에 의해 부분 수정된'이라는 명칭이 붙은 1965년판 지도를 제작할 즈음에는 오류가 있다는 사실이 이미 드러났다. 그런데도 그 지도학적 화가가 취한 조치는 잘못된 철도 기호를 모두 제거하는 게 아니라 전통적인 철도 기호를 중간중간 끊어지는 형태로 표현해 사라져야 할 철도를 잔존시킨 것이었다. 1969년 무렵, 미 연방 지도 제작국이 마침내 이를 바로잡아 허구 철도를 최종적으로 삭제했다.

이 사례에서 볼 수 있듯이, 불필요한 기호가 지도상에 존재한다는 것은 무언가 실수가 있었다는 것을 방증한다. 그런데 피처의 삭제는 공식적 준칙에 근거한 심각한 숙의 과정을 통해 이루어진다. 예를 들어, 1980년대 미국 남서부 유적지에는 몰지각한 도굴범과 약탈범들의 횡포가 극심했다. 이에 국립공원관리청(National Park Service)이 USGS, 남캘리포니아 자동차클럽(Automobile Club of Southern California), 그리고 지도 출판사들에게 유적지와 고고학적 발굴지의 위치를 지도와 가이드 책자에서 지워줄 것을 요청했

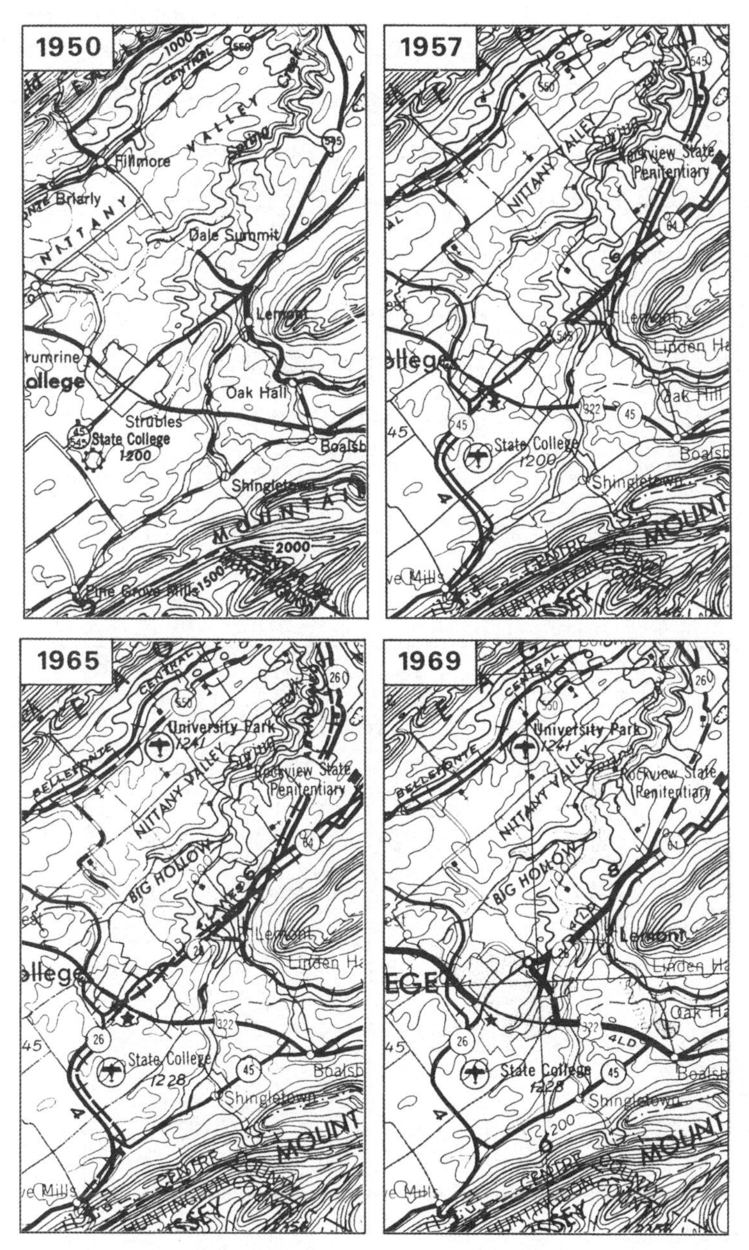

그림 10.7. 1:250,000 펜실베니아주 해리스버그 도엽의 일부를 여러 시기에 걸쳐 보여 준다 (1:250,000 축척이 대략 1:330,000 축척으로 축소된 상태). 스테이트칼리지로부터 북동쪽으로 달리는 유령의 철도가 제거되는 이상한 과정을 살펴볼 수 있다.

다. 이에 부응한 USGS는 콜로라도주 이즈메이(Ismay)에 대한 1958년판 15′ 지형도(그림 10.8의 위)와 보다 자세한 1985년판 7.5′ 지형도(그림 10.8의 아래)에서 암각화 표시를 제거했다. 보물 사냥꾼들이 노리는 대부분의 문화 유적지는 갱신이 진전되어 감에 따라 분명히 지도로부터 자취를 감추게 될 것이었지만, 뻔한 단서가 지도 아카이브에 그대로 남아 있어서 고고학적 피처를 감추려던 정책은 한발 늦은 꼴이 되었다. 비록 문화적 약탈에 대한 지도의 기여를 평가하는 것이 불가능할지 모르지만, 정확성과 완결성의 추구가 의도치 않은 결과를 만들어 낼 수 있다는 점은 확실한 것 같다.

국가 지도 제작 기관은 지도가 당연히 거짓말을 해야 하는 바로 그 이유 때문에 비난받기 쉬운 처지에 놓여 있다. 지도 사상들을 선정하고, 기호를 부여

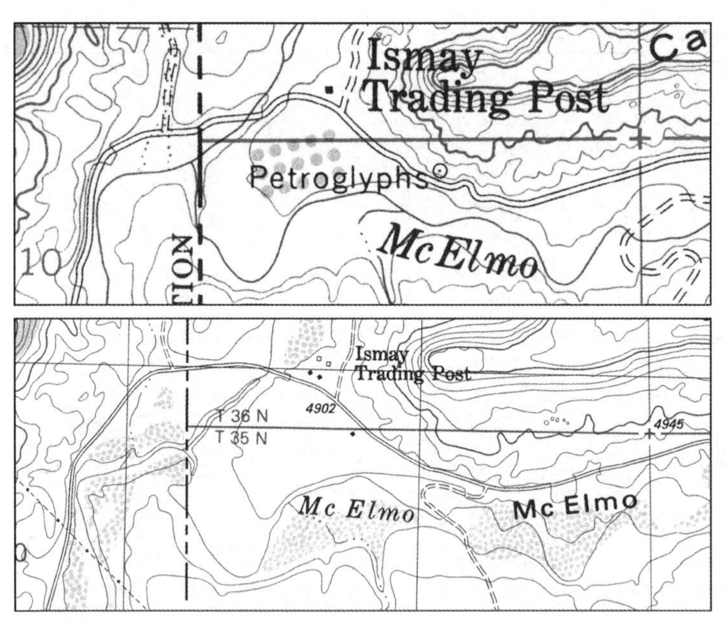

그림 10.8. 1950년대 후반에 제작된 지형도(위, 축척을 1:62,500에서 대략 1:24,000으로 확대)에는 이즈메이 교역소의 남동쪽에 암각화 기호가 나타나 있지만, 보다 최근에 제작된 7.5′ 지형도(아래)에는 암각화 기호와 다른 고고학적 유적지가 생략되어 있다.

하고, 지도 시리즈의 축척을 결정함에 있어 수많은 선택을 해야 한다. 그에 덧붙여 주기적인 검토와 수정을 통해 수만 장의 대축척 지도를 유통해야 하는 책임도 있다. 한정된 재원 때문에 많은 종류의 지도 시리즈를 생산한다고 해도 지도 이용자의 다양한 욕구를 모두 만족시키는 것은 거의 불가능하다. 또한 국가 지도 제작 기관은 강화된 원가 회수 기준, 연방 - 주 - 지방 간의 협조 체계의 효율화, 민영화 확대 등에 대한 정치권의 압력에 항시로 대처해야 한다. 기술의 급격한 발전으로 우선순위 재평가와 기준 개정에 대한 요구가 증대되고 있고, 전망은 밝지만 아직 고비용인 선택지들 사이에서 고민해야 할 일도 늘어나고 있다. 식견을 갖춘 지도 이용자라면 지도학적 관료 체제가 어떻게 작동하고, 무엇에 가치를 두며, 그러한 가치와 편향이 그들의 지도 생산품에 어떤 영향을 주는지에 대해 대강은 이해하고 있어야 한다.

온라인 일반도

현재 USGS의 웹사이트에 가면 디지털 지형도(topographic map)를 내려받을 수 있다. 하지만 이것 역시 정적인 지도이므로 구글이나 다른 경쟁자들이 제공하는 동적인 온라인 지도에 비해서는 여러 측면에서 활용성이 떨어지는 것이 사실이다. 갈색 등고선은 USGS 발행 지형도의 오랜 트레이드마크였다. 그러나 '장소 기술(place description)'을 뜻하는 토포그래피(topography)라는 용어 그 자체는 땅의 형태나 고도를 넘어 훨씬 더 폭넓은 의미를 가진다. 민간 기업이 제공하는 온라인 지형도는 고도에는 덜 신경 쓰는 대신, 길거리 이름을 더 많이 집어넣거나 개인 소유 빌딩에 수혜자 부담의 라벨을 붙이는 등의 부가적인 작업을 한다. 실제로 온라인 지형 매핑의 가장 큰 돈줄은 광고이다. 광고는 지도 한복판에 나타나기도 하고, 지도 바로 옆 패널에 나타나기도 한다. 이러한 민간 기업과 달리, 국가 지도 제작 기관은 환경 보전, 응급 상황 대처, 국방, 연방 토지의 효율적 관리 등과 같은 공공 문제 해결을 위해 필수적인 지리적 데이터를 과학적으로 생산하고 효율적으로 공급하는 일을 묵묵히 수행하고 있다.

공공 부문과 민간 부문의 이러한 관계는 일종의 파트너십으로 이해할 수 있다. 민간 부문은 연방 정부가 제공하는 지도학적 프레임워크에 토대한다. 이 프레임워크 속에는 공식 승인된 수많은 지명과 피처 이름을 모아둔 광대한 데이터베이스가 들어 있다. 도로망도와 색인이 들어간 가로망도를 출판하는 상업적 지도 회사는 이러한 공적 프레임워크를 이용함으로써 중요한 틈새 시장을 개척할 수 있었다. 이렇게 보면 둘의 관계가 전적으로 경제적인 성격을 갖는 것처럼 보이지만, 온라인 매핑이 미국 센서스국(Census Bureau)이 개발한 디지털 가로망도로부터 발전해 나온 것을 보면 공생적인 성격이 더 강한 것 같기도 하다. 센서스국이 디지털 가로망도를 개발한 원래 목적은 센서스 트랙트(census tract)라고 불리는 집계 구역(tabulation area)과 조사 대상 가구의 주소 정보를 연동하기 위한 것이었다. 민간 부문은 여기에 주소 로케이터(address-locator)■11와 경로 설정(route-following) 서비스를 첨가했다. 현시점에 우리가 가지고 있는 매핑 문화는 두 가지 전통을 동시에 반영한다. 하나는 공적 자금으로 구축된 공간 데이터에 대한 자유로운 접근의 문화이고, 또 다른 하나는 민간 부문 정보 서비스에 광고주가 후원하는 문화이다. 후자의 전통은 신문사와 방송 미디어가 처음 시작한 것이다. 온라인 매핑을 지원하는 기술의 대부분이 (특히 국방과 관련된) 디지털 지도학을 위한 중앙 정부의 지원에서 비롯된 것이라는 점 또한 기억할 만한 사실이다.

새로운 민간 부문 국가 지도는 여러 의미에서 혁명적이다. 빠른 갱신을 통한 정보의 최신성, 직사각형 경계 탈피가 가져다준 공간 데이터의 비단절성, 줌인/줌아웃 기능이 선사한 지도 상세성에 대한 지도 이용자의 고양된 통제력 등이 이러한 혁명의 주요 내용들이다. 그러나 그 어느 것보다 더 혁명적으로 느껴지는 것은 지도 이용자가 다소 전통적으로 보이는 지형도 뷰와 식생, 구조물, 수영장에 대한 상세한 항공 이미지 뷰 사이를 손쉽게 넘나들 수 있는 통제권을 부여받았다는 사실이다. 심지어 대화형 스트리트뷰 서비스를 통해 현관 베란다와 옆 뜰을 오가면서 주택의 이곳저곳을 살펴볼 수도 있다. 미국 문화에서는 이러한 약한 형태의 침범 행위가 용인되는 듯 보이지만(우리는 지붕과 벽체를 통한 허가받지 않은 전자적 침투로부터 보호받을 헌법적 권리를 가지고 있다), 몇몇 유럽 국가들에서는 길거리와 같은 공적 공간에서 이동형 카메라를 통해 수집한 이미지를 인터넷에 게시하는 것이 금지되어 있다. 하나의 문화적, 정치적 표명으로 이해될 수 있는 사생활 보호에 대한 이러한 우려가 결국 지형도의 상세성에 제한을 가하는 중요한 인자로 작용할 것이다.

··역자 주

1. 우리나라의 국가 지도 제작 기관은 국토지리정보원(www.ngii.go.kr)이다.
2. 우리나라에서는 이것을 '지도도식규칙' 혹은 '지도도식규정'이라고 부른다.
3. 전체 문제를 해결하기 어렵다고 판단한 경우, 전체 문제를 하위 문제로 분할하고, 개별 하위 문제를 해결함으로써 전체 문제의 해결을 도모하는 전략을 의미한다.
4. 우리나라의 1:25,000 지형도와 1:50,000 지형도도 미국의 경우와 마찬가지로 각각 7.5′ 단위와 15′ 단위로 자른 것이다.
5. 미국의 몇몇 주는 주 고속도로 외에 특수 목적용 보조 고속도로를 운영하고 있다. 예를 들어, 텍사스주는 촌락 지역으로의 접근성을 높이기 위한 보조 고속도로 시스템을 운영하고 있다.
6. 기호의 모양 때문에 방패(shield)라고 부른다.
7. 스위스의 국가 지도 제작 기관의 이름으로, 스위스토포(Swisstopo)라는 영어화한 명칭을 2002년 이래로 공식적으로 사용하고 있다.
8. 친크는 중국인을, 다고는 이탈리아인, 에스파냐인, 포르투갈인을, 잽은 일본인을, 깜둥이는 흑인을 모욕적으로 부르는 말이다.
9. 2000년대 이후에 발행된 해당 도엽의 중앙에는 그냥 '그레이트솔트호'라고만 적혀 있다.
10. 미국의 네바다, 유타, 캘리포니아, 아이다호, 와이오밍, 오리건 등 6개 주에 걸쳐 있는

광대한 분지이다.

11. 주소 정보를 좌표값으로 전환해 지도상에 표시할 수 있게 해 주는 프로그램 혹은 애플리케이션으로, GIS에서는 이러한 오퍼레이션을 지오코딩(geocoding)이라고 부른다.

11장

데이터 지도: 여러 가지 골치 아픈 선택들

Data Maps: A Thicket of Thorny Choices

동일한 데이터세트로부터 여러 개의 매우 다른 지도가 만들어질 수 있다. 코로플레스맵을 예로 들자면, 계급 단절값(class breaks)을 다르게 설정하면 매우 다른 공간 패턴을 보이는 지도가 만들어진다. 따라서 한 장의 지도는 같은 정보로부터 만들어질 수 있는 수많은 지도들 중 하나에 불과하다. 그러므로 흥미로운 공간적 경향성이나 의미 있는 지역 구분 체계를 잘 드러내고 싶다면, 데이터를 주의 깊게 살펴보고 다양한 지도학적 대안들을 철저하게 검토해야 한다.

바람직한 지도 이용자라면 연구 결과를 과장하는 과학자, 대중 조작을 일삼는 정치인, 눈과 마음을 현혹하는 광고 제작자, 그 외의 선동가들이 자신의 목적을 관철하기 위해 정교하게 제작한 다양한 통계지도에 대해 경계의 눈빛을 거두지 말아야 한다. 얼마나 많은 지도 소프트웨어 사용자가 규모(magnitude) 데이터■[1]를 코로플레스맵 형식으로 나타내면 현상의 본질을 호도할 수 있다는 사실을 이해하고 있을까? 카운티와 센서스 트랙트의 단순한 면적 차이가 지도 해석에 심대한 왜곡을 발생시킬 수 있다는 사실을 얼마나 잘 이해하고 있을까?[2]

이 장에서는 지도 패턴에 영향을 주는 두 가지 요소, 합역(合域, areal aggregation)과 데이터 계급구분(classification)에 대해 다룬다.[3] 이를 위해, '기즈모(gizmo)'라고 부를 가상의 전자 장치에 대한 단순한 예를 활용할 것이다.[4] 공공 정책 분석, 마케팅, 사회과학 연구, 질병 통제 등에 관심이 있는 사람이라면, 데이터를 지도로 나타내면 정말로 유용한 정보가 산출되기도 하지만, 동시에 말도 안 되는 왜곡이 발생할 수도 있음을 명확히 이해하고 있어야 한다.

합역, 동질성, 공간단위

대부분의 정량적 지도는 카운티, 주, 국가와 같은 역형 공간단위로 수집된 데이터를 표현한다.[5] 지리적 데이터를 통계 그래프로 표현하거나 상관계수와 같은 측도(measure)를 통해 분석할 때, 이러한 통계 분석의 결과는 어떤 공간단위를 사용하느냐에 의존적이다.[6] 다른 합역 방식을 통해 재구성된 데이터를 가지고 동일한 분석을 실행하면, 전혀 다른 패턴이나 관련성이 도출될 수 있다. 따라서 연구자는 분석의 결과를 제시할 때 반드시 어떤 공간단위를 사용했는지 단서를 달아야만 한다. 즉, "카운티 단위 수준에서는" 북쪽에서 남쪽으로 갈수록 증가하는 경향이 나타나지만, 주 단위 수준에서는 매우 다른 패턴이 나타날 수도 있음을 지도를 보는 사람들에게(그리고 지도를 그리는 자신에게도 마찬가지!) 경고해야 한다.

합역은 비율(rate)이나 비(ratio) 데이터를 표현한 지도의 패턴에 엄청난 영향을 미칠 수 있다. 예를 들어, 가구당 평균 기즈모 대수와 같은 비 속성은 데이터를 카운티 단위로 합산한 경우와 카운티를 구성하고 있는 타운 단위로 합산한 경우 완전히 다른 지도가 만들어질 수 있다. 그림 11.1에는 타운 수준의 지도 세 장이 나타나 있다. 그래픽 기호가 사용되지 않았기 때문에 진짜 지도라기보다는 속성값의 공간적 서열을 보여 주는 일종의 수표(數表, number table)라 볼 수 있다. 이 예를 통해 어떤 공간단위가 사용되는지, 공간단위가 어떤 모양인지에 따라 비율 계산이 얼마나 달라질 수 있는지를 보여 주고자 한다. 왼쪽 위의 지도는 28개 개별 타운이 보유한 기즈모 대수를 나타내고, 오른쪽 위의 지도는 가구 수를 나타낸다. 그리고 아래의 지도는 기즈모 보유율을 나타내는데, 비율의 패턴이 상하 방향으로 매우 단순하게 나타난다. 즉, 상단의 1열은 낮고 중앙의 2열은 평균이며 하단의 1열은 높다. 그런데 좌측 상단 맨 끝의 타운, 우측 하단 맨 끝의 타운, 전체 지역의 중심점 바로 아래에 위치한 타운, 이 세 타운의 가구 수가 다른 타운들에 비해 월등히 많다는 점을 일단 기억해 두자. 한편, 동일한 자료를 카운티로 합역해 기즈모 보유율을 다시 계산하고 그것을 지도로 나타내면(그림 11.2), 앞의 지도와는 완전히 다른, 왼쪽에서 오른쪽으로 증가하는 패턴이 나타난다. 이러한 차이의 근본 원인이 바로 가구 밀도의 공간적 변동(spatial variation) 때문이다.[■7]

타운의 합역을 통해 드러나는 카운티 수준의 공간적 패턴은 타운을 카운티로 어떻게 묶는지에 의존적인데, 합역 방식의 결정은 본질적으로 임의적인(arbitrary) 성격을 가질 수밖에 없다.[■8] 그림 11.3은 28개의 타운을 묶는 또 다른 두 개의 합역 방식의 예를 보여 준다. 너무 비현실적인 예로 보일지 모르지만 어떤 행정적 격변을 가정한 것으로 이해하면 될 듯하다. 위의 지도들은 타운을 세 개의 수평적인 카운티로 합역한 것으로, 타운 수준의 상하 경향을 그대로 반영한다. 아래의 지도들은 매우 대조적인 결과를 보여 주는 합역 방식이 나타나 있다. 28개 타운이 네 개의 카운티로 합역되어 있는데, 세 개의 면적이 작은 카운티는 상대적으로 가구 수가 많고, 면적이 큰 나머지 하나는 지역 전체의 평균 가구 규모를 대변한다. 아래의 기즈모 보유율 지도는 보

기즈모 대수

1,000	100	50	100	50	100	50
200	100	200	100	200	100	200
100	200	100	4,000	100	200	100
200	400	200	400	200	400	3,000

가구 수

2,000	200	100	200	100	200	100
200	100	200	100	200	100	200
100	200	100	4,000	100	200	100
100	200	100	200	100	200	1,500

가구당 기즈모 대수

0.5	0.5	0.5	0.5	0.5	0.5	0.5
1.0	1.0	1.0	1.0	1.0	1.0	1.0
1.0	1.0	1.0	1.0	1.0	1.0	1.0
2.0	2.0	2.0	2.0	2.0	2.0	2.0

그림 11.1. 28개 가상의 타운별 기즈모 대수(왼쪽 위), 가구 수(오른쪽 위), 가구당 평균 기즈모 대수(아래)를 나타낸 타운 수준 수표

기즈모 대수

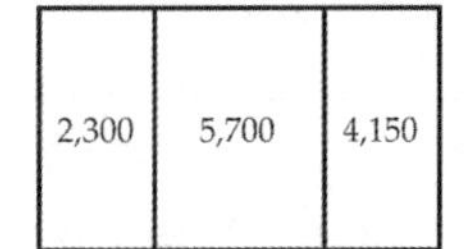

가구 수

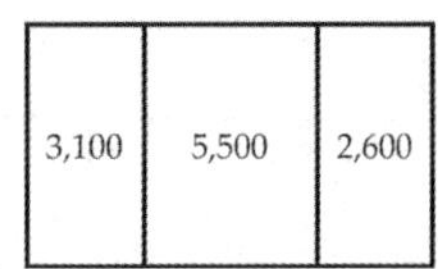

가구당 기즈모 대수

0.74	1.04	1.60

그림 11.2. 그림 11.1에 나타나 있는 28개의 가상 타운을 3개 카운티로 합역해 기즈모 대수(왼쪽), 가구 수(가운데), 가구당 평균 기즈모 대수(오른쪽)를 나타낸 카운티 수준 수표

기즈모 대수

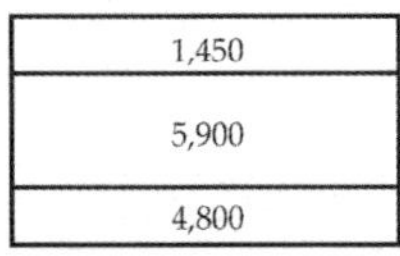

가구 수

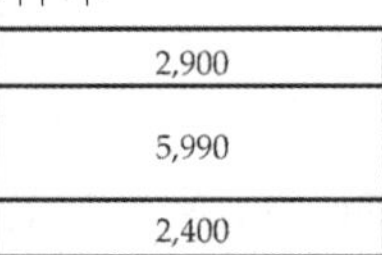

가구당 기즈모 대수

0.5
1.0
2.0

기즈모 대수

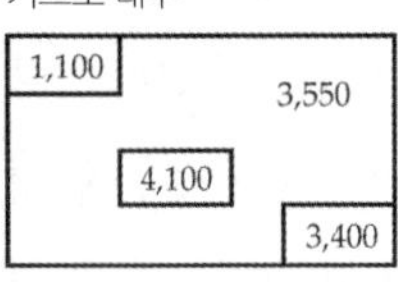

가구 수

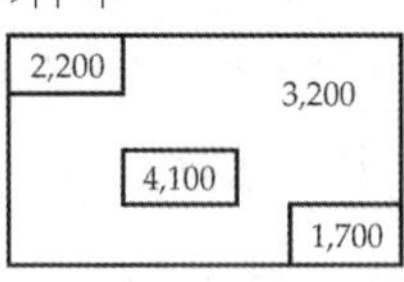

가구당 기즈모 대수

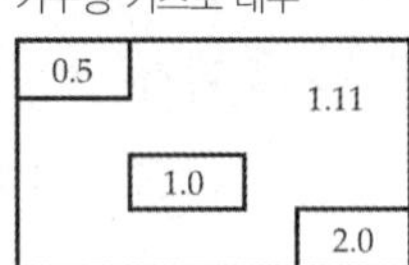

그림 11.3. 28개 타운을 몇 개의 카운티로 합역한 카운티 단위 수표

다 도시적 성격이 강한 세 개의 카운티와 보유율 값이 1이 조금 넘는, 아주 면적이 넓고 촌락의 성격이 강한 하나의 카운티를 선명히 구분 짓고 있다. 그림 11.2와 11.3의 맨 오른쪽 지도를 회색조 역형 기호를 사용해 코로플레스맵의 형태로 표현하면 서로 다른 공간적 패턴이 잘 드러날 것이다.

합역이 지리적 패턴에 얼마나 큰 영향을 끼치는지를 보여 주는 또 다른 예를 살펴보자. 그림 11.3이 타운이 카운티로 합역되는 방식에 따라 매우 다른 카운티 수준의 패턴이 나타날 수 있다는 사실을 보여 준다면, 그림 11.4는 완전히 다른 타운 수준의 패턴에 특정한 방식의 합역이 적용되면 동일한 카운티 수준의 패턴이 나타날 수 있음을 보여 준다. 하단에서 상단으로 갈수록 값이 점점 커지다 상단 오른쪽에서 가장 높은 기즈모 보유율 값이 나타나는 분포 경향에 주목하라. 이 지도를 그림 11.2에 나타난 카운티 경계를 적용해 합역을 하면 그림 11.2와 매우 유사한 카운티 단위 보유율 패턴이 나타난다. 그림 11.1과 그림 11.4에 나타난 공간적 수표들을 서로 비교해 보면 타운 수준의 패턴이 얼마나 다른지 확인할 수 있다. 이 예는 사용된 데이터 단위를 분명

기즈모 대수

190	285	200	350	350	210	890
455	450	1,085	960	895	520	1,260
355	315	525	480	595	360	700
130	120	80	100	80	110	100

가구 수

100	150	100	200	100	50	100
350	300	700	600	500	200	300
500	450	700	600	700	400	500
650	600	400	500	400	550	500

가구당 기즈모 대수

1.90	1.90	2.00	1.75	3.50	4.20	8.90
1.30	1.50	1.55	1.60	1.79	2.60	4.20
0.71	0.70	0.75	0.80	0.85	0.90	1.40
0.20	0.20	0.20	0.20	0.20	0.20	0.20

그림 11.4. 그림 11.1과는 전혀 다른 기즈모 대수, 가구 수, 기즈모 보유율 패턴을 보여 주는 타운 수준 수표. 이것을 카운티 단위로 합역하면 그림 11.2에 나타나 있는 것과 유사한 패턴이 나타난다.

히 밝히는 것이 얼마나 중요한지, 그리고 하나의 합역 수준에서 뚜렷이 드러난 공간적 경향성이 다른 수준에서도 동일하게 드러날 것이라고 가정하는 것이 얼마나 섣부르고 위험한 것인지를 잘 보여 준다.

사례에 나타난 카운티들은 개별 구성 타운들을 살펴보면 알 수 있듯이 분명히 내적으로 동질적이지 않다. 그렇다면 타운 내부의 동질성은 어떠할까? 11,200 개별 가구의 위치와 가구 밀도의 세부적 공간 변동이 타운 경계의 구조 속에 감춰진 것은 아닐까? 그림 11.5의 점 패턴 분포는 그림 11.1에 나타난 타운 수준의 빈도값과 비율 값의 산출을 가능케 하는 수많은 점 패턴 분포 중 하나를 보여 주는 것이다. 세 가지 점형 기호는 가구 규모(10, 100, 500 가구)를 나타내며, 또 다른 기호는 가구당 기즈모 보유 대수(0, 1, 2)를 나타낸다. 두 기호를 결합하면, 가구 규모와 기즈모 보유 대수를 동시에 읽을 수 있다. 10가구를 나타내는 가장 작은 크기의 기호는 촌락의 특성이 두드러지는 지역을 대변한다. 인터넷 연결이 용이하지 않거나, 여유 시간이 많지 않거나, 디지털 기기에 익숙하지 않거나 하는 등의 이유로 기즈모 보유율이 낮게 나타난다. 지역 전체에 걸쳐 험준한 산지, 공원지 혹은 삼림지, 미개발된 국유지 등이 넓게 분포하고 있어 사람이 살지 않는 곳이 많다. 400가구 이상 되는 6

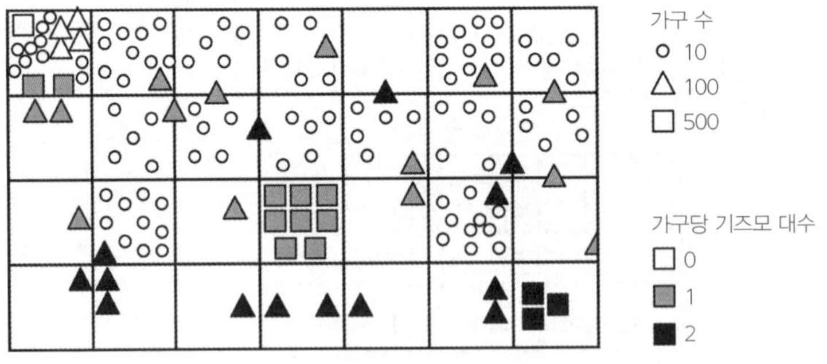

그림 11.5. 마을과 가구 수준에서의 기즈모 보유율 차이를 보여 주는 상세 지도. 그림 11.1의 타운 수준 패턴과 그림 11.2의 카운티 수준 패턴을 산출할 수 있는 수많은 상세 패턴들 중 하나를 보여 준다.

개의 큰 마을 중에서 2개 마을이 가구당 평균 2대의 기즈모를 보유하고 있다. 그리고 2개 마을은 1대, 나머지 2개 마을은 기즈모가 없다.[9] 그림 11.5에는 그림 11.1에서 볼 수 있는 타운 수준의 상하 경향과 그림 11.2에서 볼 수 있는 카운티 수준의 좌우 경향의 요소가 모두 포함되어 있지만, 기즈모 보유율 패턴은 인구 밀집지를 대변하는 세 개의 카운티와 지역 전체의 평균 경향을 대변하는 나머지 하나의 카운티로 분리된 그림 11.3의 오른쪽 아래의 지도와 더 유사하다. 그러나 이것 역시 유사할 뿐 그 차이는 상당하다. 이 예는 공간단위의 구조(configuration)가 어떻게 공간적 상세 패턴을 감출 수 있는지, 그리고 한 변수의 공간적 패턴을 얼마나 편향적으로 표현할 수 있는지를 잘 보여 준다.

합역 효과가 심각한 논리적 문제를 야기하기도 한다. 부주의한 분석가나 순진한 판독자는 특정 공간단위 패턴에 근거해 개별 가구의 특성을 추론하는 일종의 논리적 비약 혹은 오류를 빈번히 저지른다.[10] 예를 들어, 그림 11.5의 오른쪽 하단 모서리에 있는 큰 마을에 대해 생각해 보자. 이곳의 가구당 평균 기즈모 보유율 2대는 이 마을의 1,700가구 모두가 2대의 기즈모를 가지고 있다는 것을 의미하지 않는다. 어떤 가구는 전혀 없을 수도 있고 어떤 가구는 3~5대를 보유할 수도 있다. 한두 주민이 강박적 수집가[취미가 아니라 강박적으로 비축해 두는 사람(hoarder)]라면 반 이상의 가구에 기즈모가 1대뿐이거나 전혀 없을 수도 있다.

중고 기즈모 수집광의 예가 조금 억지스럽게 들린다면, 사회과학자들과 마케팅 분석가들이 흔히 사용하는 가구당 평균 소득을 생각해 보자. 한두 명의 갑부 때문에 작은 마을의 가구당 **평균** 소득이 엄청나게 높을 수 있다. 이 경우 높은 평균 소득은 해당 지역 전체의 경제 수준을 반영하지 못하는 그저 통계적 특이값에 불과한 것으로, 주민 대부분이 사실은 가사 도우미, 정원사, 안전요원으로 일하고 있다는 사실을 감추어 버린다. 정보 비공개 원칙으로 개인 소득에 대한 더 정확한 데이터를 공표할 수 없기 때문에 합역된 센서스 데이터가 이용 가능한 가장 상세한 정보인 경우가 대부분이다. 이러한 센서스 데이터는 공간단위에 대한 평균값일 뿐 개별 주민의 특성에 대해서는 아무것도 말해 주지 않는다.

그렇다면 합역 데이터는 아무런 쓸모가 없는 것일까? 분명히 그렇지 않다. 특히 공공 정책 분석에서 타운과 카운티는 주 정부나 연방 정부의 예산 배분 및 성과 측정에 있어 매우 중요한 기본 행정단위 구실을 한다. 심지어 카운티 보다 더 높은 수준의 합역 데이터가 더 큰 유용성을 발휘하는 경우도 있을 수 있다. 주지사나 상원 의원이 자신의 주와 나머지 49개 주를 비교하고자 하는 경우가 한 예일 수 있다. 근린이라는 공간단위와 그것들 간의 차이를 중요시하는 지방 관리나 사회과학자들은 합역의 가치를 너무나 잘 이해하고 있다.■11 또한 정보 비공개 원칙을 준수하면서 센서스나 서베이 데이터를 공표하기 위해서는 합역이 필수적이다. 개인 데이터의 공표가 불가능한 상황을 고려할 때, 합역 데이터는 데이터가 없는 것보다 훨씬 좋은 것이다. 합역 데이터를 사용하는 사람들은 센서스국이 센서스 트랙트나 다른 공표구의 내적 동질성을 좀 더 확보하는 방향으로 경계를 수정해 줄 것을 촉구하기도 한다. 센서스 트랙트 단위의 데이터에 불만을 느끼는 사람들은 더 의미 있는 합역 데이터를 획득하기 위해 기꺼이 비용을 지불하기도 한다.

그렇다면 분별 있는 분석가가 할 수 있는 일은 무엇이 있을까? 다음과 같은 명백한 사실 외에는 별로 할 게 없다. 해당 지역과 데이터에 대해 제대로 알고, 다양한 수준의 합역을 실행해 보고, 모든 결론에 합역 수준과 관련된 단서를 다는 것이다.

또한 회의주의적 관점을 견지하는 지도 이용자가 할 수 있는 일은 무엇이 있을까? 다양한 합역 수준에서 제작된 다양한 지도들을 찾아보고, 그것들을 서로 비교해 보는 것이다. 그래서 자기 입맛에 맞는 합역 수준을 선택한 지도학적 조작자(cartographic manipulator)들의 간교함에 지속적인 의문을 제기하는 것이다.

데이터 병합, 계급구분, 특이점

코로플레스맵은 특정 범위의 값을 가진 공간단위를 특정 범주로 묶고 그 특정 범주에 특정한 기호를 부여함으로써 만들어진다. 이렇게 데이터를 범주로 묶는 과정은 또 다른 종류의 데이터 병합이라고 볼 수 있다.■[12] 데이터 병합을 통해 생성된 몇 개의 범주에 순차적 명암 차를 보이는 컬러나 회색조 기호를 부여하게 되는데, 문제는 시각적으로 구분 가능한 기호의 수가 6~7개로 한정된다는 점이다. 보통 지도 제작자들은 4~5개의 범주를 사용한다. 이용 가능한 역형 기호가 분명한 등급 차를 제대로 보여 주지 못할 경우에는 특히 범주의 개수를 적게 해야 한다(코로플레스맵에서는 심미적인 이유뿐만 아니라 내륙 호수나 자료 누락 지역과의 혼돈을 피하기 위해 불투명 흰색과 완전 검은색은 사용하지 않는다).

계급구분 때문에 원래의 공간적 경향성을 왜곡하는 지도 패턴이 생성될 수 있다. 계급 단절값을 임의로 선택함에 따라 간단명료한 경향성이 불필요하게 분절적인 패턴의 지도로 표현되거나, 의미 있게 복잡한 경향성이 지나치게 평활한 패턴의 지도로 과도하게 단순화될 수 있다. 그림 11.6은 코로플레스맵의 외견에 계급 단절값이 끼치는 영향을 보여 주는데, 그림 11.4의 타운 수준 기즈모 보유율 데이터를 예시로 들고 있다. 왼쪽의 지도에서는 우측 상단 모서리를 향해 아래에서 위로 증가하는 분명한 경향성이 잘 나타나지만, 오른쪽 지도에서는 같은 자료지만 보다 분절적인 패턴이 나타난다.

예시의 계급구분과 관련해 다양한 질문을 제기할 수 있다. 둘 중 하나를 골라야 한다면 어느 지도가 옳은 지도인가? 만약 '옳은'이라는 말이 너무 극단

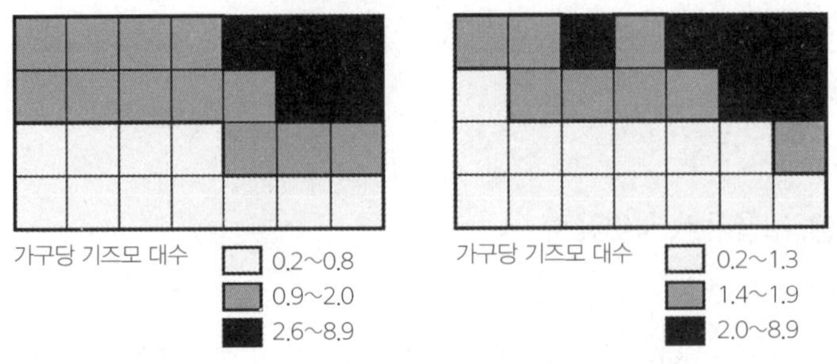

그림 11.6. 그림 11.4의 데이터에 상이한 계급구분을 적용하면 서로 다른 패턴을 보이는 3 계급 지도가 만들어진다.

적으로 들린다면, 질문을 조금 바꿀 수 있다. 어느 지도가 데이터를 더 잘 표현하고 있는가? 두 지도 모두 가장 짙은 기호로 표현된 세 번째 계급의 내적 변동(급간이 가장 넓음)을 감추고 있지는 않은가? 비율이 0.2인 7개의 타운은 별도의 계급으로 분류해야 하는 것은 아닌가? 전체 데이터 범위 내에서 최소값 부근의 0.1 차이는 최대값 부근의 0.1 차이보다 더 중요한 것은 아닌가? 3개의 계급 수가 과연 최소한의 적절한 해답인가?

이러한 질문들은 지도 이용자들뿐만 아니라 지도 저작자들에게도 매우 중요하다. 특히 지도학적 훈련이 전혀 되어 있지 않은 채로 그래픽 소프트웨어를 통해 지도를 만드는 사람들에게 그러하다. 소프트웨어 애플리케이션은 보통 '자동' 계급구분을 위한 몇 가지 옵션을 제공하고, 순진한 지도 저작자들은 보통 손쉬운 옵션 중 하나를 선택한다. 어떤 경우에는 소프트웨어가 계급구분에 대한 선택 옵션 없이 곧바로 지도를 그려 내기도 한다. **디폴트 옵션**이라 불리는 계급 단절값에 대한 이러한 자동 선택 기능은 주저하는 잠재적 구매자에게 즉각적인 과업 수행의 기쁨을 선사하기 때문에 훌륭한 마케팅 전략일 수 있다.

그러나 과연 이러한 디폴트 옵션이 올바른 지도를 만들어 줄 수 있을까? 그림 11.7은 그림 11.6에서 사용한 타운 수준의 기즈모 보유율 데이터에 가장

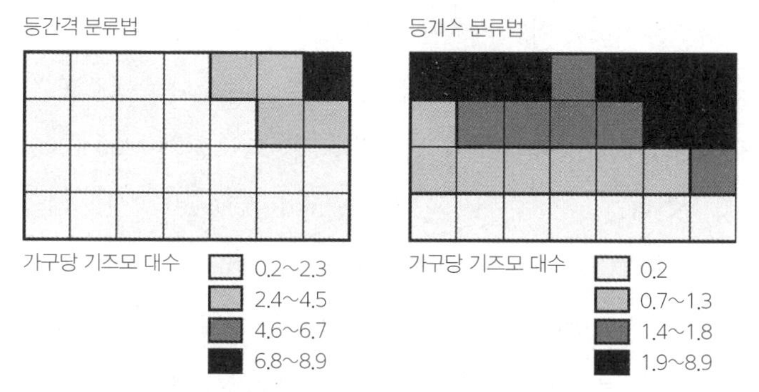

그림 11.7. 코로플레스맵 제작 소프트웨어에서 '디폴트'로 제공되는 두 개의 계급구분 방법을 적용해 제작한 4 계급 지도들. 그림 11.4의 데이터에 적용한 것으로 매우 상이한 패턴이 나타난다.

일반적인 두 가지의 분류 옵션을 적용해 작성한 4 계급 지도 패턴을 보여 준다. 왼쪽 지도는 **등간격**(equal-intervals) 분류법에 따라 최저값(0.2)과 최대값(8.9)의 범위(8.7)를 네 개의 동일한 급간(2.175 단위)으로 분할한 것이다. 이 계급구분에 따라 대부분의 타운은 첫 번째 계급에 할당되고, 세 번째 계급(4.6~6.7)에 해당하는 타운은 없다. 등간격 분류법은 데이터가 전 범위에 걸쳐 고르게 분포해 있을 때 가장 잘 작동하고, 계산이 간편하다는 최고의 장점을 가지고 있다.

이와는 대조적으로 오른쪽 지도는 **사분위**(quartile) 분류법이 적용된 것인데, 데이터를 크기에 따라 차례로 정리한 후 순서에 따라 네 개의 계급으로 나눈다. 이렇게 하면 모든 계급이 동일한 수의 공간단위를 가지게 된다. 물론, 공간단위의 수가 4의 배수가 아니거나 동일값 때문에 정확히 4등분 되지 못할 경우(여기서도 왼쪽 상단에 있는 비율이 1.9인 두 개의 타운이 최상위 계급에 속하게 되었다) 계급의 공간단위 수가 꼭 같지는 않다. 이 분류법을 적용해 그린 지도의 패턴은 시각적 균형감이 좋다. 그러나 최상위 계급은 급간이 아주 넓어 내적으로 이질적이고, 두 번째와 세 번째 계급 사이의 계급 단절값은 거의 비슷한 두 개의 값(1.3과 1.4) 사이에 위치한다. 이러한 네 개의 사분위 계급에 기초한 지도는 어떤 타운이 상위 1/4 혹은 하위 1/4에 속하는지에 관심이 있는 지도 사용자에게는 매우 유용하다. 계급 수를 다섯 개로 할 경우에는 **오분위**(quintiles) 분류법이 되고, 이것을 일반화해 **등개수**(quantile) 분류법이라고 부른다. 이러한 순위 - 균형(rank-and-balance) 방식의 계급 분류 방법은 계급 수에 관계없이 적용할 수 있다.

일부 매핑 애플리케이션은 코로플레스맵에 대해 '무계급(no-class 혹은 class-less)' 옵션을 제공한다. 개별 속성값(최소한 50개까지)에 대해 개별 회색조를 부여하는 것이다. 원론적인 의미에서 보면, 이것은 계급 단절값을 설정해야 하는 어려움을 피해 갈 수 있는 좋은 방법처럼 보인다. 그러나 그림 11.8에서 볼 수 있듯이, 회색조의 계열성이 잘 드러나지 않고, 지도 범례가 너무 축약되어 나타나거나 혹은 너무 많아 혼란스럽다. 더욱이 개별 속성값에 개별 계급을 지정하게 되면, 뚜렷하고 의미 있는 공간적 경향성이 지도 패턴

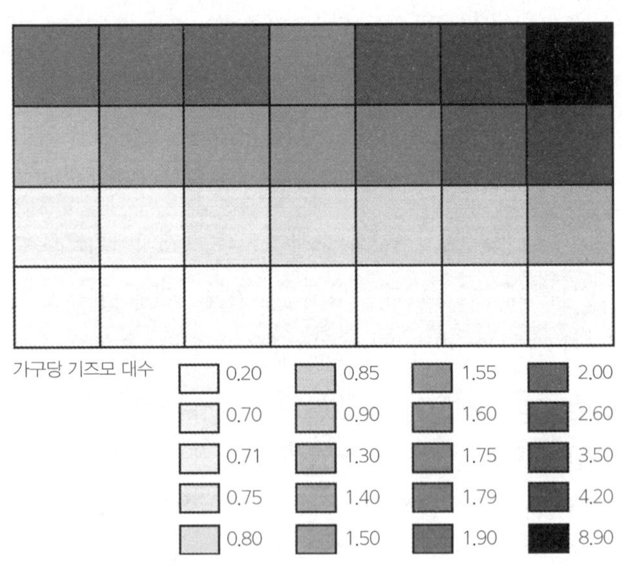

그림 11.8. 연속적 회색조가 적용된 무계급 코로플레스맵으로, 그림 11.4의 데이터를 이용해 작성한 것이다.

으로 잘 드러나지 않을 수도 있다. 결국 이상적인 해결책이 그다지 이상적이지 않게 되는 것이다.

이처럼 디폴트와 무계급 옵션이 만병통치약이 아니기 때문에 올바른 지도 저작자라면 다음의 두 가지 기본적인 질문을 던지면서 자신의 지도를 만들어야 한다. 전체 데이터 범위 내에서 값들이 어떻게 분포하는가? 그리고 지도 이용자에게 특별한 의미가 있는 계급 단절값이 있는가? 두 번째 질문에 대한 해답은 일단 데이터의 성격에 달려 있고, 보다 구체적으로는 지도 저작자가 전국 평균값 혹은 지역 평균값을 비교 준거로서 유용하다고 판단하는가에 달려 있다. 예를 들어, 주 수준 지도에서 미국 전국 평균값을 계급 단절값으로 사용하면, 주지사나 상원 의원이 자기 주의 제도와 실적을 전국의 나머지 주들과 비교해 볼 수 있다. 물론 이 계급 단절값이 진정으로 의미가 있으려면 지도 범례에 이 값이 무엇을 의미하는지가 명시되어 있어야 한다.

의미 있는 계급 단절값이 무엇인지에 대한 질문에 적당한 해답이 구해졌다면, 다음으로는 그림 11.9에 나타나 있는 것과 같은 **수직선**(number line)■13 그래프를 그려 속성값의 분포를 살펴보아야 한다. 눈금 표시와 그에 해당하는 라벨이 기입된 수평 눈금자는 데이터의 범위를 나타낸다. 개별 지점은 속성값을 나타내고, 동일한 값이 있을 경우에는 수평 눈금자의 동일한 위치에 위 아래로 겹쳐 나타낸다. 최종 그래프에는 자연적 단절값(natural break)이 드러나게 되고, 등질의 속성값으로 이루어진 개별 군집이 확인되는데, 이러한 개별 군집은 더 이상 세분할 수 없다. 지도 저작자는 수직선 그래프를 이

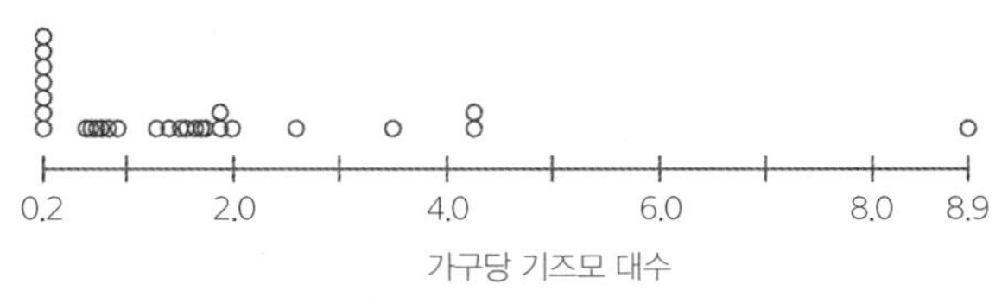

그림 11.9. 타운 수준 기즈모 보유율에 대한 수직선 그래프로, 그림 11.4의 데이터를 이용해 작성한 것이다.

용해 속성값의 분포를 시각화할 수 있으며, 적절한 수의 계급과 계급 구분을 위한 적절한 위치를 선택할 수 있다. 컴퓨터 알고리즘이 최적의 계급 단절값들을 찾아 주기도 한다. 그러나 컴퓨터가 결정한 최적값들이 눈으로 찾아낸 준최적 그룹 구분보다 유의미하게 더 나은 경우는 많지 않다. 코로플레스매핑에서 고려해야 하는 다른 사항들에는 계급 단절값이 가능한 한 단순한 값이어야 한다는 점과 계급별 공간단위 수의 편차가 크지 않아야 한다는 점 등이다.

나머지 값들과 너무 다른 극단적인 최대값이나 최저값은 인간 지도학자나 정교한 매핑 소프트웨어나 다루기 힘들기는 매한가지이다. 이러한 **특이점**(outliers)을 수직선 그래프의 양끝에 위치한, 이미 내적으로 상당한 동질성을 보유한 군집 속에 집어넣는 것이 과연 적절한가? 분포의 극단에 위치한, 편차가 몹시 큰 두세 개의 속성값을 하나로 묶어 내적으로 몹시 이질적인 계급을 구성하는 것이 과연 적절한가? 회색조 기호 간의 그래픽 차별성을 줄이는 위험을 감수하고서라도 개별 특이점을 개별 계급에 할당해 독자적인 기호를 부여하는 것이 과연 적절한가? 특이점을 이탈자(outcast: 오류 혹은 '어디에도 속하지 않는' 비정상적인 것)로 취급해 생략하거나 특수 기호를 부여하는 것은 과연 적절한가?

모든 특이점에 대한 간단하고도 표준적인 해결책은 없다. 지도 저작자는 자신의 데이터에 대해 잘 파악하고 있어야 하고, 비정상적으로 보이는 값이 발생 가능한 값인지 아니면 비현실적인 값인지 판단할 수 있어야 하며, 특이점들 간의 큰 값 차이가 어떠한 실질적인 문제를 야기하는지를 평가할 수 있어야 한다. 지도의 테마 및 지도 이용자의 흥미와 특이점과의 관련성 역시 중요하다. 그림 11.9에 나타난 기즈모 보유율 데이터에서 가구당 평균 기즈모 보유 대수 8.9는 확실히 예외적이다. 두 번째로 큰 값인 4.2보다도 아주 크다. 만약 8.9가 오류값이 아니라면, 그 값만의 계급을 따로 설정해 특별히 다루는

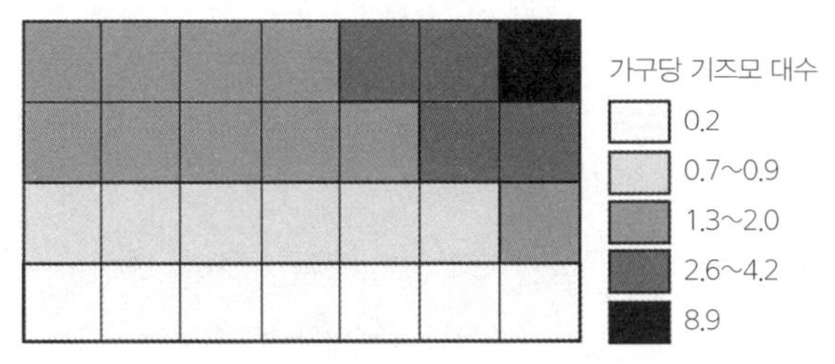

그림 11.10. 그림 11.9에 나타난 수직선과 데이터의 특성을 반영해 작성된 코로플레스맵

것이 적절해 보인다. 그리고 특이점 다음으로 큰 네 개 값(4.2, 4.2, 3.5, 2.6)은 하나의 계급으로 묶어야 한다. 이 네 값들은 무언가 의미 있어 보이는 값인 2를 상회하는 것이고, 가구당 기즈모 4.2대라는 값 역시 부유한 지역에서는 충분히 나타날 수 있는 현실적인 값이기 때문이다.

0.9와 1.3 사이에 계급 단절값을 위치시키는 것이 적절해 보인다. 그 두 값 사이에 가구당 1대라는 기본적인 의미의 비율이 포함되어 있기 때문이다. 분포의 최하단에 있는, 기술혐오의 성향을 보이는 7개 타운을 분리하기 위해 또 다른 계급 단절값을 0.2와 0.7 사이에 위치시키는 것이 좋아 보인다. 그림 11.10에 최종적인 5 계급 지도가 나타나 있다. 이 지도는 속성값과 속성값의 통계적 분포를 정직하고 유의미한 방식으로 나타내고 있을 뿐만 아니라 공간적 경향성을 가감 없이 드러내고 있다. 컴퓨터 프로그램이 제공하는 디폴트 분류법과 임의적인 계급구분법으로는 여섯 개 혹은 그 이상의 계급수를 동원해도 이와 같은 합리적인 결과물을 산출하지는 못할 것이다.

계급구분, 상관관계, 시지각

코로플레스맵은 두 가지 분포 간의 지리적 관련성 역시 쉽게 왜곡할 수 있다. 경솔하게 선택하거나 다분히 의도적으로 설정한 계급구분은 본질적으로 거의 동일한 두 패턴 사이의 시각적 유사성을 삭감할 수도 있고, 아주 다른 두 패턴 사이의 외견적 유사성을 과장할 수도 있다.

예를 들면, 그림 11.11에는 타운 수준의 가구당 평균 자녀 수에 대한 공간적 수표(spatial-data table)와 수직선이 나타나 있는데, 이 속성은 지금까지 살펴본 기즈모 보유율과 강한 상관성을 가지고 있다. 가구 규모를 대변하는 이 지표의 속성값 편차가 그리 크지 않다. 그러나 최대값들이 우측 상단에서 나타나고, 최소값들이 하단을 따라 나타나는 공간적 경향성은 뚜렷하다. 일반화해 말하면, 상단이나 우측에 위치한 타운이 하단이나 좌측에 위치한 타운에 비해 자녀가 더 많다. 그러므로 그림 11.12에서 보듯이, 가구당 평균 자녀 수와 기즈모 보유율의 공간적 패턴이 거의 동일하게 나타난다.

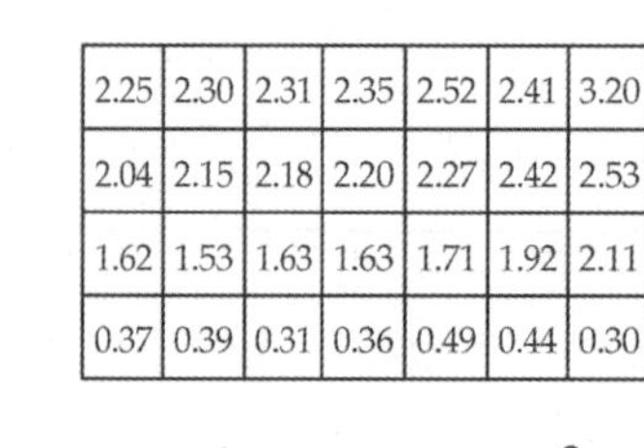

2.25	2.30	2.31	2.35	2.52	2.41	3.20
2.04	2.15	2.18	2.20	2.27	2.42	2.53
1.62	1.53	1.63	1.63	1.71	1.92	2.11
0.37	0.39	0.31	0.36	0.49	0.44	0.30

가구당 평균 자녀 수

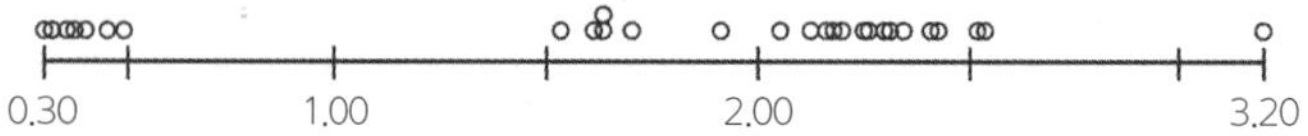

그림 11.11. 가구당 평균 자녀 수에 대한 공간적 수표와 수직선

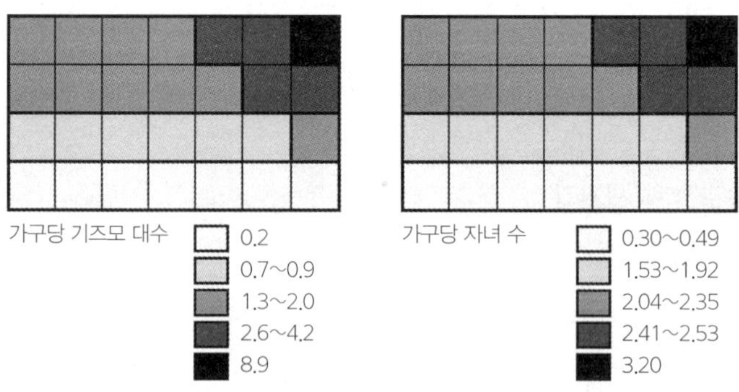

그림 11.12. 가구당 기즈모 보유율과 평균 자녀 수를 나타낸 두 장의 코로플레스맵으로, 동일한 패턴을 보이도록 계급구분을 조정한 것이다.

통계 분석가들은 보통 2차원의 산점도(散點圖, scatterplot)를 통해 상관관계를 표현한다. 산점도에서 한 변수의 속성값은 수직축에, 다른 변수의 속성값은 수평축에 놓인다. 산점도의 개별 점은 두 축에 의해 결정되는 위치를 의미하며, 그러한 점들이 보여 주는 밀도와 지향이 상관관계의 강도와 방향을 나타낸다. 그림 11.13에는 한 쌍의 동일한 산포도가 나타나 있는데, 가구당 자녀 수와 가구당 기즈모 대수 간에 강한 양의 상관관계가 존재함을 보여 준다. 왼쪽 산점도에 나타난 수직선과 수평선은 그림 11.12에 나타난 지도에 적용된 계급구분을 나타낸다. 산점도가 네 개로 이루어진 두 쌍의 선들에 의해 가로세로 5열의 불규칙적인 방안으로 분할되어 있다. 자세히 살펴보면, 모든 점들이 대각선 셀에만 들어가 있다는 것을 확인할 수 있는데, 이 때문에 그림 11.12에 있는 5계급의 두 지도가 동일한 패턴을 보이게 되고, 결국 두 변수의 강한 상관성이 선명하게 드러나게 된 것이다.

그림 11.13의 오른쪽 산점도에는 약간의 지도학적 속임수(cartographic skullduggery)가 가미되어 있다. 왼쪽 산점도와 마찬가지로 수직선과 수평선이 두 변수의 계급 분할값을 보여 주고, 가로세로 5열의 그리드를 형성하고

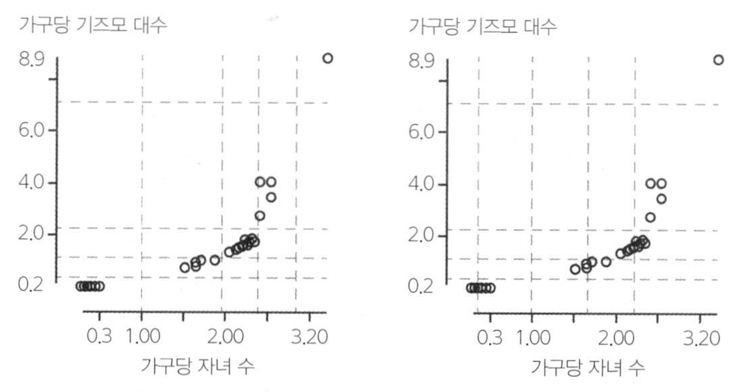

그림 11.13. 타운 수준 가구당 기즈모 보유율과 평균 자녀 수에 대한 산점도이다. 왼쪽 산점도의 수직선과 수평선은 그림 11.12의 지도에 적용된 계급구분을 나타내며, 오른쪽 산점도의 수직선과 수평선은 그림 11.14의 지도에 적용된 계급구분을 나타낸다.

있다. 계급 분할의 위치가 달라져 이제는 4개를 제외한 모든 점이 비대각선 셀에 위치하게 되고, 이로 인해 양쪽 지도에서 동일한 계급에 속하는 타운이 거의 없게 되었다는 점에 주목할 필요가 있다. 그림 11.14에는 이러한 재조정이 야기한 두 패턴 간의 일치도 변화가 나타나 있는데, 기껏해야 보통 수준의 상관성만을 보여 준다. 이와 유사한 과정을 통해 상관성이 약한 것이 마치 강한 것처럼 표현될 수도 있다. 가장 짙은 기호가 적용되는 최상위 계급에 속하는 공간단위가 두 지도 사이에서 일치하는 경우 특히 그러하다. 실제로 지도에서 가장 시선을 많이 끄는 것이 가장 짙은 기호로 표현된 것이고, 그러한 공간단위의 일치성이 지도 전체의 유사성에 대한 판단에 강력한 영향을 끼친다. 경험이 많지 않은 독도자는 이러한 현혹에 특히 취약하다. 심지어 가장 짙은 기호의 공간적 위치가 서로 달라도 공간단위의 개수만 비슷하면 두 지도가 유사하게 보이기도 한다. 두 지도에 다른 역형 기호를 적용하거나 계급의 수를 달리하는 것도 지도 판독자를 속이거나 스스로를 기만하는 또 다른 전략일 수 있다.

아직 속성값에 대한 기호를 입히지도 않은 기본도에 이미 시각적 왜곡의 근원이 도사리고 있을 수 있다. 우리가 사용하는 공간단위 체제는 앞의 예

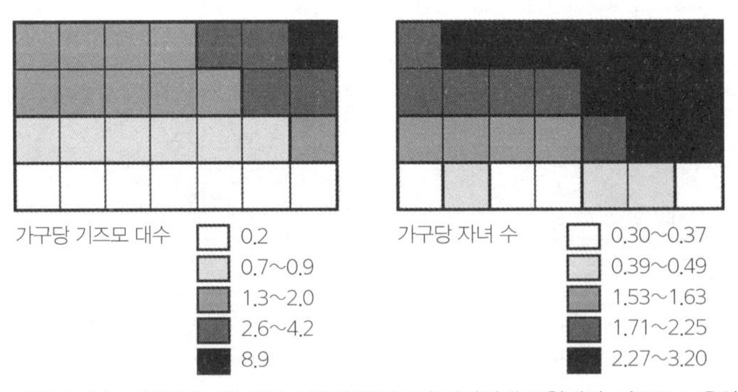

그림 11.14. 코로플레스맵 간의 시각적 일치도가 떨어지게 표현되면, 기즈모 보유와 가족 규모 사이에 별다른 상관성이 없는 것으로 보이게 된다.

에서 봤던 정사각형 타운과는 달리 형태나 크기가 똑같을 수가 없다. 그림 11.15는 그림 11.14에서 사용된 동일한 데이터와 계급구분을 사용해 제작한 것인데, 그림 11.14보다 훨씬 높은 수준의 시각적 일치성을 보여 준다. 이 사례에 사용된 28개 타운은 그 크기가 서로 다르며, 시각적 일치성이 높아 보이는 가장 중요한 요인은 가장 면적인 큰 공간단위가 같은 계급에 속하기 때문이다. 양쪽 지도에서 서로 다른 계급에 포함된 타운들은 면적이 매우 작기 때문에 시각적인 영향력이 별로 없다.

이러한 예들이 모두 가상적인 것이긴 하지만 엄청나게 이례적인 사례가 아님을 강조하고자 한다. 시의회 선거구, 센서스 트랙트, 국회의원 선거구 등의 구역 체제는 가능하면 인구수를 비슷하게 맞추려고 한다. 그런데 인구밀도가 공간적으로 균등하지 않기 때문에 구역의 크기는 다양하게 나타날 수밖에 없다. 이러한 면적 불일치는 카운티 수준 지도에서 극심하게 나타나는데, 인구가 많은 대도시 지역 카운티는 인구가 희박한 촌락 지역 카운티에 비해 면

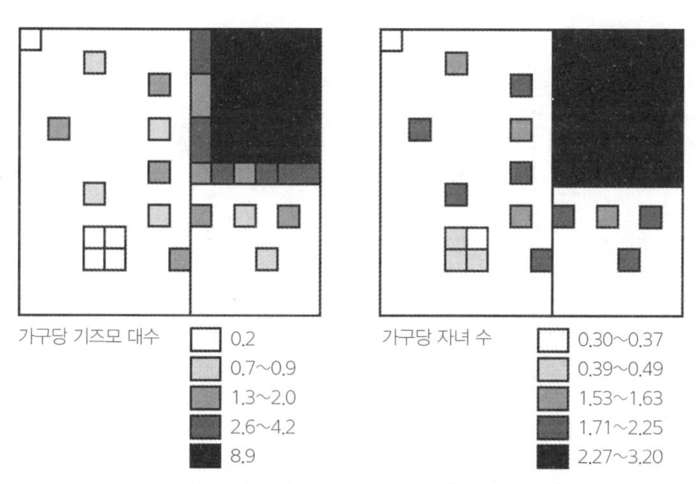

그림 11.15. 면적이 넓은 지역 간의 유사성이 면적이 작은 지역 간의 유의미한 불일치를 간과하게 만들어 상관관계에 대한 시각적 평가를 왜곡한다. 데이터와 계급구분은 그림 11.14와 동일한데 두 패턴의 일치도가 완전히 다르게 보인다.

적이 훨씬 작게 나타난다. 세심한 지도 판독자라면 결코 지도 패턴의 유사성만으로 수치적 상관관계에 대한 최종 판단을 내리지 말아야 한다. 특히 일부 공간단위가 다른 공간단위에 비해 훨씬 큰 면적을 가지고 있을 때 주의를 요한다.

공간단위의 크기에 의해 편향된 상관관계 추정이 이루어지는 것을 회피하려면, 보다 평등주의적(egalitarian) 관점을 지향하는 산점도를 활용할 필요가 있다. 왜냐하면 산점도상에서는 개별 공간단위가 면적에 관계없이 동일한 크기의 점으로 표현되기 때문이다. 그림 11.16에 나타난 것처럼, 점 분포의 밀도와 지향이 상관관계의 강도와 방향을 나타낸다. 만일 하나의 직선이 점 분포의 일반적 경향을 잘 반영한다면, 그 상관관계는 직선적이라 말할 수 있고, 점 분포가 그 직선에 얼마나 가까이에 위치하는지가 **직선상관**(linear correlation)의 강도를 나타낸다. 양의 상관관계는 직선이 오른쪽 위를 향하고, 음의 상관관계는 직선이 오른쪽 아래를 향한다. 그리고 뚜렷한 상관성이 없는

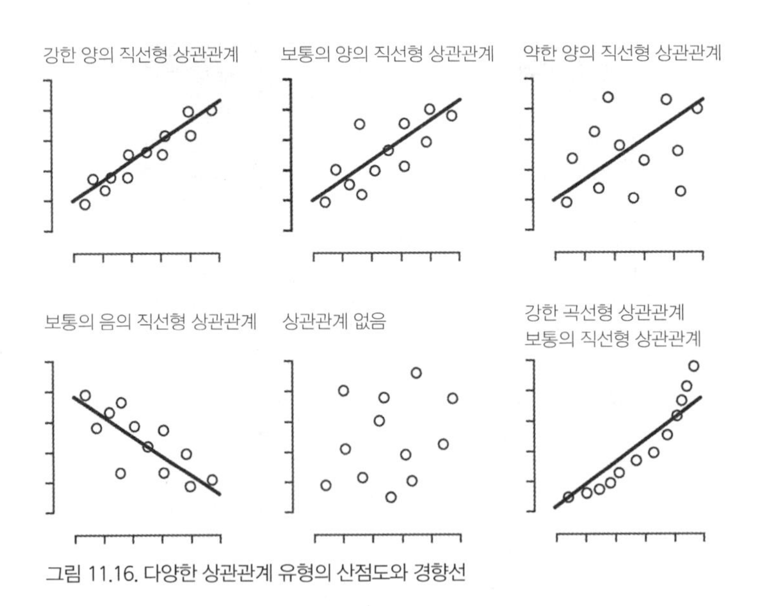

그림 11.16. 다양한 상관관계 유형의 산점도와 경향선

경우는 특별한 기울기의 직선을 찾기 어렵다. 상관관계가 약하면 점들이 경향선 주변에 넓게 흩어져 분포하고, 강한 직선상관의 경우는 대부분의 점들이 경향선 위나 그 부근에 위치한다. 모든 상관관계가 선형적인 것은 아니다. 직선이 아니라 곡선이 점 분포의 경향성을 더 잘 대변하는 경우라면 **곡선상관**(culvilinear correlation)이 존재한다고 말할 수 있다.

통계학자들은 선형상관의 강도와 방향을 측정하기 위해 **상관계수**(correlation coefficient)라고 하는 단일 지수를 사용한다. 알파벳 *r*로 표시되는 상관계수는 부호가 관계의 방향을 나타내고 절대값이 관계의 강도를 나타낸다. 상관계수는 −1에서 +1의 범위를 가지며, 0.9 이상이면 강한 양의 상관관계를, −0.9 이하면 강한 음의 상관관계를, 0에 가까워질수록 무상관성을 의미한다(*r*을 제곱한 값은 한 변수의 변동을 다른 변수가 어느 정도 설명하는가를 나타낸다. *r*값이 −0.6이라면, 두 변수 사이에 음의 상관관계가 존재하고, 한 변수가 다른 변수의 변동의 36%를 '설명한다'라고 이야기할 수 있다. 상관계수는 관련성에 대한 지표일 뿐 논리적 그리고 확증적 증거를 요구하는 인과관계의 척도는 아니다).

지도, 산점도, 상관계수는 상호 보완적이다. 상관관계를 연구하는 분석가는 이 모두를 활용할 수 있어야 한다. 상관계수는 두 변수 간의 관련성에 대한 요약값을 제공하지만, 직선상관만을 측정하는 한계가 있다. 이에 반해 산점도는 *r*값은 낮지만 높은 곡선상관을 보이는 두 변수 간의 관련성을 쉽게 파악할 수 있게 해 준다. 또한 *r*값에 큰 영향을 미치는 특이점을 쉽게 발견할 수도 있다. 그러나 산점도는 시각적 판단에 의존하기 때문에 관계의 강도를 정밀하게 비교하는 데는 큰 도움이 되지 않는다. 한편 산점도와 상관계수 모두 공간단위의 위치에 대해 아무것도 이야기해 주지 않는 한계가 있는 데 반해, 지도는 공간적 경향성을 드러내는 큰 장점이 있다. 그러나 시각적 편향의 가능성으로 인해, 신뢰할 수 없는 상관관계 추정이 이루어질 수 있다는 단점도 있다.

그런데 지도는 산점도나 상관계수 같은 통계학적 상관관계와는 아주 다른 종류인 **지리적 상관관계**(geographic correlation)를 보여 줄 수 있다. 통계학적 상관관계는 비공간적이기 때문에 공간적 경향성에 대해서는 아무것도 말해 주지 않는다. 그림 11.17은 산점도와 상관계수는 동일하지만 공간적 패턴에서는 매우 다른 두 쌍의 지도를 통해 두 종류의 상관관계를 설명하고 있다. 변수 A와 B 사이의 지리적 상관관계는 변수 X와 Y의 지리적 상관관계와 본질적으로 다르다. 전자의 두 변수는 특별한 경향성 없이 다소 분절적인 공간적 패턴을 보여 주는 반면, 후자의 두 변수는 높은 값들이 위쪽에 위치하고 낮은 값들이 아래쪽에 위치하는 특징적인 공간적 패턴을 보여 주고 있다.■14 변수 X와 Y의 지도가 완전히 일치하는 것은 아니지만, 두 변수에 공통적으로 관여하는 제3의 지리적 기저 인자(위도, 인종, 토양 비옥도, 주요 오염원 등)가 존재한다는 사실을 강력히 시사하고 있다. 합역이 야기하는 다양한 문제에도 불구하고, 지리적 데이터를 다루는 분석가가 공간적 패턴에 대한 고려 없이 상관관계를 다룬다면, 그것은 무지하고 부주의하며 어쩌면 무신경한 것일 수 있다. 그리고 회의주의적 관점을 장착하지 못한 수많은 지도 이용자를

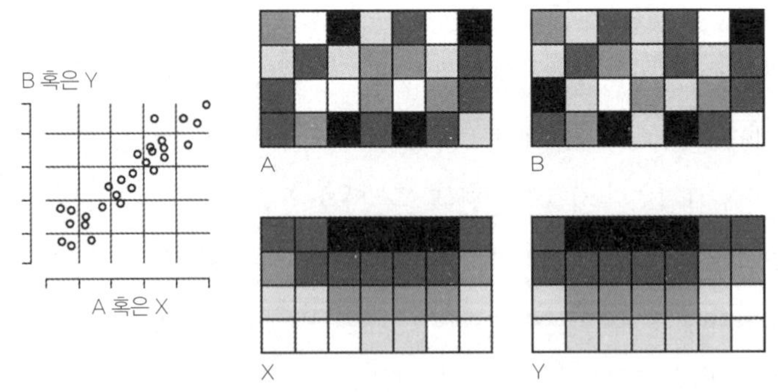

그림 11.17. 산점도와 상관계수(r = 0.93)에서는 완전히 동일하지만 지도 패턴에서는 일치도가 전혀 다른 두 쌍의 변수(A와 B, X와 Y)를 보여 준다.

호도하는 결과를 낳게 될 것이다.

합역 데이터에 기반한 상관관계 분석은 상관계수를 이용하건 지도 비교를 하건 간에 모두 생태학적 오류에 취약하다. 생태학적 오류는 특정 합역 수준(예를 들어, 카운티 수준)에서의 관련성이 다른 합역 수준(예를 들어, 주 수준 혹은 거꾸로 개인 수준)에도 그대로 적용될 수 있다고 가정하는 오류를 의미한다. 모든 종류의 공간단위는 그 크기에 관계없이 모두 생태학적 단위이다.■15 예를 들어, 학력이 평균 이상인 지역은 소득도 평균 이상을 보이는 경향이 있는데, 이것이 석사학위 이상의 학력을 가진 사람들이 반드시 월급을 많이 받는다는 것을 의미하지는 않는다. 박사 과정을 밟고 있는 대학원생들의 낮은 소득을 생각해 보면 쉽게 이해될 것이다.

장소, 시간, 작은 표본

희귀암에 의한 사망과 같이 매우 드문 사건의 발생률을 코로플레스맵으로 나타내면, 미심쩍은 지도 패턴이 나타날 가능성이 매우 높다. 작은 표본 크기에도 불구하고 역학자들은 여전히 분석을 위해 질병 지도를 제작한다. 라돈 농도가 높은 토양, 소각로, 유독성 폐기물, 납 파이프를 통해 공급되는 음용수와 같은 것들이 인간의 건강에 미치는 영향력에 관한 연구를 수행할 때, 지도화는 통상적으로 사용되는 분석 도구이다. 그런데 지도에 어떤 경향성이나 클러스터가 나타났다고 하자. 이때 우리는 한 가지 의문을 제기하지 않을 수 없다. 과연 그 패턴이 진짜일까?

결국 문제는 표본 크기가 작다는 것이다. 전 세계적인 혹은 전국적인 수준의 전염병처럼 표본이 충분히 큰 경우는 매우 드물다.■16 따라서 질병과 환경적 원인 간의 관계가 너무나 명백해 인과적 관련성이 손쉽게 규명되고 의문이 제기될 소지가 전혀 없는 그런 경우는 거의 없다. 사망자나 확진자가 클러스터를 이루는 경우도 매우 드물고, 있다 하더라도 규모가 매우 작다. 대개 인접한 한두 타운에 3명 이하일 정도로 미미하다. 역학자들은 두 가지 방식으로 지도화 전략을 사용한다. 하나는 발생 패턴을 확인하기 위해 사례 지점을 찍은 포인트 지도를 제작하는 것이고, 또 다른 하나는 위험인구(population at risk)를 고려한 조정된 공간적 차이를 표현하기 위해 역형 공간단위를 사용한 지도를 제작하는 것이다.■17 연구 대상 지역 전체 사례 수의 절반을 차지하고 있는 공간단위가 위험인구도 전체의 절반을 차지하고 있다면, 이는 특별할 것이 없다. 그런데 단지 두세 사례만 발생했지만 발생률로 보면 전국이나 지역 발생률의 몇 배가 되는 작은 지역이 있다고 하자. 이 높은 발생률은 유의미한 것인가? 그냥 우연히 발생한 것은 아닌가? 한두 사례만 적어도 더 이상 '집중 발생지(hot spot)'라 부를 수 없는 것인가? 또 한 사례가 다른 지역에서 발생한다면, 그 지역도 높은 발생률을 보이는 지역이 되는 것인가? 지도상에 드러난 발생률의 공간적 패턴이 지난 세기 행정 효율성 재고를 위해 설정한 혹은 수십년 전에 우편 배달의 신속성을 위해 설정한 임의적인 경계선에 어느 정도 영향을 받은 것은 아닌가? 전체 지역을 다른 방식으로 분할하면 다른 패턴이 나타날 것인가? 합역 수준을 조정하면(더 큰 공간단위 혹은 더 작은 공간단위의 생성) 다른 패턴이 나타날 것인가? 지도화 기법이 특정 클러스터의 중요성을 과장한 것은 아닌가? 혹은 다른 클러스터를 감추는 일도 발생할 것인가?

예로, 그림 11.18의 지도들을 살펴보자. 위쪽에 있는 지도는 존 스노(John Snow)의 유명한 지도인데, 브로드가(Broad Street)에 위치한 펌프 주변에 콜레라 사망자가 집중한 것을 보여 주고 있다. 1854년 콜레라 창궐 당시, 런던에서 내과 의사로 일하던 스노는 음용수가 오염원일지도 모른다고 생각했다. 당시에는 가정집에 수도가 없었기 때문에 사람들은 근처 우물 펌프에서 양동이로 물을 길어 음용수로 사용했다. 회자되는 이야기에 따르면, 스노의 지도

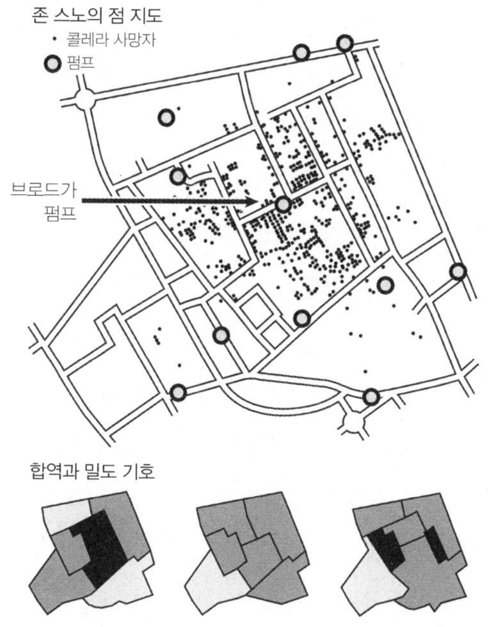

그림 11.18. 존 스노 박사의 유명한 콜레라 발생 지점 패턴 지도를 재제작한 것(위)과 런던의 해당 지역에 대해 세 가지의 서로 다른 합역 방식을 적용해 제작한 세 장의 코로플레스맵(아래)이 나타나 있다.

는 콜레라가 수인성 전염병이라는 사실을 증명해 주었고, 당국이 펌프 손잡이를 없애 버리자 이 지역에서 새로운 사례가 더 이상 나타나지 않았다고 한다. 그런데 사실은 콜레라는 자연스럽게 사라져 간 것이고, 이 지도는 몇 달 뒤 콜레라에 대한 자신의 책 개정판을 만들 때 그려 넣은 것이라고 한다.

스노가 포인트 데이터를 이용하지 않았다면 어떻게 되었을까? 그림 11.18의 아래에 있는 세 장의 지도는 합역 방식에 따라 브로드가 주변의 콜레라 클러스터가 부각될수도 그렇지 않을 수도 있음을 보여 주고 있다. 사망 진단서 등을 이용해 사망자 주소를 알 수 있는 상황이라면 문제가 없겠지만, 도시의 블록보다 더 넓은 센서스 트랙트나 다른 공간단위의 데이터를 사용한다면 작은 규모의 국지적 클러스터는 드러나지 않을 가능성이 매우 높다.

데이터 병합의 대상은 공간단위에 머무르지 않고 시간, 질병 분류, 인구 통계로 확장된다. 통계적 유의성 문제에 대한 하나의 해답은 장기간에 걸쳐 정보를 수집해 더 많은 데이터를 확보하는 것이다. 수년 혹은 수십 년 간의 데이터를 합쳐 놓으면 우연한 사례의 영향을 줄일 수 있다. 그러나 동시에 원인의 작동 기간을 훨씬 길게 잡는 오류를 범할 위험성은 높아진다. 예를 들어, 시간 병합을 하게 되면 중요한 최근의 경향이 감춰질 수 있다. 또한 새로운 환경적 오염원의 영향력 강화나 오래된 환경적 오염원의 영향력 약화 정도가 잘 드러나지 않을 수 있다. 또한 기간이 길어지면 인구 이동의 효과를 고려하지 않을 수 없게 되는데, 적절한 데이터를 구득하는 일이 만만치 않다. 한편 다양한 질병 유형을 통합하거나 다양한 인구 집단의 사망률을 집계하면, 사례 수가 늘어나고 더 많은 원인을 고려할 수 있게 되어 연구 결과의 안전성과 통계적 유의성이 향상되기도 한다.

한 장의 좋은 지도가 전면적 연구의 필요성을 강변할 수 있다고는 해도, 한 장의 지도가 그 자체로 충분한 경우는 거의 없다. 이후의 것은 다양한 과학 연구자의 노력에 달려 있다. 고용과 정주의 역사, 거주민과 근린의 특성, 유전적 요인 등을 조사함으로써 지리와 환경의 영향력을 더 깊이 조사하는 것, 다양한 공간적·시간적·인구통계적 병합 수준으로 지도를 제작하고 그것을 면밀히 따져보는 것, 컴퓨터 시뮬레이션을 통해 알려진 클러스터의 안정성을 테스트하는 것, 자동화 패턴 인식 기술을 활용해 새로운 클러스터를 확인하는 것, 관련된 임상 및 실험 연구를 수행하는 것 등이 여기에 포함될 수 있다. 지도는 늘 거짓말을 하지만, 의학적 발견에 중요한 단서를 제공할 수 있다.

인덱스, 비율, 변화율

앞에서 한 장의 지도로는 충분하지 않다는 말을 했다. 한 장의 지도로 해결책을 찾을 때 맞닥뜨리게 되는 또 다른 위험성은 측도의 선택과 관련되어 있다. 측도에 따라 현상을 지나치게 긍정적이거나 지나치게 부정적인 것으로 보이게 할 수 있는 것이다. 보통 지도 저작자는 지도를 그릴 한 가지 주제를 가지고 있고, 그것을 나타낼 여러 개의 선택 가능한 변수가 있다. 보통 이러한 변수 중 어떤 것들은 다른 것들에 비해 톤이나 패턴에서 보다 낙관적인 경향을 보여 주며, 인덱스의 이름이 지도 제목을 통해 우호적이거나 비우호적인 인상을 심어 줄 수 있다. 예를 들어, '경제활동참여'는 낙관적으로 들리지만, '실업'은 분명히 비관적인 용어이다. 적당히 위장된 제목은 경제 건전성이나 산업 재해를 과장해서 이야기할 수 있는 좋은 방법이다.

만일 상황이 바람보다 더 어둡거나 더 밝다면, 단순한 비율 대신 변화율이 더 유용한 측도일 수 있다. 어쨌든 소규모 침체가 장기 호황 속에 끼어들게 되어 있고, 불황이 영원히 지속되는 것도 아니다. 현재 실업률이 높긴 하지만 1년, 6개월, 1달 전보다는 낮다면, 집권당의 낙관주의자들은 실업률이 낮아지고 있는 지역들이 부각되는 지도를 그릴 것이다. 이와 달리 야당의 비관론자들은 적어도 현재의 집권자들이 권력을 잡기 이전의 어려웠던 상황과 같거나 더 어려운 상황임을 부각할 지도를 원할 것이다. 야당이 자신의 주장을 관철하려면 상대적으로 실업률이 낮았던 시기를 실업률 계산의 시작점으로 잡아야 한다. 특히 면적이 크고 눈에 잘 띄는 농촌 지역에서 실업이 더 악화되었다면 그렇게 해야 한다.

낙관론자들에게 도움이 되는 인덱스는 상황에 따라 달라질 수 있다. 상황이 호전되는 중이라면 실업률과 같이 비교적 작은 값의 지수가 좋고, 상황이 악화되는 중이라면 고용률과 같이 비교적 큰 값의 지수가 좋다. 실업률이 4%에서 1% 포인트 하락하면 25%가 개선되었다는 인상을 주는 반면, 실업률이 4%에서 6%로 상당히 증가한 것도 경제활동참여율로 표현하면 96%에서 94%로 단지 2%만 하락한 것이 되어 상황을 보다 낙관적으로 보이게 하는 효과가 있다.

비율보다는 포인트 기호와 총수(count)가 유용한 경우도 있다. 전국에 걸쳐 경제가 개선되고 있다면, 집권당은 '고용 증대'라는 제목하에 실제 고용자 총수를 나타내는 원이나 막대와 같은 포인트 기호를 이용해 비례적 도형표현도(graduated symbol map)를 제작할 것이다. 국가 전체가 전반적인 불황에 빠져 있다면, 야당은 '새로운 실업자들'이라는 제목으로 비슷한 도형표현도를 제작할 것이다.

지도 선전가들 역시 공간적 패턴에 민감하다. 유리한 기호는 크고 눈에 잘 띄게 하고 불리한 기호는 작고 눈에 잘 띄지 않게 만든다. 그림 11.19의 위에는 가상의 실업 데이터가 나타나 있고, 가운데 아래에는 이 데이터에 대한 공간단위 체제가 제시되어 있다. 낙관론자는 상황이 호전되고 있는, 면적이 큰 지역에 초점을 맞춘 왼쪽 아래 지도를 그릴 것이다. 이와 달리 비관론자는 도시 지역에서의 실업자 수 증가를 강조하는 오른쪽 아래 지도를 선호할 것이

구역	경제활동 인구(천 명)	실업자 수(천 명)			실업률(%)			변화율 (%)
		시점$_1$	시점$_2$	변화	시점$_1$	시점$_2$	변화	
1	3,000	120	180	+60	4.0	6.0	+2.0	+50.0
2	16,000	640	800	+160	4.0	5.0	+1.0	+25.0
3	2,500	125	113	−12	5.0	4.5	−0.5	−9.6
4	800	56	48	−8	7.0	6.0	−1.0	−14.3
5	500	40	40	−5	8.0	7.0	−1.0	−12.5

그림 11.19. 가상의 지역(가운데 아래)에 대한 실업 데이터(위)로부터 두 장의 서로 다른 지도가 만들어질 수 있는데, 최근의 경향성에 대한 낙관론적 관점(왼쪽 아래)과 비관론적 관점(오른쪽 아래)을 각각 대변한다.

다. 제목과 색인도 지도학적 조작을 강화하는 중요한 요소로 기능한다는 점 역시 유념해야 한다.

노동 경제학자들은 시간 간격(time interval)의 조정을 꺼린다. 왜냐하면 계절적 영향을 감안해 실업 데이터를 조정해야 하기 때문이다. 어쨌든 많은 고등학교와 대학교 졸업생들이 처음으로 노동 시장에 투입되는 초여름에는 많은 사람들이 일자리를 찾는다. 그리고 최고의 쇼핑 계절인 11월과 12월에는 많은 사람이 적어도 임시직은 얻을 수 있다. 관광이나 촌락 지역 통조림 공장의 일시적인 고용 증가와 같은 국지적인 계절적 영향 역시 조정의 고려 대상이다.

사망력(mortality)이나 출산력(fertility)과 같은 인구 현상은 모든 사람에게 동일하게 나타나는 것이 아니다. 따라서 이러한 현상 역시 조정 과정이 필요하다. 그림 11.20은 조사망률과 연령 조정 사망률(age-adjusted death rate)

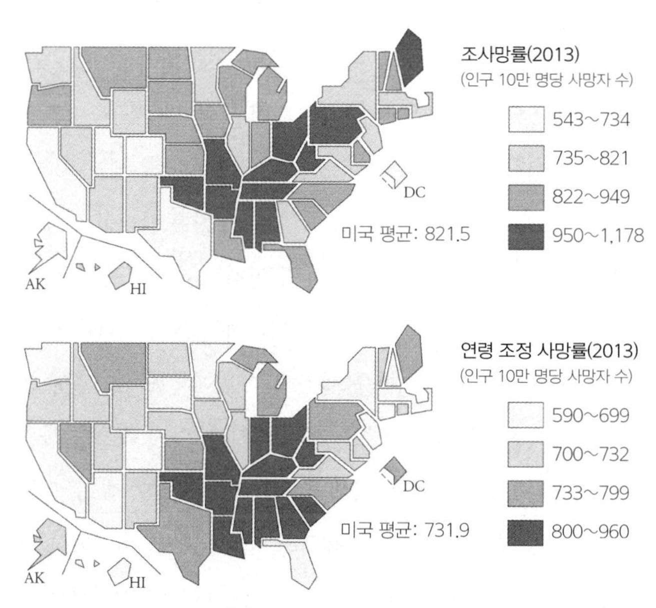

그림 11.20. 조사망률 지도(위)와 연령 조정 사망률 지도(아래)는 매우 다른 사망력의 지리적 패턴을 보여 줄 수 있다.

을 비교하고 있는데, 인구학적으로 조정된 비율을 지도화하는 것이 확실한 이점이 있음을 잘 보여 준다.[18] 위 지도는 연령을 고려하지 않은 단순한 비율을 나타낸다. 즉, 메인주의 높은 노년층 비중이 반영되어 있지 않다. 위의 단순 비율이 연령 구조상의 차이를 반영하면서 조정되었을 때, 인디애나주와 남동부의 몇몇 주들이 높은 사망률 지역으로 나타나고, 메인주는 한 단계 낮은 계급으로 떨어진다. 연령 조정 지도에는 뉴잉글랜드(New England), 중부 대서양(Middle Atlantic), 북부 중앙(North Central)과 같은 센서스 분역(分域, division)[19]에 포함되는 주들이 낮은 값을 보여 준다. 이들 주는 상대적으로 보건 시설이 잘 갖춰져 있고 사회경제적 수준도 높은 편이다. 또한 이 지도에는 남부 지역의 빈곤과 상대적으로 낮은 의료 서비스 수준이 반영되어 있다.

데이터 지도에 항상 회의적인 관점을 견지해야 한다. 앞에서 지적한 것처럼, 하나의 변수로도 여러 개의 지도를 그릴 수 있다. 그런데 누군가는 여러 장의 지도를 그리면 불필요한 혼란이 야기될 뿐이라고 주장할 수도 있다. 그러나 이러한 주장에 결코 동조하지 말아야 한다. 우리는 여러 장의 지도를 요구해야 하고, 그것이 안 된다면, 온라인이나 소프트웨어를 통해 계급구분을 다르게 설정하거나 기호를 다르게 부여해 볼 수 있는 기회를 달라고 집요하게 요청해야 한다. 우리는 지도학적 조작자들뿐만 아니라 데이터 병합과 계급구분의 영향력을 잘 알지 못하는 경솔한 지도 저작자들 역시 경계해야 한다. 정부 기관, 연구소, 혹은 무료 데이터를 제공해 주는 여론조사 기관에 대해서도 그들이 사용하는 용어의 정의가 정확히 무엇인지, 어떤 측도를 사용하고 있는지, 무엇을 간과하고 있는지에 대해 꼼꼼히 따져 보아야 하고, 그들이 어떤 동기에 의해 추동되고 있는지에 대해서도 항상 의문을 제기해야 한다. 아무리 양심적인 지도 저작자라 하더라도 결함 있는 데이터 앞에서는 무기력할 수밖에 없다.

··역자 주

1. 인구수나 총생산량처럼 빈도나 총계로 표현되는 속성을 의미하는 것으로, 인구밀도나 1인당 생산량처럼 정규화된 값과 대조를 이룬다. 전자는 도형표현도로, 후자는 코로플레스맵으로 표현해야 한다.
2. 미국에서 카운티는 기본 행정구역 단위 중 하나이다. 미국 전체에 3,000개가 넘는 카운티 혹은 그에 상응하는 구역이 존재한다. 센서스 트랙트는 행정구역 단위가 아니라 오로지 센서스 결과를 집계하기 위해 만든 통계 구역이다. 가장 작은 단위는 블록(block)이며, 그것을 여러 개 합쳐 블록그룹(block group)을 구성하고, 그것을 여러 개 합쳐 센서스 트랙트를 구성한다. 인구밀도가 높은 카운티의 경우 수없이 많은 센서스 트랙트로 구성된다.
3. 합역이란 보다 면적이 작고 다수인 공간단위 체제를 보다 면적이 크고 소수인 공간단위 체제로 전환하는 과정을 의미한다. 계급구분은 전체 속성값을 몇 개의 연속적인 서열적 범주로 묶는 것을 의미하고, 이러한 범주의 경계값을 계급 단절값이라고 한다.
4. 기즈모는 이름을 특정할 수 없거나 까먹은 '소형 장치' 또는 '부품'을 의미한다. 태블릿 정도로 생각해도 무방할 것이다.
5. 역형 공간단위는 에어리어 유닛(areal unit)을 번역한 것인데, 엄격한 개념화의 입장에서는 역형 공간단위라는 번역어가 적절하다고 생각한다. 즉, 공간단위에는 점형, 선형, 역형, 면형 공간단위가 있고, 에어리어 유닛 혹은 구역 단위는 그중 역형 공간단위에 해당한다는 의미이다. 그러나 관례적으로 공간단위는 대부분 역형 공간단위를 의미하기 때문에 앞으로는 줄여서 그냥 공간단위라고 번역하기로 한다.
6. 통계 결과의 공간단위 의존성을 'MAUP(modifiable areal unit problem)'라고 하는데, 연구자에 따라 '공간단위 임의성의 문제', '공간단위 수정 가능성의 문제', '공간단위 가변성의 문제' 등으로 번역하고 있다. 직역을 하자면 뒤의 두 번역이 무난하겠지만, 주어진 공간단위가 해당 현상의 분포를 가장 잘 보여 주는 최적의 공간단위와는 아무런 필연적 관련성이 없다는 점을 부각한다는 점에서 '공간단위 임의성의 문제'라는 의역이 적절하다고 생각한다.
7. 우선 공간적 변동의 개념을 정의할 필요가 있다. 공간통계학적으로는 가장 중요한 단어이지만 굉장히 모호하게 들리는 단어가 아마도 공간적 변동일 것이다. 공간적 변동은 '값의 다양성이 공간적으로 드러나는 양상' 혹은 '값의 공간적 차이', 혹은 단순히 말해 '공간적 패턴'을 의미한다. 다음으로 타운 수준의 가구 밀도의 공간적 변동이 왼쪽에서 오른쪽으로 증가하는 카운티 수준의 패턴을 야기했다는 말에 보충 설명을 하고자 한다. 이 말의 의미는 가구 수 분포 혹은 가구 밀도 분포가 타운 수준에서 공간적으로 불균등하기 때문에 이러한 현상이 발생했다는 의미이다. 즉, 각 카운티 내에는 앞에서 언급한 세 타운이 하나씩 위치하는데(가구 수가 각각 2,000, 4,000, 1,500으로 서로 다르지만, 개별 카운티 내에서의 비중은 서로 엇비슷하다), 그것의 보유율이 0.5, 1.0, 2.0로 서로 다르기 때문에 카운티 수준의 기즈모 보유율이 왼쪽에서 오른쪽으로 갈수록 높아지게 된 것이다.

8. MAUP를 '공간단위 임의성의 문제'로 번역하고자 하는 이유가 바로 여기에 있다.
9. 이 여섯 개 마을을 찾는 것이 쉽지 않을 것이다. 좌측 상단 맨 끝의 두 개 셀에 걸쳐 580명, 420명, 1,200명 규모의 세 개 마을이 있고, 전체 지역의 중심점 바로 아래 셀에 4,000명 규모의 한 개 마을이 있고, 좌측 하단의 네 개 셀에 걸쳐 400명 규모의 한 개 마을이 있으며, 우측 하단의 두 셀에 걸쳐 1,700명 규모의 한 개 마을이 있다.
10. 이것을 '생태학적 오류(ecological fallacy)'라고 부르는데, 뒤에서 다룬다.
11. 근린은 사회경제적 특성이 유사한 '동네' 정도의 개념이다. 미국의 맥락에서 보면, 하나의 근린은 여러 개의 센서스 트랙트로 구성된다. 따라서 연구 대상 지역을 서로 다른 근린으로 분할하기 위해서는 센서스 트랙트를 합역하는 것이 필수적이다.
12. 이런 의미에서 보면 앞에서 다룬 합역도 일종의 데이터 병합으로 생각할 수 있다. 단지 데이터 병합이 연접한 공간단위를 결합하는 과정에서 발생한다는 점에서 여기서 설명할 다양한 데이터 병합과 차이가 있을 뿐이다.
13. 직선상에 실수를 대응해 나타낸 것을 의미한다.
14. 공간통계학적으로 말하면, 지리적 상관관계는 비공간적·수치적 상관관계와 공간단위 간의 지리적 연관성을 결합해야만 파악할 수 있다. 나아가 A와 B의 지리적 상관관계와 X와 Y의 지리적 상관관계의 차이를 측정하려면 이변량 공간적 자기상관 통계량(bivariate spatial autocorrelation statistics)이 필요하다. 이것을 이해하기 위해서는 상관관계와 공간적 자기상관의 관계에 대한 심도 있는 논의가 필요하다.
15. 개체 단위가 아닌 모든 종류의 집합적 단위를 생태학적 단위라고 부른다.
16. COVID-19는 이 드문 현상의 예로 먼 미래까지 오랫동안 회자될 것이다.
17. 위험인구란 위험에 노출된 인구라는 의미로 단순히 말해 발생률 계산에서 분모에 놓이는 인구이다
18. 조사망률은 보통 인구 1,000명당 사망자 수를 의미하는 것으로, 한 해 동안 사망자 수를 그 해의 연앙 인구로 나누어 천분율로 표시한 것이다. 이에 비해 연령 조정 사망률은 표준화 사망률이라고도 불리는데, 지역의 연령별 사망률을 이용해 준거 인구의 연령 구조를 상정했을 때의 조사망률을 계산한 것이다. 후자가 인구 구조의 영향을 통제한다는 의미에서 사망력에 대한 보다 적절한 측도로 인정되고 있다.
19. 미국 센서스국은 미국 전체를 4개의 센서스 지역, 즉 북동부(Northeast), 중서부(Midwest), 남부(South), 서부(West) 지역으로 나누고, 이것을 다시 9개의 센서스 분역으로 구분한다. 뉴잉글랜드와 중부 대서양은 북동부 지역의 두 분역이고, 북부 중앙은 중서부 지역의 두 분역인 서북부 중앙(West North Central)과 동북부 중앙(East North Central)을 아우르는 명칭이다.

12장

영상 지도

Image Maps: Picture That

영상 지도(image map)는 일종의 디지털 사진이다. 영상 지도의 밑그림은 항공사진이다. 항공기에 탑재된 카메라가 지표 경관을 포착해 필름에 저장한다. 여기에 라벨과 같은 것들을 첨가하면 항공사진은 완전한 지도로 변모한다. 스캐너를 통해 항공사진을 디지털화하면 항공사진은 수많은 **픽셀**로 구성된 그리드로 전환된다. 이때 각 픽셀은 지표상의 특정 부분을 나타내며, 그 해당 부분의 특성을 나타내는 속성값과 연결되어 있다. 우리는 이러한 디지털 영상 지도를 컴퓨터 모니터상에 나타낼 수 있고, 스크린상에 투영할 수 있고, 종이 위에 프린트할 수 있다. 또한 컴퓨터 작업을 통해 콘트라스트(contrast) ■[1]를 조정하거나, 특정 부분을 강조하거나, 기복변위를 제거하기 위한 기하학적 변환 작업을 수행함으로써 영상 지도를 향상시킨다(3장 참조). 영상 지도의 종류는 다양하다. 지도 박물관이 인터넷 공유를 목적으로 스캐닝 작업을 통해 완성한 고지도 이미지에서부터, 궤도 위성이나 기상 레이더가 포착한 정보를 통해 만들어진 디지털 사진에 이르기까지 매우 다양한 종류의 영상 지도가 존재한다.

이 장에서는 영상 지도의 구조, 내용, 활용 등에 대해 간략히 다루고자 한다. 영상 지도가 다른 종류의 지도와 어떻게 다른지, 어떻게 현상되는지, 그리고 진실을 어떻게 폭로 혹은 호도하는지에 대해서 다룬다. 영상 지도에 라벨을 잘못 달면, 어쩌면 전쟁이 일어날지도 모른다.

그리드, 센서, 플랫폼

영상 지도는 **래스터**(raster) 데이터와 비슷한 방식으로 현상, 저장, 가공, 디스플레이된다. 래스터라는 용어는 전기공학자들이 음극선관(陰極線管) 내부에 형성되는 평행선들을 묘사하기 위해 갈퀴(rake)에 해당하는 라틴어 단어를 사용한 것에서 연유한다고 한다. 래스터 데이터는 행렬의 형태로 배열된 숫자들의 그리드 혹은 픽셀들의 그리드이다. 이와 대조를 이루는 벡터(vector) 데이터는 지도 피처들을 좌표점들의 리스트로 나타낸다. 래스터 데이터는 해당 영역 내의 모든 지점의 속성값을 표현하는 데 유리하고, 벡터 데이터는 도로나 행정 경계와 같은 개별 피처들을 정확히 재현하는 데 유리하다.

컬러 도판 12는 래스터와 벡터라는 대조적인 재현 방식의 궁극적인 차이점을 잘 보여 준다. 두 영상은 모두 메인주 배스(Bath)에 있는 케네벡강(Kennebec River) 주변 지역을 나타내고 있다. 왼쪽의 지도는 전통적인 지형선도(topographic line map)인데, 등고선이 표현되어 있을 뿐만 아니라 도로, 하천, 해안선, 행정 경계와 같은 선형 피처들이 주로 나타나 있기 때문에 그렇게 불린다. 물론 시가지(옅은 적색)나 식생지(녹색)와 같은 역형 피처도 함께 나타나 있다. 오른쪽 지도는 기복변위를 보정한 정사사진지도(orthophotomap)이다. 이 지도는 경관에 대한 보다 상세한, 그러나 보다 덜 해석된, 날것의 정보를 제공한다. 강의 서안, 다리 바로 남단에 있는 배스아이언워크스

(Bath Iron Works) 조선소에 관심이 있는 사람들은 정사사진지도에서 더 많은 정보를 얻을 수 있다. 자세히 보면 몇 척의 함정이 건조 혹은 수리 중인 것을 확인할 수 있다. 또한 지형선도에서는 확인하기 어려운 경작지나 여타의 토지피복 상황에 대한 정보도 얻을 수 있다. 그러나 지형선도에서는 시청, 학교, 교회, 그리고 다른 랜드마크를 찾아보는 것이 훨씬 수월하다. 이 예를 통해 지형선도와 영상 지도가 서로 다르며, 동시에 서로 상보적이라는 점을 알 수 있다.

일반적인 지도와 마찬가지로, 영상 지도도 축척, 투영, 기호화와 같은 기본적인 지도학적 요소를 가지고 있다. 축척은 지도의 전반적인 상세성의 정도를 결정하고, 투영은 지구 곡면을 종이 혹은 스크린이라는 평면으로 옮겨 놓기 위해 요구되는 팽창과 압축의 정도를 결정하고, 기호화는 속성값의 공간적 변동을 표현하기 위한 컬러 혹은 회색조 기호의 사용을 결정한다. 해상도 역시 매우 중요한 지도학적 요소이다. 해상도는 픽셀로 재현되는 지표상의 정사각형 영역의 한 변의 길이를 의미한다. 일반적으로는 해상도는 높을수록 좋지만, 셀의 크기가 너무 작으면 컴퓨터 메모리를 너무 많이 잡아먹고 데이터 프로세싱 시간도 길어진다. 적절한 해상도는 해당 현상의 본질적 특성과 분석의 목적에 의존적이다. 군사 첩보용이라면 10cm 정도의 높은 해상도가 필요하겠지만, 여러 주에 걸쳐 있는 산림 자원 평가용이라면 10m 정도의 해상도면 충분하다. 군사 첩보 요원은 자동차, 트럭, 탱크를 구별할 수 있는 정도의 해상도를 필요로 하겠지만, 산림 과학자는 규모가 큰 임분(林分)■2을 확인할 정도의 해상도면 충분하다. 대화형 디스플레이 시스템에서는 줌인과 줌아웃 기능을 제공하므로 스크린상의 이미지의 축척은 큰 의미가 없다. 중요한 것은 얼마나 작은 물체를 탐지할 수 있는 센서가 사용되었느냐를 의미하는 지표 해상도이다.

스크린이나 종이 지도에 나타나 있는 것은 각 셀에 저장된 속성값을 빛, 잉크, 혹은 토너로 전환한 것이다. 그림 5.1의 왼쪽에 나타난 것처럼, 전통적인 흑백 항공사진의 개별 픽셀은 전자기 스펙트럼의 가시광선대를 지표가 반사한 양을 기록하고 있다. 가시광선대의 파장이 짧은 푸른색 부분은 대기에 의해 즉각적으로 산란되기 때문에 선명한 이미지를 만들기 위해 보통 제거된다. 물론 팬크로 영상(panchromatic imagery)은 원칙적으로 가시광선대 전체를 포괄한다. 하지만 이 경우에도 선명도를 위해 초록색, 노란색, 주황색, 빨간색 방향으로의 편향이 불가피하게 발생한다.

흑백 영상 지도는 매우 다양하다. 어떤 영상 지도는 사진 감광유제■3상에서 아날로그 상태로만 존재하며, 어떤 영상 지도는 스캐닝 작업을 통해 디지털 데이터로 전환되기도 하며, 또 어떤 경우에는 '처음부터 디지털(born digital)' 형태로 존재한다. 마지막 것이 중요한데, 디지털카메라로 촬영한 것일 수도 있고, 가시광선대(0.4~0.7㎛ 파장대) 바깥의 복사에너지를 탐지하는, 복사계라고 불리는 기구로 촬영한 것일 수도 있다. 특히 전자기 스펙트럼의 적외선 영역(대략 0.7~2.5㎛ 파장대), 즉 인간이 볼 수 있는 적색 부분을 막 벗어난 영역에 대한 감광유제나 복사계의 민감도는 매우 중요하다. 왜냐하면 식생과 같은 토지피복은 태양으로부터 받은 것 중 근적외선 영역에 해당하는 에너지에 대해 높은 반사율을 보여 주기 때문이다. 대포나 여타의 군사 장비가 정찰 비행기에 의해 탐지되는 것을 막기 위해 2차 세계 대전 당시 사용한 위장 그물과 같은 것들은 매우 낮은 적외선 반사율을 보여 준다. 군사 과학자들에 의해 고안된 위장-탐지 필름은 진짜 식생은 옅은 톤으로, 가짜 식생은 상대적으로 진한 톤으로 보이게 해 준다.

위장-탐지 필름과 전자 사진술은 결국 다분광 스캐너(multispectral scanner)의 발전으로 이어진다. 다분광 스캐너를 사용하면 서로 다른 '분광 신호(spectral signatures)'를 가진 식생, 나지, 설원, 그리고 수역(水域)을 구분할 수 있다(그림 12.1). 다분광 스캐너가 전자기 스펙트럼의 매우 좁은 파장대에 대한 반사 에너지를 기록할 수 있기 때문에 가시광선만 기록되었을 때 녹색으로 보였을 식생이 근적외선 파장대(대략 0.7~1.1㎛)에서는 매우 높은 반사율을 보인다는 것을 알게 되었다. 오로지 근적외선 파장대에서의 반사값만을 이용하면 흑백 영상이 만들어지는데, 과학자들은 컬러 적외선(color infrared, CIR) 영상과 '가색상(false color)' 영상을 산출하는 방법을 고안해 냈다. 후자가 가색상이라고 불리는 것은 모니터의 삼원색(빨간색, 초록색, 파란색)을 스펙트럼의 근적외선, 빨간색, 초록색 부분에 각각 할당하기 때문이다. 이러한 분광 전이(spectral shift)로 인해 식생이 덮여 있는 부분은 밝은 적색으로 나타나게 되는데, 이는 식생의 근적외선에 대한 반사율이 다른 색상대에 대한 반사율보다 훨씬 더 높기 때문이다. 이와는 대조적으로 포장된 지표면과 지붕으로부터의 반사 에너지와 나무나 잔디밭과 같은 식생지로부터의 반사 에너지가 뒤섞여 있는 도시 및 준도시 지역의 경우는 주로 회색 혹은 청회색으로 나타난다. 빨간색, 초록색, 근적외선 모두에서 반사율이 낮은 수역의 경우는 거의 검은색에 가깝게 나타난다. 눈이 덮여 있거나 뭉게구름이 있는 부분은 흰색으로 나타나는데, 모든 영역대에서 높은 반사율을 보이기 때문이다.

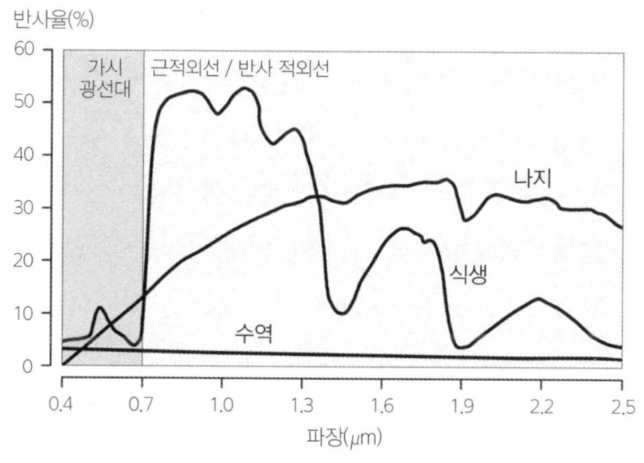

그림 12.1. 전자기 스펙트럼의 가시광선대와 근적외선대에서의 나지, 식생, 수역의 분광 신호

컬러 도판 13은 2011년 4월 27일, 앨라배마주의 터스컬루사(Tuscaloosa)와 버밍엄(Birmingham)을 초토화시킨 토네이도가 지나간 직후의 모습을 보여 주는 위성 영상이다. 좌하에서 우상 방향으로 길게 난 1.5마일 폭의 베이지색 띠가 토네이도가 지나간 경로이다. 흰색의 직사각형 영역은 대부분 모든 파장대에서 강한 반사율을 보이는 금속 지붕이다.

전자기 스펙트럼의 다양한 영역대에 대해, 지표면의 방사 에너지의 상대적인 양을 측정하고자 하는 이러한 시도들은 원격탐사(remote sensing)라고 불리는 복잡한 기술의 탄생을 낳았다. 1972년 최초의 랜드샛(Landsat) 위성을 쏘아 올리기 전에 이미 원격탐사 관련 기술은 발전하고 있었다. 주로 특별한 토지피복 상태를 보이는 지역(목초지, 활엽수림대, 침엽수림대, 다양한 초지대)을 찾아내거나, 토양 수분 조건, 지질 구조, 나무와 농작물의 생장력을 평가하기 위한 필요 때문이었다. 원격탐사의 발전을 이끈 가장 중요한 기술 진보는 탐지 파장대의 증강과 이미지-가공 소프트웨어의 발달이다. 특히 이미지-가공 소프트웨어를 통해 콘트라스트를 높이고, 경계를 날카롭게 하고, 서로 다른 파장대를 비교하고, 픽셀값과 '지상검증자료(ground truth)' 값을 비교해 최종적인 토지피복을 분류할 수 있게 되었다.

원격탐사는 영상 촬영 시스템과 비행기, 드론, 인공위성과 같은 비행 플랫폼으로 구성된다. 일반적으로 말해, 비행기는 낮은 고도에서 해당 지역을 대상(帶狀)으로 중첩해 촬영한 것을 영상으로 구성한다면, 인공위성은 훨씬 더 높은 고도에서 보다 넓은 지역에 대해 보다 낮은 해상도의 이미지를 생성한다. 컬러 도판 13에 나타나 있는 영상은 ASTER(Advanced Spaceborne Thermal Emission and Reflection Radiometer) 위성 혹은 센서가 생산한 것인데, ASTER는 60km(37마일)의 폭을 가진 띠 모양의 지표 영역을 태양의 움직임을 따라 이동하면서 스캔하도록 설계되어 있다. 항상 적도와 98.3°로 만나는 남북 방향의 경로를 따라 움직이며, 매일 오전 10시 30분에 적도를 가로

지른다. 705km의 고도와 98.88′의 궤도 주기는 적절한 균형점을 찾은 것이다. 더 느리면 지구로 추락할 수도 있고, 더 빠르면 우주 밖으로 튕겨 나갈 수도 있다. ASTER는 직하방 스캐너 및 후방 스캐너 외에 선회 망원경(pivoting telescope)을 장착하고 있다. 이를 통해 특정 지역에 대해서는 지상 관측 폭에 적용되는 16일 반복 주기보다 더 빈번하게 이미지를 생산할 수 있다. 다중센서를 통해 15m, 30m, 90m의 서로 다른 해상도를 가진 이미지를 생산한다. 가장 낮은 해상도를 가진 것이 열상 스캐너(thermal scanner)인데, 기근, 대기오염, 기상 상태를 모니터하는 데 매우 유용하다.

일반적으로 해상도가 낮은 쪽에 속하는 것에 정지궤도 위성이 생산한 영상이 있다. 이 위성은 적도상의 고정 위치로부터 35,786km(22,236마일) 상공에서 24시간마다 지구를 한 바퀴씩 탐지한다. 15분마다 지구의 거의 1/3에 해당하는 영역에 대해 운량과 대기 습도에 대한 정보를 생산한다. 이렇게 획득한 정보는 허리케인을 추적하고, 산불을 탐지하고, 기후 변화의 영향을 평가하는 데 이용된다. 극궤도를 가지는 저고도 인공위성들은 빙상, 해양, 상층대기 등에 대한 실시간 정보를 수집하는 데 사용된다. 토양 수분, 방사열 손실, 전자기 스펙트럼의 다양한 파장대의 반사도와 같은 중요한 자연 현상에 대한 영상 지도를 가능케 했다는 측면에서, 원격탐사 영상 기술은 20세기의 둘 혹은 세 개의 진정으로 주목할 만한 지도학적 혁명 중 하나가 되었다.

흐릿하게 만들기와 라벨 잘못 붙이기

영상 지도는 원래 모습이나 값을 보여 주지 않는다. 예를 들어, 서로 중첩된 거의 원형에 가까운 모양을 가진 여러 개의 '지표상의 반점들(ground spots)'이 삐딱한 모양의 군락을 이루고 있다고 하자. 이것을 포착한 위성 영상은 재표집(resampling) 과정을 통해 정사각형 픽셀로 구성된 규칙적 그리드 체계로 변환된다. 또한 영상 전문가들은 특정한 유형의 토지피복을 강조하기 위해 파장대별 반사값을 수정하기도 한다. 보통 세 개 이상의 파장대를 가진 인공위성 혹은 항공기 센서의 정보를 바탕으로 제작되는 컬러 영상 지도는 경관에 대한 주관적 관점이 나타나 있고, 어떤 경우에는 실제로 추상화 같아 보이기도 한다.

이런 연유로, 정도의 차이는 있을지언정 사람을 속이는 일이 발생할 가능성은 농후하다. 21세기 인물 사진사는 비뚤어진 코를 수정하고, 누런 혹은 손실된 치아를 보완하고, 주름살, 여드름 자국, 검버섯을 제거하기 위해 특정한 소프트웨어를 사용한다. 이와 유사한 기능을 하는 디지털 도구를 영상 전문가도 가지고 있다. 국방부 관계자들은 옥상에 설치된 지대공 미사일과 같은 군사 시설물을 흐릿하게 만들거나(blurring) 아예 지워버리려고 할 것이고, 누드 일광욕이나 은밀한 친교 활동 장면이 고해상도 온라인 영상 지도에 존재할 경우, 당사자는 그것을 흐릿하게 만들어 줄 것을 요구할 것이다. 흐릿하게 만들기는 이목을 끄는 표식이어서 그것을 걷어 내려는 많은 시도가 뒤따를 수 있으므로, 주의 깊은 편집 과정을 통해 이루어져야 한다. 세밀하게 따져보는 데 익숙하지 않은 대중들은 손쉽게 속아 넘어가겠지만, 사진 증거에 의심의 눈초리를 거두지 않는 범죄 전문가들이라면 그림 12.2의 오른쪽 영상 지도에 나타난 사기성을 쉽게 알아차릴 수 있을 것이다. 나는 의도적으로 메인주 배스의 정사사진 몇 군데를 수정했다. 다리와 시청을 삭제하고, 다리의 서쪽 끝에 있던 배를 북쪽으로 옮겨 두었고, 주차장을 삼림이 우거진 지역으로 바꿔 놓았다. 뭔가 미심쩍은 구석이 있다면, 시차를 두고 획득된 몇 장의 영상 지도를 비교해 보라. 엄청난 음모가 있는 게 아니라면, 그 정도만으로도 자신의 의구심을 따져 볼 수는 있을 것이다.

영상 지도상의 사상은 훈련받지 않은 사람의 눈에는 명확히 드러나지 않는 경우가 많기 때문에 영상 분석가는 지도에 라벨을 달아 둔다. 일반인들은 이

그림 12.2. 메인주 배스의 정사사진지도(컬러 도판 12의 오른쪽 지도). 수정 전 모습(왼쪽)과 포토샵으로 수정한 모습(오른쪽)

를 통해 자신이 애당초 알아채지 못했던 것을 알게 되거나 좀 미심쩍었던 것에 대한 의심을 거둔다. 특히 자료원에 대한 의구심이 팽배할 때, 신뢰할 만한 기관으로부터의 강력한 지원 발언은 의구심을 불식하는 데 결정적 역할을 한다. 이러한 일이 2003년 2월 5일 퇴역 장군이자 미국의 국무장관이었던 콜린 파월(Colin Powell)■4이 국제연합 안전보장이사회에서 행한 증언 과정에서 발생했다. 당시 파월은 이라크의 대통령이었던 사담 후세인(Saddam Hussein)이 '대량살상무기(weapons of mass destruction, WMDs)'를 생산 및 비축해 왔으며, 국제연합 조사관들이 도착하기 전에 그것들을 모조리 치워버렸다는 주장을 폈다. 그는 이러한 주장을 뒷받침하기 위해 프레젠테이션 슬라이드에 고해상도 인공위성 영상 몇 장을 삽입했다. 발표 슬라이드 중 한 장(컬러 도판 14)에는 "타지(Taji)라는 지역에 존재한 군수품 시설"이 나타나 있는데, 그곳에 있는 다수의 벙커 속에 "화학 무기 포탄"이 저장되어 있다는 것이다. 왼쪽 패널을 자세히 살펴보면, "벙커 속에 화학 무기가 저장되어 있다는 명백한 징표"가 드러나 있다는 것이다. "경비 초소"라는 라벨이 붙어 있는 작은 시설물이 "이러한 벙커의 대표 아이템(signature item)"이며, 내부에는 "특수 경비병들과 혹시 모를 누수를 탐지하기 위한 특수 장비"가 들어 있다. 또 다른 "대표 아이템"은 "뭔가 잘못되었을 때 작동하는 오염 제거 차량"이다.

오른쪽 패널에는 6주 후, 국제연합 조사단이 도착한 시점에 촬영한 영상이 나타나 있는데, 오염 제거 차량은 사라졌고 "소독된 벙커"[5]만 존재한다. "조사단이 도착했을 때 벙커는 깨끗했으며, 그들은 아무것도 발견할 수 없었다."

파월은 그가 넘겨받은 라벨이 달린 영상을 신뢰했다. 파월은 국제연합 프레젠테이션에 앞서 "제가 지금 보여드리려고 하는 사진들은 보통 사람은 해석하기 어려운 것이고, 저에게도 역시 그러합니다."라고 인정한다. 파월은 "수 시간 동안 투광대 밑에서 영상을 면밀히 검토한", "수년간 경험을 쌓은 전문가"를 전적으로 신뢰했다. 파월의 프레젠테이션은 설득력 있는 것이었지만, 국제연합과 미 의회가 비준한 이라크 침공은 어떤 대량살상무기도 발견하지 못한 채 끝이 났다. 이는 영상 해석이 심대하게 잘못되었다는 것을 의미하며, 아마도 미국과 영국의 영상 전문가들이 이라크 독재자를 권좌에서 끌어내리는 데만 너무 집중한 탓일 수도 있을 것이다. 종종 제2차 걸프전이라고도 불리는 이라크 전쟁은 사람들의 예상보다 훨씬 길게 끌어 2011년에야 끝이 났다. 이 전쟁으로 사담 후세인은 제거됐지만, 중동 지역의 정치적 불안정은 더욱 고조되었고, 수만 명의 인명 피해와 수십억 달러의 비용이 발생했으며, 수많은 사람이 난민이 되었다. 결국 이라크 전쟁은 영상 지도가 얼마나 손쉽게 지도자가 믿고 싶어 하는 진실을 위해 라벨을 통해 꾸며질 수 있는지를 보여 주는 좋은 예시가 되었다.

파월의 파워포인트 슬라이드에 등장했던 라벨은 지식 그 자체가 아니라 해석이 반영된 것이다. 이러한 잘못된 해석은 평범한 영상의 의미를 극단적으로 뒤바꿔 버릴 수 있다. 예술가 대니얼 무니(Daniel Mooney)의 장난기 어린 재해석(컬러 도판 15)은 영상 지도가 편향적인 분석가에 의한 라벨 잘못 붙이기(mislabeling)에 얼마나 취약한가를 제대로 경고하고 있다. 동기는 매우 중요한 요소이다. 지형도에 표시된 '시청'이 진짜 시청이라고 우리가 확신하는 이유는 우리가 지도 제작자를 신뢰하기 때문이다. 미국지질조사국의 제도사

누군가가 미시간대학교 미식축구 팬들을 위해 행한 비상식적인 지도 편집의 사례에서 볼 수 있듯이(그림 4.4 참조), 잘못된 동기는 심각한 문제를 야기한다. 사안이 엄중할 때는 보이는 것을 곧이곧대로 받아들이지 말기를 권한다.

··역자 주

1. 인접한 영역 간의 명암 혹은 농도의 대비 혹은 차이를 의미하는 것으로, 콘트라스트를 높이면 인접한 사물 간의 구별이 용이해진다.
2. 삼림의 기본 단위이다.
3. 필름이나 인화지에 도포된 빛에 감응하는 물질을 말한다.
4. 최초의 흑인 국무장관이기도 했던 그는 2021년 10월 18일 COVID-19 합병증으로 84세를 일기로 타계했다.
5. 소독이라는 용어는 정보 계통에서 널리 사용되는 것으로 의도적 삭제 혹은 제거를 의미한다.

13장

금지의 지도학: "안 돼!"라고 말하는 지도들

Prohibitive Cartography: Maps That Say "No!"

"들어가지마!", "거기에 가지 마!" 혹은 "그거 하지 마!"라고 말하는 지도들은 오랜 역사를 가지고 있다. 침략자를 방어하기 위한 국경선이 표시된 지도나 외부인의 접근을 막기 위한 사유지 경계선이 그려진 지도들이 전형적인 예가 될 것이다. 물론 지도상의 그러한 선들은 단지 그래픽 기호에 불과하다. 그러나 그 선들에는 군사적, 법적 대응을 경고하는 메시지가 함축되어 있다. 우리는 지도에 나타난 국경선이나 사유지 경계선을 중요시해야 한다는 교육을 늘 받아왔다. 나아가, 20세기 들어 전 세계 정부의 조직력이나 통치력이 신장됨에 따라 제한을 가하는 지도의 수와 다양성이 꾸준히 증대해 왔다. 그런데 이러한 공적 지도에 대한 시민들의 고양된 믿음은 거꾸로 기만을 위한 자양분이 되고 있다.

금지의 지도학(prohibitive cartography)은 다중 스케일에서 작동한다. 소축척, 즉 광역의 금지 지도는 주로 국제적 경계에 집중한다. 이전부터 해상 경계를 표현한 지도들이 존재하긴 했지만, 1982년 채택된 국제연합 해양법협

약(United Nations Convention on the Law of the Sea)은 이러한 종류의 지도 제작에 큰 획을 그었다. 1982년의 조약은 해당 국가에게 배타적경제수역(Exclusive Economic Zones) 내에서의 어업, 해저 광물자원 채굴, 해양 보존 등에 대한 권리를 인정했다. 배타적경제수역은 연안 국가의 해안선으로부터 200해리(370.4km) 내에 해당하는 구역을 의미한다. 해상 국경을 나타낸 지도는 공해가 여러 국가의 수역으로 쪼개진 모습을 보여 주는데, 섬이 가진 지정학적 중요성을 이보다 잘 보여 주는 것은 없을 것이다. 가장 극적인 예로 일본과 미국 간의 해양 경계를 들 수 있는데, 제2차 세계 대전 결과, 미국이 '신탁 통치 지역'으로 획득한 북마리아나 제도(Northern Mariana Islands)에 관한 것이다(그림 13.1). 지도의 중요성을 생각할 때, 미국 국무부가 경계 설정과 영토 분쟁을 관장하는 작지만 탄탄한 지도 부서를 보유하고 있다는 사실은 그리 놀랍지 않다. 영토 관련 주장을 제기하거나 영토 분쟁을 해결하고자 할 때 지도학적 증거는 핵심 역할을 담당한다. 지도학적 증거의 가장 중요한 요소는 경계를 구성하고 있는 분선(分線, straight-line boundary segment)

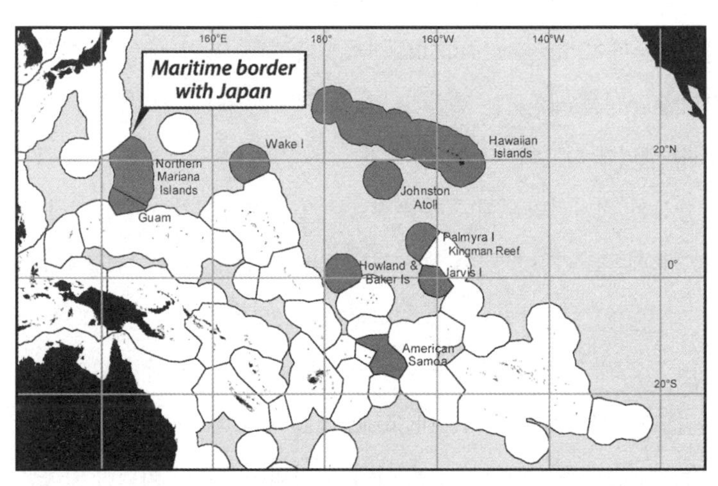

그림 13.1. 서태평양 지역에 존재하는 미국(짙은 회색)과 다른 나라(하얀색)의 배타적경제수역. 매우 작은 크기의 섬이 해양 영토를 규정하는 데 얼마나 중요한 역할을 하는지를 잘 보여 준다.

들이 만나는 지점들, 즉 '전환점(turning point)'들의 지리적 좌표값(경위도 좌표값)이다. 과거에는 해안선으로부터 3마일의 폭으로 규정되었던 영해(領海)가 이제는 12해리로 확장되었고, 많은 국가들은 부가적인 12해리를 허용하는 '접속수역(接續水域)'을 주장하고 있다.

대축척, 즉 가장 상세한 수준의 금지 지도의 예로 부동산 지도와 용도지구도를 들 수 있다. 그런데 지적 조사(parcel survey)상에는 드러나지 않은 많은 예외 사항들이 이들 지도에는 누락되어 있을 수 있다. 부동산 지도에는 경계선, 도로선, 진입로와 구조물의 위치 등은 표시되어 있지만, 이웃 사유지로의 접근을 허락하는 공공 통행권(rights-of-way), 지상선과 지하 매설물에 대한 지역권,■1 시설물의 침범 행위와 같은 법적인 사항은 누락되어 있을 수 있다. 예를 들어, 토지 대장을 오독 혹은 무시한 이웃이 1년 전에 우리 토지로 넘어온 베란다를 설치했다고 하자. 그러한 침범 행위가 충분히 가시적이었음에도 그동안 내가 이의를 제기하지 않았다면, 미국의 어떤 주에서는 '무단 점유'에 관한 법령에따라 그 이웃에게 침범 구역에 대해 영구적인 권리를 인정해 주기도 한다. 재산권 제한에 대한 또 다른 예로 지하 매설 인프라를 목록화한 지역 데이터베이스(regional database)가 있다. 담장, 데크, 매설식 수영장, 혹은 잔디밭 조성을 계획하는 사람이라면 누구든지 해당 지역의 '직통 전화(one-call)' 센터에 신고해야만 하고, 지자체는 측량사를 파견해 상하수도관, 가스관, 통신선, 전기선의 위치에 대한 정보를 제공한다. 굴착 지점이 지하 매설 인프라에 훼손을 가할 위험이 있을 경우, 실행 이전에 계획을 조정해야만 한다.

용도지구도(그림 7.1과 컬러 도판 5 참조)는 사유 재산에 또 다른 제한을 가한다. 저밀도의 전용 주거 지구(highly residential zone, R-1 주거 지구) 내에서는 소음과 교통량을 제한하기 위해 상업 및 산업 시설뿐만 아니라 아파트 건물이나 다세대 주택의 건축도 금지된다. 용도지구제는 구조물의 최대 높이, 대지의 전면, 측면, 후면 경계로부터의 건축 제한역(mandated setbacks), 거주자가 키울 수 있는 동물의 수와 종류, 진입로에 주차할 수 있는 차량의 수와 종류 등과 같은 다양한 제약을 부과한다. 고물 자동차 수집광이나 사설 동물원 바로 옆에서 살고 싶어 하는 사람은 없을 것이라는 점에서, 용도지구도는 주로 사람들을 안심시키는 역할을 담당한다. 하지만 이웃 토지의 지목이 무엇이냐에 따라 특정한 종류의 사업을 벌이거나 하숙집을 운영할 수 있는 자격을 부여받기도 한다. 예를 들어, 법령에 따라 의사가 자기 집에 의원을 개소할 수도 있고, 발달 장애 혹은 신체장애가 있는 주민들과 그들을 돌보는 사람들을 위한 집단 수용 시설을 인가받을 수도 있다. 지구제 법령은 건축 제한역 설정 규정의 완화나 여타의 예외 사항을 인정하고 있다. '예외 인정' 요청이 이웃들의 공감을 얻고, 청문회를 통과하고, 용도지구위원회의 승인이 떨어지면, 규정은 완화될 수 있다. 이처럼 용도지구도는 제한을 가하기 위해서도 중요하지만 법령이 허락하는 예외 사항을 인정해 주기 위해서도 중요한 것이다.

제한 지도(restrictive cartography)는 역사 보존 지구에 필수적이다. 특히, 상업적·일상적 이유로 건물과 가로 경관이 훼손되는 것을 원치 않는 지구 내 거주자를 포함한 보존주의자들에게는 신성한 공간을 조성할 수 있게 도와준다. 역사 보존 지구로 지정되면 창문, 대문, 건물 외장재의 선택 폭이 제한되고, 지구 외부에서는 허용되는 구조적 변용이 전면 금지된다. 예를 들어, 흰색 베벨판벽(clapboard siding)과 검은색 목재 덧문(shutter)만이 허용되는 경우, 다른 것들은 모조리 고발의 대상이 될 수 있다. 역사 보존 지구의 바깥에 있다면 이러한 조치가 아무런 상관이 없겠지만, 그 내부에 있다면 옴짝달싹할 수 없는 상황에 부닥치게 된 것이다. 물론 스스로 원한 것이라면 그건 좋은 일이다.

다른 종류의 금지 지도에 농경 구역(agricultural districts) 지도가 있다. 농경 구역 내의 농민은 경작 과정에서 발생하는 불쾌감 유발 광경, 소음, 냄새에 대해 책임지지 않아도 된다. 지도 위에 그어져 있는 농경 구역의 경계선은 토지소유자에게 '경작의 권리'를 부여할 뿐만 아니라 부동산 시장가격으로 산정된 높은 토지세에 대해 감경 혜택을 주기도 한다. 토지 소유자는 개발업자가 쇼핑센터나 주택지 개발을 위해 토지를 매입하려는 경우 미래 이윤을 포기하는 대가로 개발 권리를 양도할 수도 있다.

제한 지도는 동식물 서식지 혹은 주택 구매자를 보호할 목적으로 제정된 대부분의 환경 규제책에 내재되어 있다(컬러 도판 9 참조). 이러한 지도의 예에 습지 보호 지도, 사냥 지도, 홍수 지도가 있다. 사냥 지도에는 면허를 가진 사냥꾼이 특정 '기간' 동안, 어디에서 사슴 '사냥'을 할 수 있는지가 나타나 있다. 홍수 지도에는 어디에 구조물 건축이 금지되어 있는지, 누가 홍수 보험에 가입해야 하는지가 나타나 있다. 이러한 세 개의 금지 지도는 자연의 변덕 때문에(반드시 그것 때문만은 아니지만), 본질적으로 가변적이다. 습지 지도의 경우, 일단 경계가 설정되면 연방 정부 혹은 주 정부가 가이드라인을 만들게 되는데, 개별 주가 제정한 규제책은 습지가 '미국의 수역(waters of the United States)'[2]에 포함되지 않은 경우에만 적용된다. 한번 설정된 경계는 유효 기간이 끝나면 없어질 수도 있고, 가뭄이 든 경우에는 재설정되기도 한다. 주마다 습지를 정의하는 방식이 다르고, 개발업자는 보호 구역이 상위 개발 계획에 묶여 있다면, 대체 습지를 다른 장소에 마련해야만 한다. 야생 관리 계획을 주관하는 주 정부 부처는 사슴 개체 규모와 개체 수 관리 계획에 맞추어 사슴 사냥 기간의 길이와 지리적 범위를 조정하기도 한다.

홍수 지도는 특히 복잡하다. 많지 않은 수의 측정소에서 수집된 유량 데이터와 고도 데이터는 부정확한 측면이 있고, 홍수 지도는 그러한 데이터에 기반한 모델링 과정을 통해 만들어지기 때문에, 금융 기관이 요구하는 홍수 보험에 가입하고 싶지 않은 사람들은 홍수 지도의 정확성과 신뢰성에 대해 늘

의문을 제기한다. 그림 13.2에는 홍수 지도의 범례가 나타나 있는데, 사실 매우 복잡하고 독도자를 헷갈리게 하는 내용도 많다. 특히 '일백년 홍수(hundred-year flood)'라는 개념이 중요한데, 1%의 발생 확률을 가지는 연중 홍수 수준이라는 정의가 범례에 분명히 나타나 있다. 그러나 많은 사람은 작년에 일백년 홍수가 발생했기 때문에 향후 99년 동안에는 이 정도 규모의 홍수는 결코 발생하지 않을 것이라고 오해한다. 한편 대규모 개발이 상류 지역에서 발생할 경우, 현행 홍수 지도는 주택 지붕, 도로, 그리고 여타의 피복면으로부터의 빠른 지표 유출의 영향력을 상당히 과소평가한 것일 수 있다.

특히 주목해야 할 위협 중 하나가 급격한 해수면 상승이다. 이것은 기후 변화와 관련있고, 심각한 해안 폭풍의 발생 빈도를 높일 뿐만 아니라, 종국에 가서는 전 세계 차원의 해안 저지의 침수를 야기한다. 해수면 상승은 매우 천천히 발생하는 현상이기 때문에 **언제** 그것이 발생하는지를 예측하는 것은 그러한 현상의 발생 **여부**를 예측하는 것보다 훨씬 어렵다. 따라서 기후학자들은 세세한 예측을 제공하는 것을 꺼린다. 그러나 해수면 상승의 결과가 갖는 중대성을 무시할 수는 없기 때문에 기후학자들은 매우 주의 깊은 대응책을 제시하지 않을 수가 없는데, 이번 세기말 혹은 다음 세기에, 예를 들어, 해수면이 1.5m(대략 5피트) 정도 상승할 경우 어느 지역이 물에 잠기게 되는지를 보여 주는 해안-고도 지도(costal-elevation map)와 같은 것을 제시한다. 이러한 종류의 지도는 다양한 반향을 불러일으킨다. 자칭 회의론자들은 웬 야단법석이냐며 힐난하고, 낙관론자들은 기후 변동의 위협에 대한 이해도가 높아짐에 따라 온실가스 감축을 위한 국제 협력이 활발히 진행될 거라는 전망을 내놓으며, 비관론자들은 파국적 위협을 경고하며 강력한 규제책 마련의 필요성을 부르짖는다. 불확실성을 어떻게 다룰 것인가가 지도 제작자의 가장 큰 숙제가 되었다.

아마도 가장 전형적인 금지 지도의 예는 공역(空域)■3을 설정하고 규제하

범례

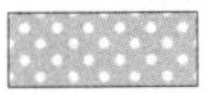

연중 발생 확률 1%급의 홍수 시 침수 피해가 예상되는 특별홍수위험지역 (Special Flood Hazard Areas, SFHAs)

연중 발생 확률 1%급 홍수(일백년 홍수) 혹은 기초 홍수(Base Flood)는 해당 연도에 그 정도 규모 이상의 홍수가 발생할 확률이 1%인 홍수 수준을 의미한다. 특별홍수위험지역은 연중 발생 확률 1%급 홍수 시 침수 피해가 예상되는 지역을 의미한다. 특별홍수위험지역에는 A, AE, AH AO, AR, A99, V, VE 구역이 포함된다. 기초 홍수 수위(Base Flood Elevation)는 연중 발생 확률 1%급 홍수 시의 수면 고도를 의미한다.

구역 A	기초 홍수 수위가 정해져 있지 않음.
구역 AE	기초 홍수 수위가 정해져 있음.
구역 AH	홍수 깊이 1~3피트(주로 물 고임이 발생하는 지역): 기초 홍수 수위가 정해져 있음.
구역 AO	홍수 깊이 1~3피트(주로 경사면상의 포상류): 평균 깊이가 정해져 있음. 선상지 홍수의 경우에는 유속이 정해져 있음.
구역 AR	이전에는 홍수통제시스템을 통한 침수 방지가 이루어졌고, 현재는 시스템의 인가가 취소된 상태이지만 복구가 진행 중임.
구역 A99	현재 건설 중인 연방정부 홍수방지시스템에 의해 앞으로 침수 방지가 될 지역
구역 V	속도 위험(파랑 활동)이 있는 해안 홍수 지구: 기초 홍수 수위가 정해져 있지 않음.
구역 VE	속도 위험(파랑 활동)이 있는 해안 홍수 지구: 기초 홍수 수위가 정해져 있음.

구역 AE 내의 방수로(防水路, floodway) 지역

방수로는 하도와 주변의 범람원 지역을 합친 것임. 이 범람원 지역 내에서는 홍수에 의한 침식이 전혀 나타나지 않아야 하며, 결국 홍수 수위의 상승이 일어나지 않아야 함.

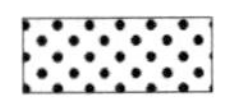

기타 홍수 지역

구역 X	연중 발생 확률 0.2%급 홍수 시 침수 피해가 예상되는 지역, 1%급 홍수 시 침수 피해가 예상되는 지역 중 평균 깊이가 1피트보다 얕거나 배수 면적이 1mile^2 미만인 지역, 1%급 홍수 시 침수 피해가 예상되는 지역으로부터 제방의 보호를 받는 지역

기타 지역

구역 X	연중 발생 확률 0.2%급 홍수 시 범람원 밖에 존재하는 것으로 결정된 지역
구역 D	홍수 위험이 결정되지 않은 지역, 가능성은 있음.

그림 13.2. 홍수보험요율(flood-insurance-rate) 지도의 복잡성이 범례의 윗부분에 잘 나타나 있다. 홍수보험요율 지도는 개발을 억제하고, 잠재적 홍수 피해 지역의 보험요율을 결정하는 데 사용된다.

는 항공지도일 것이다. 조종사들에게 지상으로부터의 위험을 경고하기 위해 무기 실험 장소 주변에는 보통 제한 구역을 설정한다. 백악관, 핵 발전소, 디즈니랜드와 같이 유사시 수천 명의 인명 피해가 발생할 우려가 있거나 국민 정서에 심대한 손상을 가할 위험이 있는 장소들에 대해서도 금지 공역 설정을 통해 보호한다. 또한 항공 교통 통제소들은 지정 항로가 표시된 지도를 통해 비행기 충돌을 예방한다. 공역 통제에는 일시적 비행 제한(Temporary Flight Restrictions, TFRs) 지도가 사용된다. 이 지도들은 온라인 팝업을 통해 제공되는데, 고위 관리의 항공 이동이 있는 경우, 산불 발생이나 화산 분출과 같은 위험 요소가 존재하는 경우, 대규모 야외 음악회, 환경 집회, 그리고 다른 대규모 인원이 운집하는 행사가 열려 안전을 위해 필요하다고 판단되는 경우 등이 예가 될 수 있다.

지도학적으로 공표되는 규제책에 '비행금지(no-fly)' 구역 설정이 있다. 1993~1995년의 보스니아헤르체고비나와 1991~2003년의 이라크의 많은 지역에 비행금지구역이 선포되었다. 군사적인 비행금지 구역은 보통 전쟁 지역 지도 혹은 국가 영토 지도에 복잡한 교전 수칙을 결합해 놓은 것이다. 따라서 비행금지는 말뿐인 위협인 경우가 많다. 이것은 학대보다 설득을 선호하는 엄한 부모가 자식에게 가하는 체벌 위협의 지정학적 버전으로 이해할 수 있다. 2010년대에 들어서는 무인 항공기(Unmanned Aerial Systems, UASs)의 상업적 발전에 대응하기 위한 보다 국지적이고, 덜 군사적인 비행금지구역의 설정이 이루어지고 있다. 확실하고도 즉각적인 효과를 발생시키지 않는 금지 지도라 하더라도 나쁜 행위를 규제하는 데는 여전히 쓸모가 있다. 시민의 규율을 잡으려 드는 것이 국가의 본성이고, 지도 제작은 그것을 실행하는 과정의 일부이다.

독재 정권이 구속적 지도학(restrictive cartography)을 사용한다면 그 결과는 끔찍할 것이다. 위성위치확인시스템(Global Positioning System, GPS)

을 활용해 '통행 제한(no-go)' 구역을 설정, 관리할 수 있고, '지오펜싱(geo-fencing)'[4]을 적용해 연속적으로 수집되는 개인의 위치 정보와 지리정보시스템에 저장된 반경역(半徑域)[5]을 비교해 구역 이탈 여부를 감시할 수 있다. 하지만 지오펜싱이라는 개념이 인간의 행동을 조종하는 지도의 능력을 과장하는 측면이 있는 것도 사실이다. 따라서 '감시 국가(surveillance state)'의 출현을 운운하는 일부 사회과학자들의 전면적 거부 주장보다는 기술의 부작용에 대한 건전한 회의주의를 견지하는 것이 보다 분별력 있는 태도라고 생각한다.

··역자 주

1. 남의 토지를 특정 목적으로 이용할 수 있는 권리를 말한다.
2. 「1972년의 수질오염방지법(Clean Water Act)」 수정안에서 규정된 것으로, 연방 정부가 관할하는 가항수역(可航水域)을 의미한다.
3. 안보와 안전을 목적으로 설정된 공중 영역으로, 특정한 통제가 이루어진다. 대표적인 예가 비행금지구역이다.
4. 특정 대상이 특점 지점으로부터 특정 범위 내에 있는지를 분석하는 기술을 말한다.
5. GIS에서는 반경역 설정 오퍼레이션을 버퍼링(buffering)이라고 부른다.

14장

빠른 지도: 동적 지도, 대화형 지도, 모바일 지도

Fast Maps: Animated, Interactive, or Mobile

21세기가 시작될 무렵, 지도는 온라인으로 넘어가고 있었다. 그 변화는 실로 거대했으며, 언론, 엔터테인먼트, 정치 영역 모두가 한목소리로 호들갑을 떨었던 디지털 혁명과도 같았다. 이제 식자들은 지도가 어느 곳에나 있는 유비쿼터스 한 존재가 되었다고 설파한다. 물론 이것은 분명한 과장이다. 하지만 그렇다고 진실로부터 완전히 동떨어진 것도 아니다. 정말로 중요한 사실은 지도가 그 생산과 유통이라는 측면에서 엄청나게 빨라졌다는 점이다. 21세기 전자 지도를 묘사하는 단어로 빠른 지도(fast maps)라는 용어를 사용하고자 하는 이유도 바로 여기에 있다. 최근 지도의 생산 속도와 다양성을 적절하게 표현할 그보다 더 나은 단어를 찾기는 쉽지 않을 것이다. 빠른 지도도 지금까지 살펴본 전통적인 방식으로 사람을 속일 수 있지만, 정적(static) 지도 혹은 종이 지도에서는 결코 야기되지 않았던 고유한 이슈를 제기한다.

이 장에서는 우선 빠른 지도의 다양성에 대해 다룬다. 그다음 지도 회사들이 자신들의 수익 창출 모형, 기업 강령, 회사 이름과 용어까지 바꾸게 한, 웹 맵(web map) 기술에 대해 개략적으로 살펴본다. 마지막으로 지도를 만들고, 배포하고, 사용하는 새로운 방식으로 야기된 혜택과 난제를 요약하면서 이 장을 마치고자 한다.

다양한 대화형 지도

빠른 지도는 다양하다. 우선 대화형(interactive) 지도를 들 수 있는데, 사용자가 자신의 의지대로 지도의 내용, 기호, 상세성의 수준을 어느 정도 바꿀 수 있기만 한다면 모두 이 범주에 포함된다고 할 수 있다. 이동 경로를 제공하는 단순한 지도에서부터, 다양한 현상에 대한 지리적 영향력을 탐색하기 위해 데이터 분석가들이 사용하는 복잡한 지도에 이르기까지 다양한 종류의 대화형 지도가 존재한다. 더 나아가 대화형 지도는 쇼핑센터의 입지 결정, 선거 결과의 예측, 기후 변화의 이해, 휴가 및 출장 계획의 수집과 같은 다양한 과제를 수행하기 위해 수집된 광대한 지리 데이터에 접근하기 위한 색인 기능을 제공하기도 한다. 실로 지도가 '인간-기계 인터페이스' 구실을 하는 것이다. 지도학적 상호작용성이 수동적으로 작동하기도 한다. 특히 범지구 위성 항법 시스템(Global Navigation Satellite System, GNSS)■1 혹은 모바일 기기가 지도 이용자의 이동(고속도로 위를 주행하거나, 넓은 들판을 가로지르거나, 건물을 통과하는 것)을 끊임없이 추적하고 있을 때는 특히 그러하다. 이 경우 특정 그래픽 기호가 지도 화면 중앙의 '너는-여기-있음(you-are-here)' 지점을 따라 계속 퍼레이드할 뿐이다. 대화형 지도의 주된 도전 과제는 작은 스크린 크기에서 비롯된 것이다. 소프트웨어에 장착된 줌인, 줌아웃, 패닝(panning) 기능이 이러한 한계를 극복하는 데 도움을 준다.

모든 동적 지도(animated map)가 상호작용이 가능한 것은 아니다. 어떤 자연과학적 프로세스나 역사적 사건을 표현하는 동적 지도는 사용자의 투입을 요구하지도 용인하지도 않는다. 용인한다고 하더라도 기껏해야 지역 범위의 선택, 혹은 지도 내용이나 기간의 선택에 한정된다. 움직이는 날씨 지도는 태풍이 지나간 경로 정도만을 보여 줄 뿐이다. 어떤 종류의 빠른 지도들은 내용이나 외견에 있어서는 답답할 정도로 정적이다. 동적이지도 상호작용적이지도 않은 지도도 빠른 지도일 수 있다. 시의적절하거나 도발적인 내용, 혹은 괴상한 디자인을 가진 정적 지도는 순식간에 많은 청중을 끌어모은다. 소셜 미디어상에 '급속히 퍼져 나가는(go viral)' 정적인 웹 맵은 특정한 관점을 환기할 수 있고, 정적(政敵)을 당황하게 만들 수 있고, 대중적 분노를 부추길 수 있다. 부동산 가격의 양극화를 보여 주거나, 유명인의 연애 사건이나 의심스러운 부동산 거래를 극화하거나, 성범죄나 총격 사건의 심상치 않은 패턴을 드러내는 것 등이 예가 될 수 있다.

지도학적 폭로(cartographic outing)는 대중의 관심을 끈다. 범죄, 부동산 거래, 총기 등록과 관련된 엄청난 양의 공적 데이터를 활용하면 범죄 용의자의 위치를 보여 주거나 총기 등록자의 지리적 분포를 드러내는 지도를 만들 수 있다. 이러한 폭로는 종종 의도하지 않은 결과를 야기하기도 한다. 미국 뉴욕 교외 지역의 한 신문사가 「정보공개법(Freedom of Information Act, FOIA)」을 활용해 두 카운티에서 권총 소지 허가를 받은 개인의 주소 목록을 획득한 후, 근린 수준에서 누가 권총을 소지하고 있는지를 알아볼 수 있는 확대 가능한 지도를 만들어 인터넷에 올렸다(컬러 도판 16). 화가 난 권총 소유자들은 그 데이터가 자동소총과 산탄총을 누락하고 있을 뿐만 아니라 어쩌면 실제로 화기를 구입하지 않았을지도 모를 소지권자들을 무도한 절도범들의 표적이 되게 만들었다며 불평불만을 쏟아 냈다. 총기 규제 옹호자들은 그 지도에 환호성을 질렀지만, 신문사는 결국 지도를 내리고, 직원과 건물의 안전을 위해 무장 경비를 고용해야만 했다.

크라우드소싱, 맵 타일, 웹 메르카토르 도법

빠른 지도는 기술 혁신의 산물이다. 가장 두드러지는 것은 디지털 컴퓨팅 기술이고, 처리 속도를 계속 높여 가고 있는 마이크로 프로세스, 고해상도 디스플레이 스크린, 저렴하고 용량이 큰 전자 메모리, 위성 측위(satellite positioning), 무선 통신, 그리고 인터넷과 범세계통신망(world wide web) 등도 포함된다. 웹 지도학은 지도와 경로 정보에 대한 수요에 대응한 것일 뿐만 아니라 크라우드소싱(crowdsourcing)이라고도 알려진 자발적 지리정보(volunteered geographic information)■2를 지원하기 위해 탄생했다. 오픈스트리트맵(OpenStreetMap)이 대표적인 예라고 할 수 있는데, 사용자들은 새로 개통된 도로와 소로에 대한 정보를 자발적으로 업데이트할 수 있다. 지역사회 기반 차량 항법 시스템도 또 다른 예가 될 수 있다. 이 시스템은 국지적인 차량 속도 저하를 탐지해 교통 혼잡 지점들에 대한 정보를 제공한다. 차량에 장착된 내비게이션 시스템은 대안 경로를 제시해 주는 등의 기능을 통해 교통 혼잡을 피해 갈 수 있게 도와줄 뿐만 아니라 속도위반 단속 지점과 경찰 검문 지점에 대한 정보도 알려 준다. 물론 여기에는 윤리적 문제가 도사리고 있다. 그러나 이러한 정보 유출이 많은 운전자의 감속 운전을 이끌고 있다는 점 역시 무시할 수 없다. 직접 개입 역시 가능하다. GPS 추적과 양질의 고속도로 데이터베이스를 활용하면 제한 속도를 현저히 초과하는 과속 차량을 선제적으로 통제할 수 있고, 높이가 낮은 다리나 터널을 향해 돌진하고 있는 무모한 트럭을 멈추게 할 수도 있다. 선제적 개입은 자율주행 자동차에게는 필수적이다. 이를 통해 기존 도로 수용 능력을 향상할 수는 있지만 운전의 재미는 모두 앗아갈 수도 있다.

웹 지도학은 **타일링**(tiling)이라고 알려진 저장 및 검색 전략을 사용한다. 이것은 디지털 세상을 수많은 작은 크기의 직사각형들, 즉 맵 타일(map tile)들로 분할한다. 그림 14.1은 이 접근법을 다양한 줌 레벨들의 연쇄로 묘사하고 있다. 피라미드의 꼭대기에 전 세계 뷰(whole-world view)가 있고, 그로부터 보다 지표에 가까운, 즉 더 상세한 줌 레벨로 진행해 나가는데, 이에 따라 더 많은 수의 타일이 개입되고, 개별 타일은 더 상세하고 더 좁은 지표 영역을 나타내게 된다. 지도 줌인, 줌아웃의 속도를 높이려면, 타일 속의 정보는 일반화되어야 하고, 상세성의 수준에 따라 22개의 서로 다른 레벨별로 저장되어야 한다. 특정한 주소지에 대한 지도를 요청한 지도 사용자는 가장 상세성이 높은 레벨로부터 몇 단계 떨어지는 레벨의 지도를 받는다. 줌인을 실행하면 보다 많은 종류의 피처가 나타나고 반대로 줌아웃을 실행하면 보다 적은 종류의 피처가 나타난다. 지도 라벨 역시 역동적으로 반응하는데, 줌인과 줌아웃이 일어날 때마다 도로명이나 상호가 나타났다가 사라지기를 반복한다. 컬러 도판 17에 세 개의 서로 다른 레벨에 대한 예시가 제시되어 있다. 타일의 경계선은 사용자에게는 절대로 보이지 않는다.

개별 줌 레벨에서 클러터(clutter)■3를 회피하기 위해 도로나 경계와 같은

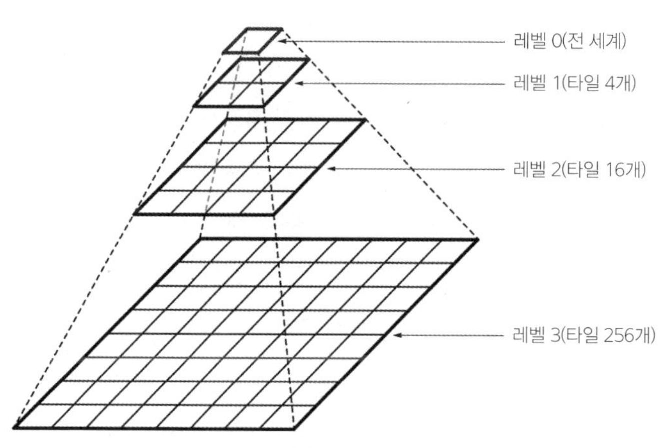

그림 14.1. 지도 사용자가 줌인을 실행하면 웹 맵은 기존 타일을 보다 작은 크기의 타일로 분할한다.

선형 피처들의 위치를 옮기기도 한다. 그러나 이웃한 타일 간에서 경계의 불일치가 발생할 수 있기 때문에 부가적인 조정 작업이 이루어진다. 사용자가 지도상에서 드래그를 실행하면 브라우저는 이전 디스플레이의 타일 몇 장을 남기고 새로운 몇 장의 타일을 그 옆에 붙여 준다. 성능 좋은 마이크로프로세서의 덕택으로 패닝이 적용되었을 때 마치 지도가 스크린상에서 미끄러지는 듯 매우 자연스럽게 표현된다. 이 때문에 타일로 구성된 웹 맵을 종종 **미끄러운 지도**(slippy maps)라고 부르기도 한다.

타일링에 기반한 웹 맵의 발전은 메르카토르 도법의 부활이라는 미묘한 결과를 낳았다. 메르카토르 도법은 소축척 지도에서의 악명 높은 면적 왜곡으로 맹렬히 비난받았지만, 한편으로는 해상 항해나 위성이 없던 시절의 야전 포병에게는 없어서는 안 될 도구이기도 했다(8장 참조). 메르카토르 도법이 타일링에 잘 맞는 이유는 그것이 각도의 왜곡을 발생시키지 않기 때문이다. **정형성**이라고 불리는 이 수학적 속성은 보다 세밀한 줌 레벨의 경우, 개별 타일 속의 국지적 형태와 거리에 매우 작은, 그래서 알아채기 어려운 정도의 왜곡만이 발생한다. 메르카토르 도법에서 경위선망은 직사각형 그리드 형태로 나타나는데, 이것은 컴퓨터나 모바일 기기의 스크린 형태와 잘 맞는 측면이 있다. 사용자의 패닝 실행이나 상세한 정보 요구에 빠르게 반응하기 위해서는 정보 저장의 타일링 시스템이 필수적인데, 메르카토르 도법이 이러한 시스템과 잘 맞는 측면도 있다. 또한 단일한 투영법을 적용하는 것이 하나의 줌 레벨에서 또 다른 줌 레벨로 이행할 때 부드러운 전이가 나타나도록 하는 데 유리하기도 하다.

지도 투영의 수학적 측면에 정통한 지도학자들은 웹 매핑에 사용되는 메르카토르 도법과 대축척 지형도 생산에 사용되는 메르카토르 도법은 다르다고 지적한다. 후자에는 구체가 아니라 타원체가 사용된다. 군사나 과학 분야는 보다 정확한 지구 재현을 요구하기 때문에 구체가 아니라 타원체가 사용되는

데, 극지방을 평평하게 만든 구체가 바로 타원체이다. 엄밀한 정확도를 위해 대륙별로 다른 타원체가 사용되기도 한다. 그러나 웹 지도학에서는 그 정도의 정밀도가 필요 없기 때문에 구체를 가정하는 것만으로도 충분하며, 전산 리소스도 훨씬 절약된다. 순수주의자는 이러한 접근을 '웹 메르카토르 도법'이라고 부르며 훨씬 간단한 수학 공식이 사용된다는 점을 분명히 한다. 물론 대부분의 지도 사용자에게는 아무런 의미가 없는 구분이다.

가장 문제가 되는 것은 마지막 수준의 줌아웃이 실행되었을 때 드러나는 세계 전도이다(그림 14.2). 그린란드의 크기가 남아메리카 대륙과 거의 같아 보인다. 이 문제에 대한 웹 맵 서비스의 해결 방안은 대략 몇 가지로 나뉜다. 전통적인 메르카토르 세계 뷰(거대한 남극 대륙을 잘라 내는 것)를 그대로 채택하는 것, 이용자가 줌아웃 할 수 있는 범위를 제한하는 것, 전 세계 뷰에 대

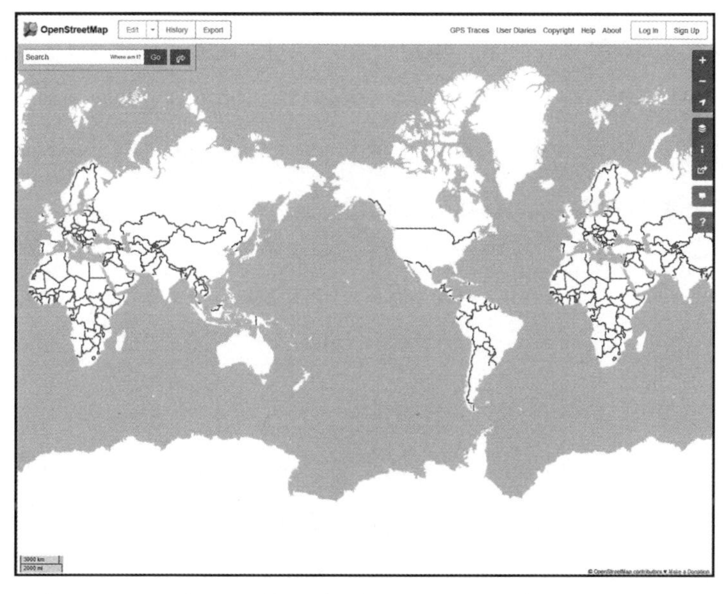

그림 14.2. 오픈스트리트맵에 적용된 메르카토르 도법. 연속 패닝이 가능한, 단열이 없는 세계 지도를 보여 주는데, 북반구와 남반구의 최고위도 부분이 제거되었다.

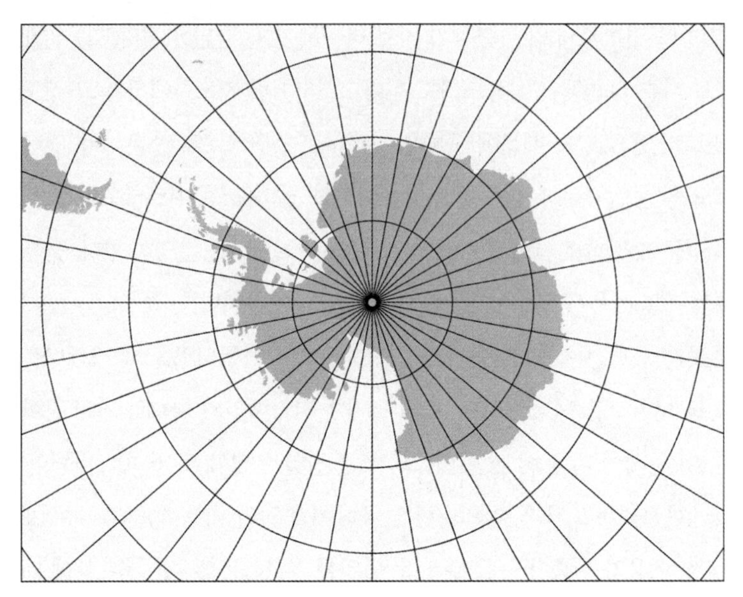

그림 14.3. 정형도법에 속하는 극평사도법이 남극 대륙에 훨씬 더 적절한 도법이다.

해서는 비직사각형(nonrectangular) 모양의 투영법을 채택하는 것 등이 있을 수 있다.■4 그러나 지도 사용자가 남극 대륙을 크게 보기 위해 줌인을 실행할 경우, 메르카토르 도법을 포함한 어떤 종류의 원통 도법 계열의 투영법도 전혀 만족스러운 결과를 제공하지 못한다. 그림 14.3에 나타나 있는 것처럼, 극정형도법(polar conformal projection)이 훨씬 좋은 해답이다.

혜택과 난제

온라인으로 제공되건 그렇지 않건, 빠른 지도의 혜택 중 하나는 불확실성을 시각화하는 향상된 방법을 제공한다는 데 있다. 지도 이용자는 지도의 시간 프레임이나 선명도를 조정해 봄으로써 데이터가 가지고 있는 불확정성(fuzziness)를 탐색해 볼 수 있고, 계급의 수나 계급 단절값을 다르게 적용해 봄으로써 코로플레스맵의 신뢰도를 검토해 볼 수도 있다. 또한 기상학자는 다양한 기상 모형을 선택해 봄으로써, 날씨 예측의 신뢰성을 지도학적으로 비교해 볼 수 있다. 많은 경우, 예측은 그 예측의 영향을 받는 사람들이 이면에 존재하는 불확실성을 보다 잘 이해할 때 좀 더 믿을 만한 것이 된다.

빠름의 혜택이 가장 잘 드러나는 상황은 웹 맵과 성능 좋은 검색 엔진이 결합했을 때이다. 주소나 상호명을 입력하기만 하면 수 초 안에 지도가 나타난다. 그것도 무료로. 그런데 진짜 무료일까? 웹 맵 서비스(Web Map Service, WMS)는 벤처 투자자들이 인정한 수익이 나는 사업이다. 광고 수익으로 운영 경비가 충당될 뿐만 아니라 투자금 회수를 위한 충분한 수익이 창출된다. 효율적으로 구축되고 홍보가 잘된 웹 맵 서비스는 수백만 명의 이용자를 끌어들이고, 그들의 주목은 광고주에게 팔리고, 광고주의 메시지는 지도 여백에 나타난다. 가끔은 아예 지도 영역 속에 나타나기도 하는데, 브랜드 커피숍이나 호텔의 상표가 커피 컵이나 침대와 같은 일반 지도 기호를 대신해 나타나는 경우이다. 지도 위의 상호명은 무료이지만, 돈을 지불해 익숙한 아이콘이 나타나게 하면, 연락처나 영업 시간을 검색하거나 내비게이션에서 목적지로 설정하기 위해 지도 이용자가 그 아이콘을 클릭할 가능성은 훨씬 더 높아진다. 많은 회사는 자신의 웹사이트에 대화형 도로 지도를 올려놓는다. 사용 빈도가 아주 높은 게 아니라면 무료일 것이다.

특정 웹 맵 서비스가 시장에서 독점적 지위를 누릴 수도 있겠지만, 인기 있는 검색 엔진을 보유하고 있거나 상당한 양의 인터넷 트래픽을 끌어모을 수 있는 다른 웹 맵 서비스들도 거뜬히 생존할 수 있다. 서비스 업체들은 시장 점유율을 높이기 위해 스트리트뷰 이미지와 같은 향상된 서비스를 추가하거나, 자신의 지도가 보다 풍성한 정보를 제공하고 보다 세련된 외관을 가지도록 계속해서 노력한다. 혁신이 종종 논란의 중심에 서기도 한다. 구글 지도(Google Maps)의 패일오렌지(pale-orange) 구역이 좋은 예이다. 구글 지도는 상대적으로 즐길 거리가 많은 도시 내 구역에 패일오렌지 색조를 부여했다. 특정 도시를 처음으로 탐색해 보는 일반 사용자라면, 아마도 그 구역으로 줌인 해 들어가 좀 더 자세한 사항을 살펴보고 싶어 할 것이다. 예를 들어, 컬러 도판 17의 왼쪽 위 패널 속에 패일오렌지로 표현된 지구가 나타나 있는데, 상호가 드러난 것은 단 한 곳뿐이다. 그러나 두 클릭 줌인 해 들어가면(아래 패널) 훨씬 더 많은 상호가 나타난다. 사람들이 제기한 의구심은 구글이 도시의 다른 구역에 있는 동일하게 활기찬 소수 민족 소유의 상업 클러스터를 은연중에 무시한 것은 아닌가에 대한 것이다(물론 확증이 있는 것은 아니다). 의도치 않은 편향이 관심 지역을 정의하는 알고리즘에 내재된 것은 아닐까? 그러나 어쩌면 더 큰 문제는 지도와 상호작용하는 과정에서 지도 사용자의 동기와 개성에 대한 지식이 추론되고, 그것이 본인 의사에 반해 부당하게 이용될지도 모른다는 점일 것이다.

빠른 지도가 대중을 종이 지도로부터 멀어지게 하고 있는가? 어쩌면 그런 것도 같다. 그러나 그것이 텔레비전, 스트리밍 비디오, 영화가 책과 잡지를 대체하는 정도만큼은 아닌 것 같다. 서점은 여전히 생기 넘치는 장소이고, 모든 좋은 서점은 여전히 매력적이고, 영리하게 디자인된 접이식 지도와 컴퓨터와 모바일 기기의 조그마한 스크린으로는 결코 대체 불가능한 즐거움을 선사하는 커다란 아틀라스를 판매하고 있다. 느린 지도(slow map)가 종국에는 틈새시장으로 전락할지 모르지만, 여전히 수많은 광팬을 보유하고 있을 것이다.

··역자 주

1. GNSS는 인공위성 기술을 이용해 지상의 위치와 관련된 정보를 제공하는 시스템으로, GPS는 미국이 운영하는 GNSS이다.
2. '개인에 의해 자발적으로 생성, 수집, 유포되는 지리정보' 정도로 정의할 수 있는데, 개인이 생성한 혹은 기여한 지도, 지오태그된 사진(geotagged photographs), 지리적 내

용을 포함한 블로그 콘텐츠 등이 예가 될 수 있다.

3. 지도에서 기호들이 중첩되어 분간이 어려운 상태를 의미한다.
4. 구글 지도 역시 기본적으로 메르카토르 도법을 사용하지만 최근 나름의 해결책을 제시했다. '지구본 뷰'라는 옵션이 첨가되었는데, 이것을 이용하면 마치 지구본을 바라보고 그것을 다루는 것 같은 효과를 얻을 수 있다.

15장

맺음말

Epilogue

지금까지 지도가 거짓말하는 다양한 방법에 대해 살펴보았다. 지도는 항상 선의의 거짓말을 할 수밖에 없다. 또한 지도는 의도적인 거짓말의 수단으로 이용될 수 있다. 그리고 아무리 선한 지도 저작자라 하더라도 지도학적 일반화와 그래픽의 원리를 잘 이해하지 못하면 지도를 통한 진실 왜곡의 길에 가담하게 된다. 결국, 불가피한 선의에 의한 것이건, 사악한 고의에 의한 것이건, 순진한 무지에 의한 것이건 지도 왜곡이 발생한다는 점에서는 모두 동일하다. 따라서 바람직한 지도 이용자는 이러한 모든 종류의 왜곡에 경계의 눈초리를 거두지 않는 성실한 회의주의자가 되어야 한다.

지도는 기본적으로 정보를 전달하는 매체이지만, 동시에 청중의 감정을 건드리는 수단이기도 하다. 그런데 이러한 지도의 이중적 역할이 한 지도 속에서 부딪칠 때 지도학적 왜곡의 발생 가능성은 커진다. 이 점을 경고하면서 이 책을 마무리 짓고자 한다. 식견 있는 지도 이용자라면 모든 지도가 위치나 지리적 연관성을 알려 주기 위한 목적으로만 제작되지는 않는다는 사실을 잘 알고 있다. 지도는 시각적 자극물이기도 하다. 따라서 청중들은 지도가 예쁘다거나, 흥미진진하다거나, 무언가 대단한 것 같다거나 하는 감정을 느낄 수 있다. 지도는 또한 자신을 드러내는 그래픽 표현물이기도 하다. 따라서 지도는 그것을 만든 사람, 후원한 사람, 발행한 사람들에 관한 메시지를 미묘하고도 은근한 방식으로 청중들에게 전달해 주기도 한다. 예를 들어, 광고 지도에는 유력 기업이나 식당 체인점이 해당 지역 사회의 발전에 많은 관심을 두고 있다는 메시지가 들어가 있고, 무료 도로 안내서에는 제작비를 댄 부동산 회사나 은행의 기여가 드러나 있다. 튀는 투영법과 화려한 색상으로 치장한 현란한 지도에는 제작자의 혁신성을 널리 알리려는 의도가 깔려 있으며, 박사학위 논문이나 학술지에 실린 지도 속에는 학술적·과학적 권위를 높이려는 의도가 내재되어 있다. 화려함을 뽐내는 18세기 스웨덴 지도는 응접실을 꾸미기 위한 장식일뿐만 아니라 스칸디나비아반도 혈통에 대한 집주인의 자긍심을 표상하고 있다. TV 뉴스 진행자의 배경이 되는 세계 지도는 해당 방송국이 국제 뉴스 취재에서 뛰어나다는 인상을 심어 주는 데 일조한다. 주 고속도로 지도는 주지사의 정치적 메시지를 널리 알리고, 주 관광 명소에 대한 이미지 형성용 사진을 게재하는 곳이며, 세금이 도로, 휴양지, 삼림 보호지를 위해 적절하게 사용되고 있음을 홍보하는 매우 간편한 수단으로 활용된다. 유권자들이 투표소를 찾기 위해 검색하는 온라인 지도에는 현임자를 유리한 투표구에 배당한, 게리맨더링(gerrymandering)■1을 주도한 정치인들의 기쁜 마음이 배어나오기도 한다. 어느 소도시에 대해 "성범죄 위험"이라는 제목의 지도가 제작된다면, 정보를 담고 있는 지도이긴 하지만 동시에 많은 사람의 감정적 동요를 일으킬 것이다. 해당 소도시에서 경찰의 순찰 업무가 강화되고 성범죄에 대한 보다 엄격한 선고가 내려질 가능성을 높이는 효과가 나타날 수 있다. 동시에 해당 지역에 대한 부정적 평판이 확산해 외지인들의 부동산 투자를 위축시키는 효과도 발생할 것이다. 전 세계 국가들의 부와 평균 수명을 비교하는 카토그램 역시 감정적 반향을 일으킬 수 있다. 한편으로는 선진국 국민들의 자긍심을 고취할 수도 있지만 동시에 세계 불평등에 대한 동정적 죄책감을 유발할 수도 있다.

이중적 역할이 동시에 드러난다고 해서, 그 지도가 근본적으로 잘못된 것은 아니다. 어차피 완전히 진실만을 추구하는 지도나 오로지 시각적 장식성만을 추구하는 지도는 별로 없다. 수십 년 전, 신문에 지도가 확 늘어난 시기가 있었다. 이는 기사와 지도를 잘 '결합'한 신문이 경쟁 신문은 물론 TV와도 효과적으로 경쟁할 수 있다는 판단이 신문 발행인들 사이에서 팽배했기 때문이다. 사실상 보다 많은 지도를 사용하려는 의식적인 결정 때문에 위치가 중요한 의미를 갖는 기사들에 취재가 몰리는 현상도 벌어졌다. 결국 이러한 경향은 온라인과 디지털 미디어를 통한 뉴스 지도의 급격한 증가로 이어졌다. 장식성이 강하거나 감흥을 불러일으킬 의도가 다분한 지도가 갖는 순기능 중 하나는 사람들의 눈길을 사로잡음으로써 기본적인 지명조차 모르는 대중들을 계도하는 역할을 할 수 있다는 점일 것이다. 지리적 지식의 상징으로서 지도가 가진 힘이 없었더라면, 우리는 우리의 이웃, 국가, 세계에 관해 훨씬 더 무지할 것이다.

지도의 이중적 역할은 물론 위험한 것이기도 하다. 미적 목표를 추구하는 지도 저작자는 지도학적 원리를 위배하거나, 중요하지만 나타내기 불편한 정보는 삭제해 버릴지도 모른다. 건물과 마찬가지로, 지도 역시 디자이너가 기능보다 형태를 중요시할 때 심각한 문제가 발생한다. 정치적 혹은 상업적 의도가 충만한 지도 저작자는 경쟁 이데올로기나 경쟁 기업에 유리한 정보는 아예 빼 버리거나, 고의로 부적절한 도법이나 기능성이 약한 기호를 채택해 표현한다. 장식에만 몰두하는 얄팍한 지도 저작자는 허접하고 사실을 호도하는 지도를 만들기 십상이다. 따라서 건전한 회의주의를 견지하는 지도 이용자는 지도 저작자의 동기를 간파하고자 하는 노력을 멈추지 말아야 하며, 지도의 정보 전달 역할이 감흥을 선사한다는 미명하에 얼마나 심하게 훼손되었는지에 대해 항상 의문을 제기할 수 있어야 한다.

지도의 다재다능함을 이해하는 것, 그리고 지도가 두 가지의 상반된 역할을 할 수 있다는 점을 이해하는 것은 식견 있는 지도 이용자가 지도 저작자의 전문성과 동기에 대해 건전한 회의를 품게 하는 데 도움을 준다. 그러나 이러한 지도의 다재다능함과 이중적 역할, 그리고 지금까지 다룬 지도의 왜곡과 오도의 능력을 이해하는 것이 아무리 중요하다 해도, 지리적 사실을 탐색하고 설명할 수 있게 해 주는 지도의 본원적 가치를 제대로 평가하는 것보다 더 중요한 것은 없다. 선의의 거짓말은 지도학적 언어의 본질적인 요소이며, 분석과 의사소통에 있어 엄청난 유용성을 가진 하나의 추상(抽象, abstraction)이다. 언어나 수학과 마찬가지로 지도학적 추상 역시 혜택과 비용을 동시에 가져다준다. 우리가 지도에 대한 충분한 식견을 갖춤과 동시에 정직하고 선한 의도를 견지하지 않는다면, 지도의 힘은 우리의 통제 밖에 놓이게 될 것이다.

··역자 주

1. 불합리한 선거구 획정 관행을 말한다.

감사의 글

Acknowledgements

친구들, 동료들, 저자들의 도움이 없었다면 지도에 대해 내가 가졌던 단순한 흥미를 지도에 대한 '신중한 열정'으로 발전시켜 이 책의 독자들에게 선보이지는 못했을 것이다. 우선 1판과 2판에 관해서는 다음의 사람들에게 고마움을 표하고 싶다.

대럴 허프(Darrell Huff)는 『통계학과 거짓말(How to Lie with Statistics)』의 저자로, 매우 심오해 보이는 주제이지만 설득력 있는 글솜씨와 적절한 삽화가 어우러지면 유익하면서도 술술 읽히는 좋은 책이 만들어질 수 있다는 사실을 몸소 보여 주었다.

시러큐스대학교는 이 책의 대부분을 저술한 한 학기 동안의 연구년을 허락해 주었다.

마이크 키르호프(Mike Kirchoff), 마샤 해링턴(Marcia Harrington), 렌 바실리예프(Ren Vasiliev)는 삽화 보완 작업을 도와주었고, 내가 제작한 삽화의 디자인과 완성도에 대해 날카로운 조언을 해 주었다.

존 스나이더(John Snyder)는 지도 투영과 관련된 내용에 관한 정보와 통찰력을 제공해 주었다.

데이비드 우드워드(David Woodward)는 끊임없이 용기를 북돋아 주었다.

페니 카이절리언(Penny Kaiserlian)은 삽화 확대와 채색의 기회를 주었다.

3판에 대해서는 다음의 사람들에게 고마움을 표하고 싶다.

스티븐 맨슨(Steven Manson)과 이언 뮬른하우스(Ian Muehlenhaus)는 힘이 되는 조언과 유용한 제안을 해 주었다.

조 스톨(Joe Stoll)은 이전 판에서 사용된 이미지를 복원하는 작업을 해 주었다.

존 올슨(John Olson)과 달레 발포르트(Darle Balfoort)는 시러큐스대학교 버드 도서관(Bird Library)의 사서들로서, 재스캐닝 할 지도를 찾는 일을 도와주었다.

매슈 에드니(Matthew Edney)와 메리 페들리(Mary Pedley)는 끊임없이 용기를 북돋아 주었다.

메리 라우르(Mary Laur)는 3판이 반드시 출간되어야 한다는 점을 일깨워 주었다.

부록

위도와 경도

Appendix: Latitude and Longitude

극 쪽이 평평하고 적도 쪽이 약간 불룩한 지구는 완전한 구가 아니다. 회전목마의 바깥쪽처럼 회전 반경이 가장 큰 적도상에서 원심력도 가장 크다. 지구가 자전하면서 변형이 생긴 것인데, 토기 제작 물레 위의 흙덩어리처럼 점성이 매우 큰 유동체가 회전하면 형태가 바뀌는 것과 같은 원리이다. 측지학자들은 지구의 중심에서 극까지의 반경이 적도까지의 반경에 비해 1/300가량 짧다는 사실을 발견했다. 대축척 지도에서는 이러한 변형이 중요한 의미를 갖지만, 주나 카운티, 또는 지구 전체를 소축척 지도로 제작할 때는 지구를 완전한 구로 취급해도 아무런 문제가 없다.

위도와 경도는 구 표면상의 위치를 나타낸다. 경도가 국제 협약에 기초한 다소간 인위적인 것이라면, 위도는 지구의 자전과 관련된 자연적인 것이다. 그림 부록 1에서 보듯이, 지구의 중심을 통과하고 지축에 수직인 평면상에 적도가 있다.■1 지점 A는 적도와 평행하고 지축에 수직인 또 다른 평면상에 위치한다. 구와 평면이 만나는 곳에 형성되는 원이 위선이다. 구 표면상의 다른

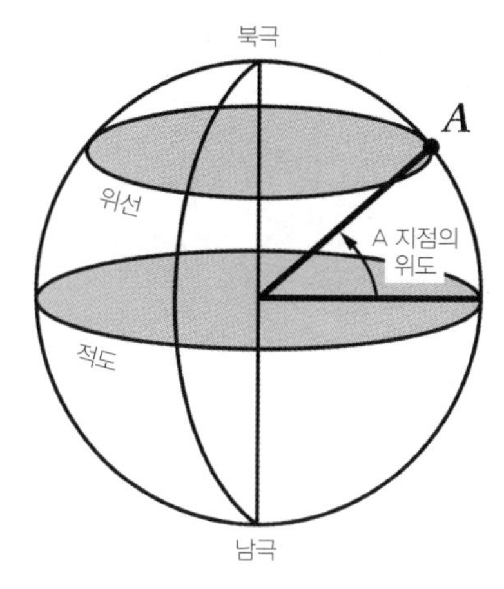

그림 부록 1. 구체 지구상에 표시된 적도, 북극과 남극, 그리고 한 위선과 그것의 위도

모든 지점과 마찬가지로 지점 A 역시 오직 하나의 위선상에만 존재한다. **위도**는 적도로부터 북쪽 혹은 남쪽으로 측정한 각도로, 위선을 규정한다. 위도는 0~90°의 범위를 가진다. 적도는 0°이고 극은 90°이다. 적도를 중심으로 북쪽과 남쪽 중 어디에 위치하는지에 따라 북위(N) 또는 남위(S)를 붙인다. 예를 들어, 시카고의 위도는 북위 42°이고, 시드니의 위도는 남위 34°이다.

적도는 **대권**이다. 대권은 지구 표면에 나타낼 수 있는 가장 큰 원이다. 대권은 지구를 양분하며, 두 지점 간의 최단거리는 오로지 두 지점을 연결한 대권상에서만 나타난다. 구체 지구상에 수많은 대권을 그을 수 있지만, 적도만 극으로부터 등거리에 있다. 적도를 제외한 나머지 모든 위선은 **소권**이다. 소권은 간단히 적도보다 작은 크기의 원으로 정의할 수 있다. 그림 부록 2에 나타난 것처럼, 위선과 직교하는 **자오선**은 북극과 남극을 통과하는 대권의 절반에 해당한다. 극을 제외한 지구상의 모든 지점은 하나의 자오선과 하나의 위선상에서만 존재한다.

또 다른 지리 좌표인 **경도**는 자오선을 규정하는 각도이다. 동경(E)과 서경(W)이라는 글자에서 알 수 있듯이 동쪽과 서쪽에 대해 따로 측정한다. 경도는 0~180°의 범위를 가진다. 0°는 **본초자오선**의 경도값이고, 180°는 대략 날

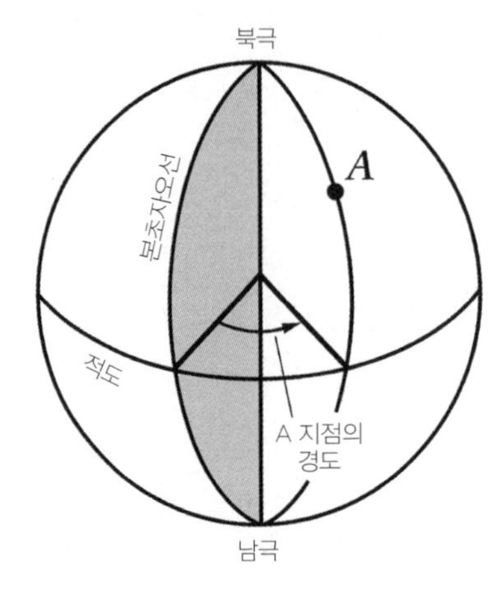

그림 부록 2. 구체 지구상에 표시된 한 자오선과 그것의 경도, 그리고 본초자오선

짜 변경선 부근에서 나타난다. 예를 들어, 뉴욕의 경도는 대략 서경 74°이고, 모스크바의 경도는 대략 동경 38°이다. 1884년 워싱턴에서 열린 국제 자오선 회의(International Meridian Conference)에 출석한 25개국 중 22개국이 영국 그리니치 왕립 천문대를 지나는 자오선을 본초자오선으로 인정했다. 이후에 그리니치 자오선이 국제적인 승인을 획득함으로써 카디스, 크리스티아니아, 코펜하겐, 페로(Ferro), 리스본, 나폴리, 파리, 풀코와(Pulkowa), 리우데자네이루, 스톡홀름 등의 도시를 지나는 여러 본초자오선의 난립으로 특징지어지는 지도학적 고립(cartographic isolation)의 시대가 그 종말을 고했다. 역사학자나 고지도 이용자들은 본초자오선과 경도에 특히 주의해야 한다.

··역자 주

1. 이런 의미에서 적도를 잘라 들어간, 적도를 중심으로 지구를 두 동간 내는 가상의 평면을 '적도평면(equatorial plane)'이라 부르기도 한다.

참고 문헌

Selected Readings for Further Exploration

지도 및 지도 사용과 관련해 보다 심층적인 지식을 얻고자 하는 독자들에게 여기에 제시된 참고 문헌들이 많은 도움이 될 것이다.

● 지도의 요소

Bunge, William. *Theoretical Geography*. Lund Studies in Geography, series C, General and Mathematical Geography, no. 1. Lund, Sweden: C. W. K. Gleerup, 1962. Especially chapter 2, "Metacartography."

Dodge, Martin, Rob Kitchin, and Chris Perkins, eds. *The Map Reader: Theories of Mapping Practice and Cartographic Representation*. Chichester, West Sussex, UK: Wiley-Blackwell, 2015.

Goodchild, Michael F. "Scale." In *Cartography in the Twentieth Century* (Volume Six of the *History of Cartography*), edited by Mark Monmonier (hereafter referred to as *HC6*), 1383-89. Chicago: University of Chicago Press, 2015.

Greenhood, David. *Mapping*. Chicago: University of Chicago Press, 1964.

Keates, J. S. *Understanding Maps*. New York: John Wiley, 1982.

MacEachren, Alan M. *How Maps Work: Representation, Visualization, and Design*. New York: Guilford Press, 2004.

———. *Some Truth with Maps: A Primer on Symbolization and Design*. Washington, DC: Association of American Geographers, 1994.

Monmonier, Mark. *Mapping It Out: Expository Cartography for the Humanities and Social Sciences*. Chicago: University of Chicago Press, 1993.

Robinson, Arthur H., and Barbara Bartz Petchenik. *The Nature of Maps: Essays toward Understanding Maps and Mapping*. Chicago: University of Chicago Press, 1976.

Slocum, Terry A., Robert B. McMaster, Fritz C. Kessler, and Hugh H. Howard. *Thematic Cartography and Geovisualization*. 3rd ed. Upper Saddle River, NJ: Pearson Prentice Hall, 2014.

Snyder, John P. *Map Projections—A Working Manual*. US Geological Survey Profes-

sional Paper 1395. Washington, DC: US Government Printing Office, 1987.
Tyner, Judith A. *Principles of Map Design*. New York: Guilford Press, 2010.

● 지도학사

Blakemore, M. J., and J. B. Harley. *Concepts in the History of Cartography: A Review and Perspective*. Cartographica Monographs, no. 26. Toronto: University of Toronto Press, 1980.
Davies, John, and Alexander J. Kent. *The Red Atlas: How the Soviet Union Secretly Mapped the World*. Chicago: University of Chicago Press, 2017.
Edney, Matthew H. "Histories of Cartography." *HC6*, 607-14.
Harley, J. B., and David Woodward, eds. *The History of Cartography*. 6 vols. Chicago: University of Chicago Press, 1987-.
Monmonier, Mark. *Maps with the News: The Development of American Journalistic Cartography*. Chicago: University of Chicago Press, 1989.
Rankin, William. *After the Map: Cartography, Navigation, and the Transformation of Territory in the Twentieth Century*. Chicago: University of Chicago Press, 2016.
Robinson, Arthur H. *Early Thematic Mapping in the History of Cartography*. Chicago: University of Chicago Press, 1982.
Snyder, John P. *Flattening the Earth: Two Thousand Years of Map Projections*. Chicago: University of Chicago Press, 1993.
Thrower, Norman J. W. *Maps and Civilization: Cartography in Culture and Society*. 4th ed. Chicago: University of Chicago Press, 2017.
Woodward, David, ed. *Art and Cartography: Six Historical Essays*. Chicago: University of Chicago Press, 1987.

● 지도 사용과 지도 평가

Kent, Alexander J., and Peter Vujakovic. *The Routledge Handbook of Mapping and Cartography*. London: Routledge, 2018.
Kimerling, A. Jon, Aileen R. Buckley, Phillip C. Muehrcke, and Juliana O. Muehrcke. *Map Use: Reading, Analysis, and Interpretation*. 8th ed. Redlands, CA: Esri Press, 2016.
Kjellstrom, Bjorn, and Carina Kjellstrom Elgin. *Be Expert with Map and Compass: The Complete Orienteering Handbook*. 3rd ed. Hoboken, NJ: John Wiley & Sons,

2010.
Maling, D. H. *Measurements from Maps: Principles and Methods of Cartometry*. Oxford: Pergamon Press, 1989.
Monmonier, Mark, and George A. Schnell. *Map Appreciation*. Englewood Cliffs, NJ: Prentice-Hall, 1988.

● 지도 일반화

Eckert, Max. "On the Nature of Maps and Map Logic." Translated by W. Joerg. *Bulletin of the American Geographical Society* 40 (1908): 344-51.
Jenks, George F. "Lines, Computers, and Human Frailties." *Annals of the Association of American Geographers* 71 (1981): 1-10.
McMaster, Robert B., and K. Stuart Shea. *Generalization in Digital Cartography*. Washington, DC: Association of American Geographers, 1992.
Muller, Jean-Claude. "Generalization of Spatial Data Bases." In *Geographical Information Systems: Principles and Applications*, edited by David Maguire, Michael Goodchild, and David Rhind, 457-75. London: Longman, 1991.
Wright, John K. "Map Makers Are Human: Comments on the Subjective in Maps." *Geographical Review* 32 (1942): 527-44.

● 컬러

Brewer, Cynthia A. *Designing Better Maps: A Guide for GIS Users*. 2nd ed. Redlands, CA: Esri Press, 2016.
English-Zemke, Patricia. "Using Color in Online Marketing Tools." *IEEE Transactions on Professional Communication* 31 (1988): 70-74.
Falk, David S., Dieter R. Brill, and David G. Stork. *Seeing the Light: Optics in Nature, Photography, Color, Vision, and Holography*. New York: Harper and Row, 1986. Especially pp. 238-86.
Hardin, C. L. *Color for Philosophers: Unweaving the Rainbow*. Indianapolis, IN: Hackett Publishing Co., 1988.
Hoadley, Ellen D. "Investigating the Effects of Color." *Communications of the ACM* 33 (1990): 120-25, 139.
Olson, Judy M. "Color and the Computer in Cartography." In *Color and the Computer*, edited by H. John Durrett, 205-19. Boston: Academic Press, 1987.

● 개발 지도와 지리정보시스템

Aberley, Doug, ed. *Boundaries of Home: Mapping for Local Empowerment*. Philadelphia, PA: New Society Publishers, 1993.

Armstrong, Marc P., Paul J. Densham, Panagiotis Lolonis, and Gerard Rushton. "Cartographic Displays to Support Locational Decision Making." *Cartography and Geographic Information Systems* 19 (1992): 154-64.

Goodchild, Michael F., Bradley O. Parks, and Louis T. Steyaert. *Environmental Modeling with GIS*. New York: Oxford University Press, 1993.

Pickles, John, ed. *Ground Truth: The Social Implications of Geographic Information Systems*. New York: Guilford Press, 1995.

● 광고 지도와 정치 선전 지도

Akerman, James R., ed. *Cartographies of Travel and Navigation*. Chicago: University of Chicago Press, 2006.

Bassett, Thomas J. "Cartography and Empire Building in Nineteenth-Century West Africa." *Geographical Review* 84 (1994): 316-35.

Boggs, S. W. "Cartohypnosis." *Scientific Monthly* 64 (1947): 469-76.

Davis, Bruce. "Maps on Postage Stamps as Propaganda." *Cartographic Journal* 22 (1985): 125-30.

Fleming, Douglas K. "Cartographic Strategies for Airline Advertising." *Geographical Review* 74 (1984): 76-93.

Gilmartin, Patricia. "The Design of Journalistic Maps: Purposes, Parameters, and Prospects." *Cartographica* 22 (Winter 1985): 1-18.

Herb, Guntram. "Geopolitics and Cartography," *HC6*, 539-48.

McDermott, Paul D. "Advertising, Maps as." *HC6*, 18-22.

Monmonier, Mark. *Drawing the Line: Tales of Maps and Cartocontroversy*. New York: Henry Holt and Co., 1995.

———. "The Rise of the National Atlas." *Cartographica* 31 (Spring 1994): 1-15.

Quam, Louis O. "The Use of Maps in Propaganda." *Journal of Geography* 42 (1943): 21-32.

Speier, Hans. "Magic Geography." *Social Research* 8 (1941): 310-30.

Tyner, Judith A. "Persuasive Cartography." *HC6*, 1087-95.

● 안보와 지도

Clarke, Keith C. "Maps and Mapping Technologies of the Persian Gulf War." *Cartography and Geographic Information Systems* 19 (1992): 80-87.

Demko, G. J., and W. Hezlep. "USSR: Mapping the Blank Spots." *Focus* 39 (Spring 1989): 20-21.

Paglen, Trevor. *Blank Spots on the Map: The Dark Geography of the Pentagon's Secret World*. New York: Dutton, 2010.

Stommel, Henry. *Lost Islands: The Story of Islands That Have Vanished from Nautical Charts*. Vancouver: University of British Columbia Press, 1984. Especially chapter 4, "The Fake Island of Captain Benjamin Morrell."

● 국가 지형도 제작과 지도학적 하위문화

Edney, Matthew H. "Cartography without 'Progress': Reinterpreting the Nature and Historical Development of Mapmaking." *Cartographica* 30 (Summer/Autumn 1993): 54-68.

———. "Politics, Science, and Government Mapping Policy in the United States, 1800-1925." *American Cartographer* 13 (1986): 295-306.

Harley, J. B. *Maps and the Columbian Encounter*. Milwaukee: Golda Meir Library, University of Wisconsin, 1990.

Larsgaard, Mary Lynette. *Topographic Mapping of the Americas, Australia, and New Zealand*. Littleton, CO: Libraries Unlimited, 1984.

Lewis, G. Malcolm, "Metrics, Geometries, Signs, and Language: Sources of Cartographic Miscommunication between Native and Euro-American Cultures in North America." *Cartographica* 30 (Spring 1993): 98-106.

McHaffie, P. H. "The Public Cartographic Labor Process in the United States: Rationalization Then and Now." *Cartographica* 30 (Spring 1993): 55-60.

Rundstrom, Robert A. "The Role of Ethics, Mapping, and the Meaning of Place in Relations between Indians and Whites in the United States." *Cartographica* 30 (Spring 1993): 21-28.

Schulten, Susan. *Mapping the Nation: History and Cartography in Nineteenth-Century America*. Chicago: University of Chicago Press, 2012.

Southard, R. B. "The Development of U.S. National Mapping Policy." *American Cartographer* 10 (1983): 5-15.

Thompson, Morris M. *Maps for America: Cartographic Products of the U.S. Geological Survey and Others*. Reston, VA: US Geological Survey, 1979.

Woodward, David. "Map Design and the National Consciousness: Typography and the Look of Topographic Maps." *Technical Papers of the American Congress on Surveying and Mapping* (Spring 1992): 339-47.

● 데이터 지도

Fisher, Howard T. *Mapping Information: The Graphic Display of Quantitative Information*. Cambridge, MA: Abt Books, 1982.

Kitchen, Rob. *The Data Revolution: Big Data, Open Data, Data Infrastructures and Their Consequences*. Los Angeles: SAGE Publications, 2014.

Monmonier, Mark. "The Hopeless Pursuit of Purification in Cartographic Communication: A Comparison of Graphic-arts and Perceptual Distortions of Graytone Symbols." *Cartographica* 17 (1980): 24-39.

Tobler, W. R. "Choropleth Maps without Class Intervals?" *Geographical Analysis* 5 (1973): 262-65.

Tufte, Edward R. *Envisioning Information*. Cheshire, CT: Graphics Press, 1990.

———. *The Visual Display of Quantitative Information*. Cheshire, CT: Graphics Press, 1983.

● 영상 지도

Biesecker, Barbara. "No Time of Mourning: The Rhetorical Production of the Melancholic Citizen-Subject in the War on Terror." *Philosophy and Rhetoric* 40 (2007): 147-69. (The quotations from Colin Powell's speech to the UN Security Council are on pp. 159-61.)

Buchroithner, Manfred F. "Remote Sensing: Satellite Systems for Cartographic Applications." *HC6*, 1282-88.

Collier, Peter. "Photogrammetric Mapping: Orthophotography and Orthophoto Mapping." *HC6*, 1141-46.

Dozier, Jeff. "Remote Sensing: Earth Observation and the Emergence of Remote Sensing." *HC6*, 1273-82.

Morris, Errol. "Photography as a Weapon." Opinion section, *New York Times*, August 11, 2008.

Xie, Yichun, Zongyao Sha, and Mei Yu. "Remote Sensing Imagery in Vegetation Mapping: A Review." *Journal of Plant Ecology* 1 (2008): 9-23.

● 금지의 지도학

Chekovich, Alex. "Land Use Mapping." *HC6*, 751-54.

Ehrenberg, Ralph E. "Aeronautical Chart." *HC6*, 22-30.

Monmonier, Mark. *Cartographies of Danger: Mapping Hazards in America*. Chicago: University of Chicago Press, 1997.

———. *No Dig, No Fly, No Go: How Maps Restrict and Control*. Chicago: University of Chicago Press, 2010.

———. *Spying with Maps: Surveillance Technologies and the Future of Privacy*. Chicago: University of Chicago Press, 2002.

● 빠른 지도

Battersby, Sarah E., Michael P. Finn, E. Lynn Usery, and Kristina H. Yamamoto. "Implications of the Web Mercator and Its Use in Online Mapping." *Cartographica* 49.2 (2014): 85-101.

Fish, Caroline S., and Kirby Calvert. "Analysis of Interactive Solar Energy Web Maps for Urban Energy Sustainability." *Cartographic Perspectives*, no. 85 (2016): 5-22.

Goodchild, Michael F., and Linna Li. "Assuring the Quality of Volunteered Geographic Information." *Spatial Statistics* 1 (2012): 110-20.

Haughney, Christine. "After Pinpointing Gun Owners, Paper Is a Target." *New York Times*, January 6, 2013.

Ingram, Matthew. "Newspapers and Guns: If Data Is Available, Should It Always Be Published?" Gigaom.com, December 27, 2012, https://gigaom.com/2012/12/27/newspapers-and-guns-if-data-is-available-should-it-always-be-published/.

Muehlenhaus, Ian. *Web Cartography: Map Design for Interactive and Mobile Devices*. Boca Raton, FL: CRC Press, 2014.

Ortag, Felix, Manuela Schmidt, and Georg F. Gartner. "Web-based Wayfinding," *HC6*, 1739-42.

Perkins, Chris. "Plotting Practices and Politics: (Im) Mutable Narratives in OpenStreetMap." *Transactions of the Institute of British Geographers* 39 (2014): 304-17.

Peterson, Michael P. *Mapping in the Cloud*. New York: Guilford Press, 2014.

지도 출처

3.4 (left): US Geological Survey, 1973, Northumberland, PA, 7.5-minute quadrangle map.

3.4 (right): US Geological Survey, 1969, Harrisburg, PA, 1:250,000 series opographic map.

3.8 (left): New York State Department of Transportation, 1980, Rochester East(north part), 1:9,600 urban area map.

4.1: Compiled from maps in Brian J. Hudson, "Putting Granada on the Map," *Area* 17, no. 3 (1985): 233-35.

8.1: Christopher Saxton, *Atlas of England and Wales* (1579), and Maurice Bouguereau, *Le theatre francoys* (1594), atlases in the collection of the US Library of Congress.

8.2: *Area Handbook for Pakistan* (Washington, DC: US Government Printing Office, 1965), p. xii.

8.3: American University Digital Research Archive.

8.7: Courtesy of John P. Snyder (according to Snyder, the projection was devised about 1945 and first shown to cartographers in 1987; Snyder has not published it).

8.8: *Facts in Review* 1, no. 17 (December 8, 1939): 1.

8.9: *Facts in Review* 3, no. 16 (May 5, 1941): 250.

8.10: *Facts in Review* 2, no. 5 (February 5, 1940): 33.

8.11: *Facts in Review* 2, no. 28 (July 8, 1940): 294.

8.12: *Facts in Review* 1, no. 16 (November 30, 1939): 3.

8.13: *Facts in Review* 3, no. 13 (April 10, 1941): 182.

8.15: Associated Press Wirephoto map, used on the front page of the *Syracuse Herald-Journal* for July 6, 1950; reprinted with the permission of the Associated Press.

8.17: David M. Smith, *Where the Grass Is Greener* (Baltimore, MD: Johns Hopkins University Press, 1982), fig. 1.6, © David M. Smith, 1979; reprinted by permission.

9.1: Compiled from facsimile maps in "Soviet Cartographic Falsification," *Military Engineer* 62, no. 410 (November-December 1970): 389-91, figs. 2a-e.

9.2: Compiled from facsimile maps in "Soviet Cartographic Falsification," *Military Engineer* 62, no. 410 (November-December 1970): 389-91, figs. 1a-c.

9.3: New York State Department of Transportation, 1978, Rome (north), 1:9,600 urban-area map.

9.4 (map): US Geological Survey, 1985, Blue Ridge Summit, MD-PA, 7.5-minute quadrangle map.

9.4 (quotation): Edward C. Papenfuse et al., *Maryland: A New Guide to the Old Line State* (Baltimore, MD: Johns Hopkins University Press, 1976), p. 64.

9.5 (left): US Army Map Service, 1946, Tonawanda West, NY, 7.5-minute quadrangle map.

9.5 (right): US Geological Survey, 1980, Tonawanda West, NY, 7.5-minute quadrangle map.

10.1 US Geological Survey, 1902, Everett, PA, 15-minute quadrangle map.

10.4 (left): US Geological Survey, 1980, Bunker Hill, IN, 7.5-minute quadrangle map (photorevised).

10.4 (right): US Geological Survey, 1994, Bunker Hill, IN, 7.5-minute quadrangle map.

10.5: US Geological Survey, 1982, North Haven East, ME, 7.5-minute quadrangle map (provisional).

10.6: US Geological Survey, 1986, Scranton, PA, 1:100,000 planimetric map.

10.7: US Geological Survey, 1950, 1957, 1965, and 1969 editions, Harrisburg, PA, 1:250,000 topographic map.

10.8 (above): US Geological Survey, 1958, Cajon Mesa, UT-CO, 15-minute quadrangle map.

10.8 (below): US Geological Survey, 1985, Wickiup Canyon, UT-CO, 7.5-minute quadrangle map.

14.2: OpenStreetMap.org.

Plate 1 Metrorail System Map, courtesy of Washington Metropolitan Area Transit Authority.

Plate 12 (left): US Geological Survey, 2000, Bath, ME, 7.5-minute quadrangle map (photorevised).

Plate 12 (right): US Geological Survey, 1999, Bath-SW, ME, digital orthophoto quadrangle map.

Plate 13 NASA Earth Observatory image created by Jesse Allen, using data provided courtesy of NASA/GSFC/METI/ERSDAC/JAROS, and US/Japan ASTER Science Team.

Plates 14 and 15 US Department of State.

Plate 16 Matthew Ingram, “Newspapers and Guns: If Data Is Available, Should It Always Be Published?” Gigaom.com, December 27, 2012.

Plate 17 Google Maps (google.com/maps).

찾아보기

ㄴ

ㄷ

ㄹ

ㅁ

ㅂ

ㅅ

ㅇ

ㅈ

ㅊ

ㅋ

A~Z

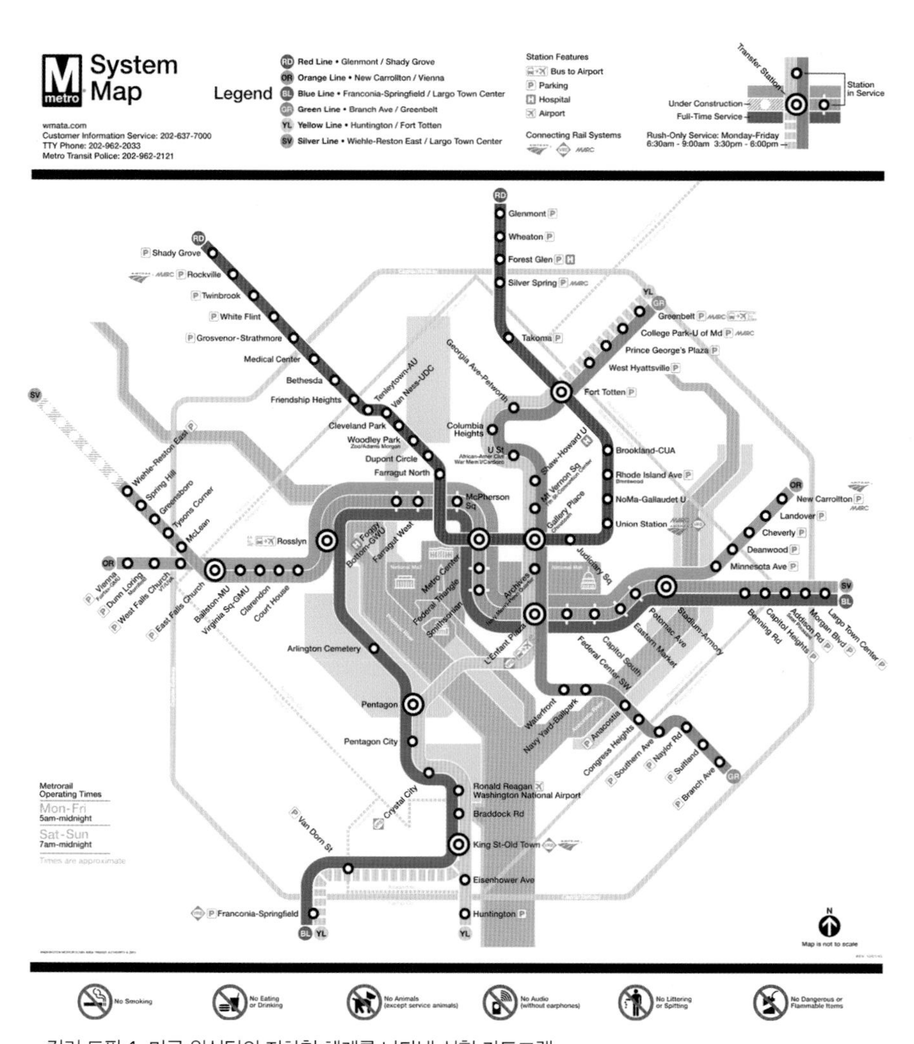

컬러 도판 1. 미국 워싱턴의 지하철 체계를 나타낸 선형 카토그램

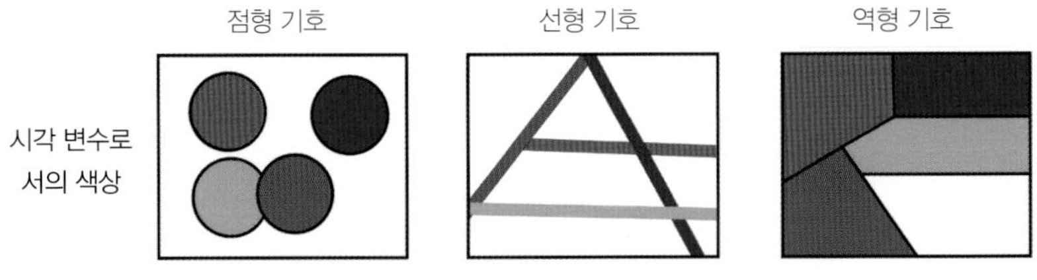

컬러 도판 2. 특히 역형 기호에서, 색상은 나머지 다섯 가지 기본 시각 변수(그림 2.11)에 비해 더 강력한 효과를 낸다.

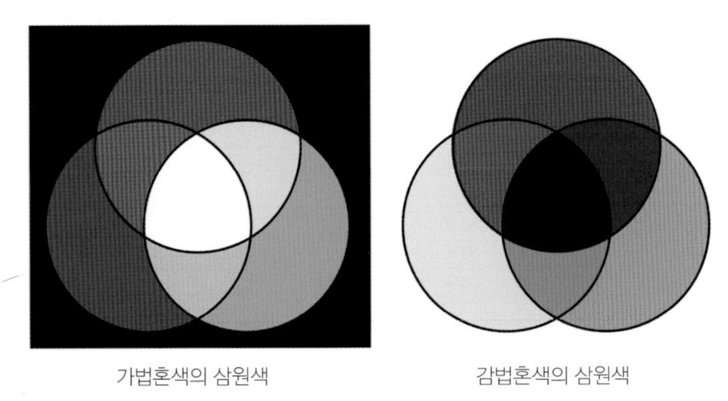

컬러 도판 3. 삼원색이 합쳐지면 다른 색상이 나타난다. 왼쪽은 색광의 경우이고, 오른쪽은 색료의 경우이다.

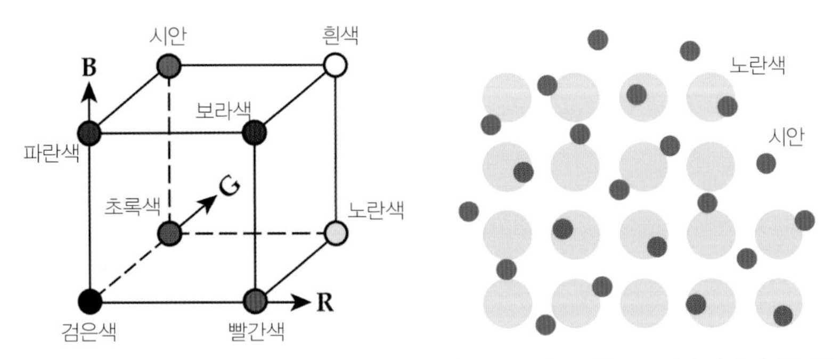

컬러 도판 4. 왼쪽은 RGB 컬러 큐브이고, 오른쪽은 원색판 인쇄를 위한 스크리닝 작업 과정을 엄청나게 확대해 보여 주고 있다. 서로 크기가 다른 노랑과 시안 색상의 도트들이 서로 중첩해 최종적으로 초록색을 만들어 낸다.

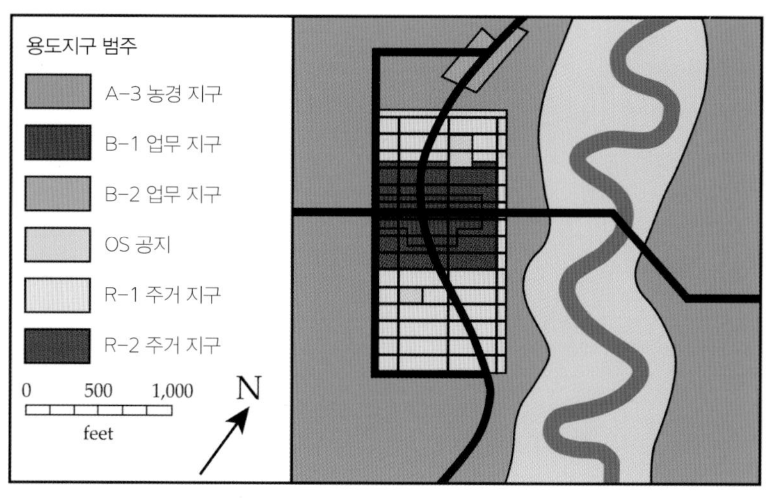

컬러 도판 5. 대비되는 색상을 사용하면 그림 7.1의 흑백 용도지구도에 나타난 질적 차이를 보다 효과적으로 표현할 수 있다.

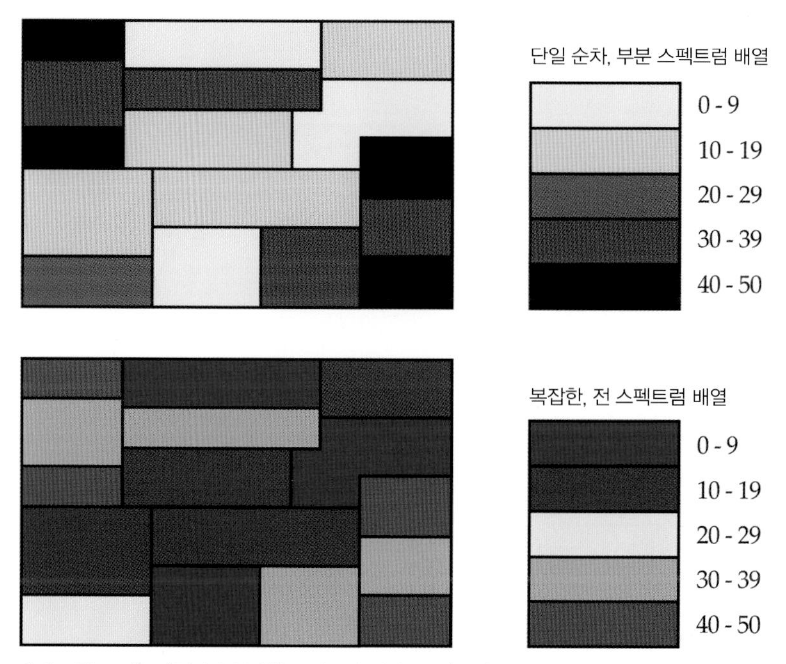

컬러 도판 6. 비논리적이며 복잡한 스펙트럼 색상 배열(아래)에 비해 제한적 색상 배열(위)이 보다 분명한 이미지를 전달할 수 있다.

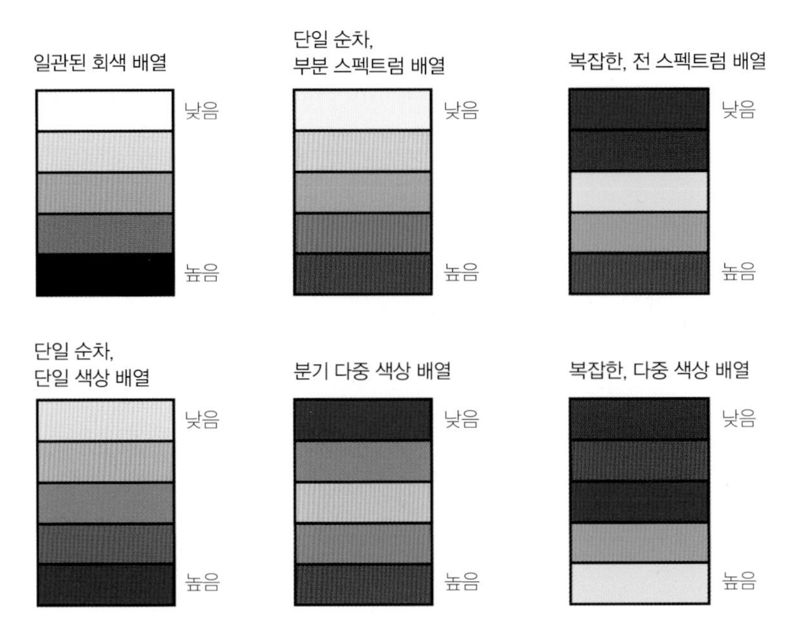

컬러 도판 7. 코로플레스맵에서 자주 사용되는 컬러 배열

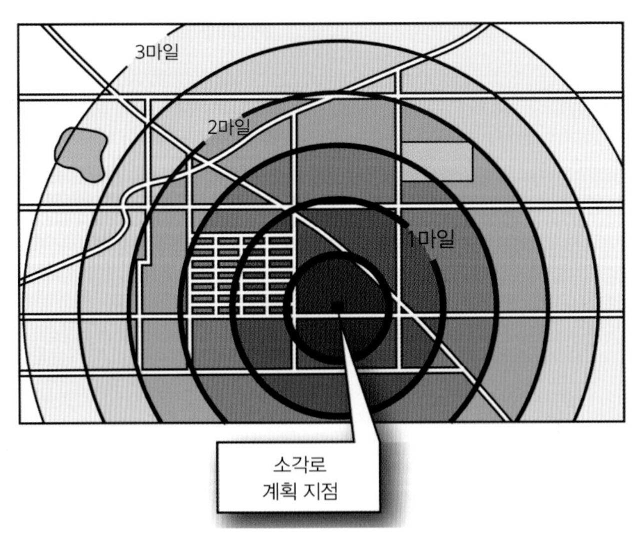

컬러 도판 8. 소각로 계획 지점 근처로 갈수록 위험이 증가함을 암시하는 빨간색 역형 기호는 흑백으로 된 환경 선전 지도(그림 8.16)의 메시지를 더욱 강화한다.

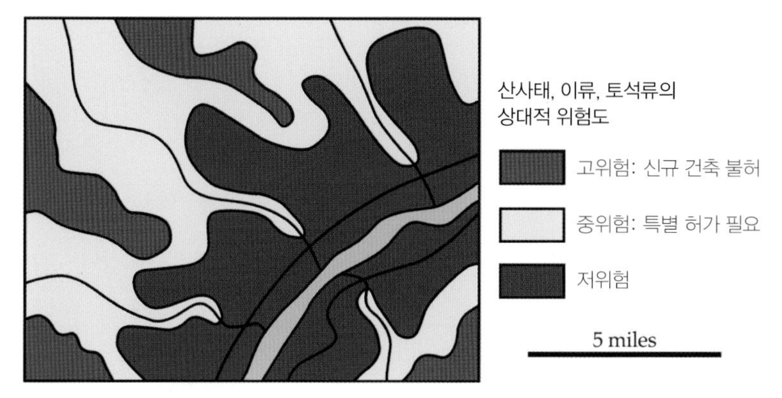

컬러 도판 9. 그래픽 은유를 알고 있는 지도 이용자는 환경 위험의 정도를 나타내는 교통 신호 색상 배열을 쉽게 해석할 수 있다.

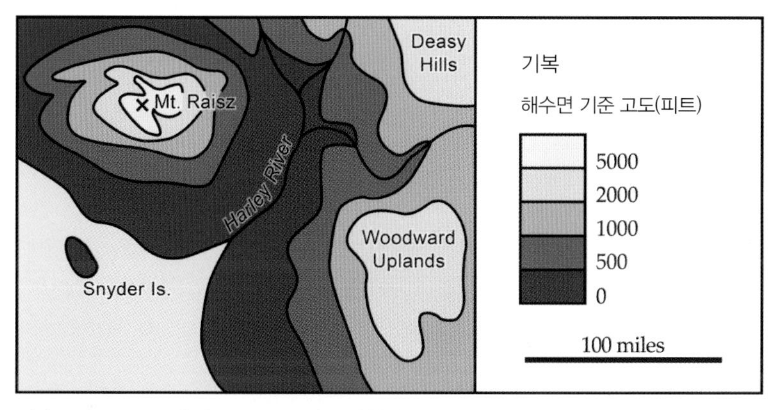

컬러 도판 10. 고도 색조는 고도 계급에 특정한 컬러를 적용해 지표 기복을 표현한다. 그러나 녹색으로 표시된 저지가 사막이나 황무지를 나타낼 수 있음을 명심해야 한다.

컬러 도판 11. 박스의 중앙에 있는 작은 정사각형은 모두 같은 컬러이지만, 동시 대비 때문에 보다 밝은 컬러로 둘러싸인 회색이 보다 어둡게 보인다.

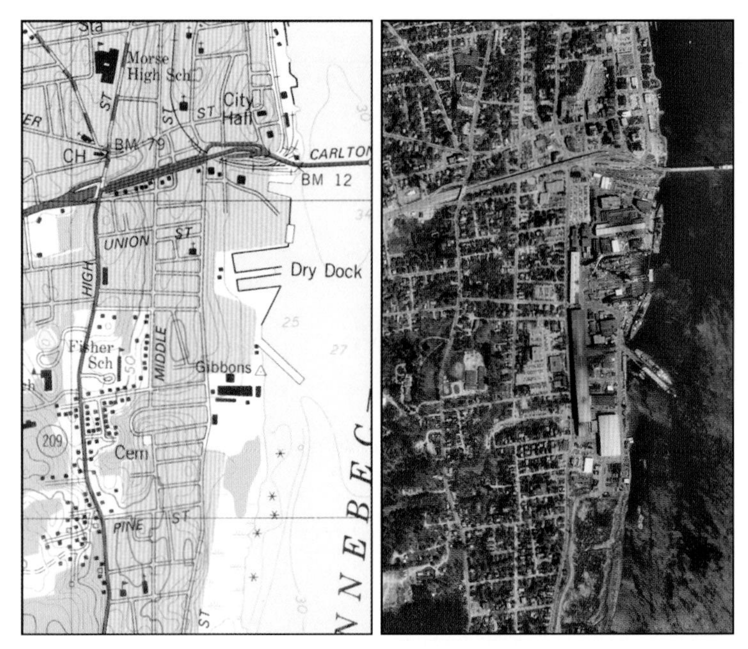

컬러 도판 12. 미국 메인주 배스의 지형도(왼쪽)와 동일 지역을 나타낸 정사사진지도(오른쪽)로, 지형선도와 영상 지도의 차이를 보여 준다.

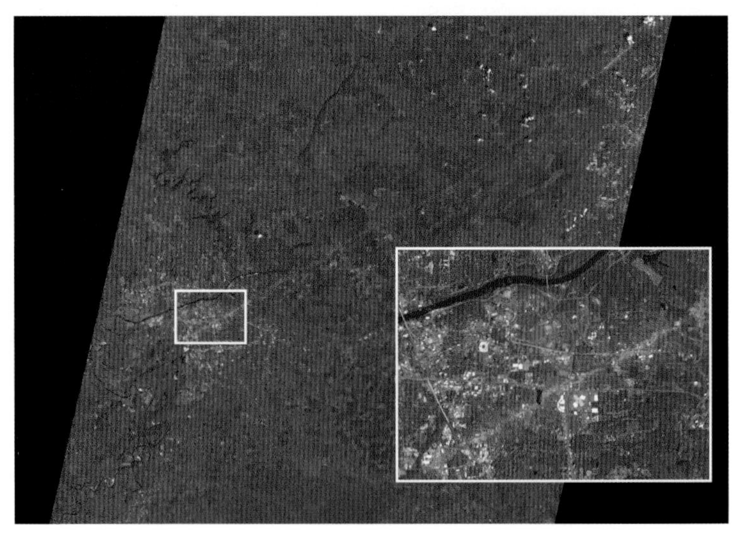

컬러 도판 13. 토네이도의 경로를 보여 주는 컬러 근적외선 위성 영상. 흰색 박스가 표시된 부분의 상세 영상이 오른쪽 하단에 나타나 있다. 검은색 영역은 위성의 지상 관측 폭 바깥쪽을 나타낸다.

컬러 도판 14. 콜린 파월이 2003년 2월 5일 국제연합 안전보장이사회에서 행한 프레젠테이션에서 사용한 주석이 붙은 영상 지도의 예

컬러 도판 15. 컬러 도판 14에 나타난 슬라이드의 재해석으로, 미심쩍은 라벨이 얼마나 손쉽게 영상 지도에 부착될 수 있는지를 잘 보여 준다.

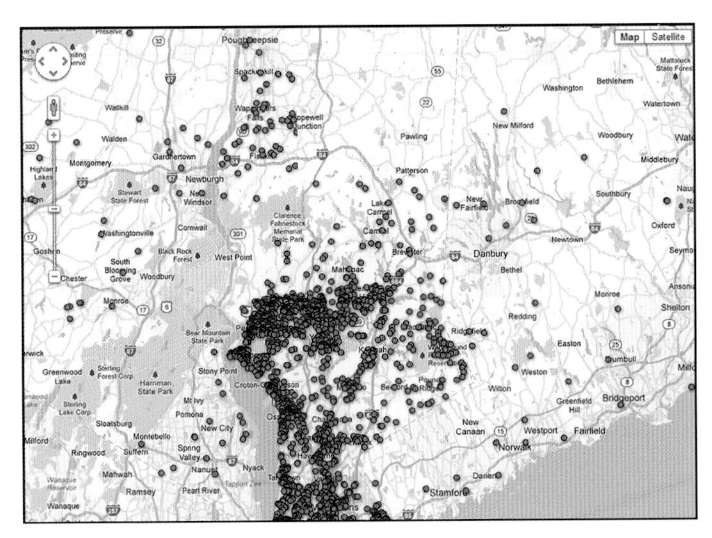

컬러 도판 16. 2012년 말, 미국 뉴욕주 화이트플레인스(White Plains)에 소재한 저널 뉴스(Journal News)는 권총 소지 허가증을 가진 사람들을 나타낸 확대 가능한 지도를 인터넷에 올렸다. 이 대화형 지도상의 빨간색 점 위에 마우스를 올리면 권총 소지 허가증을 가진 사람의 신원을 확인할 수 있다.

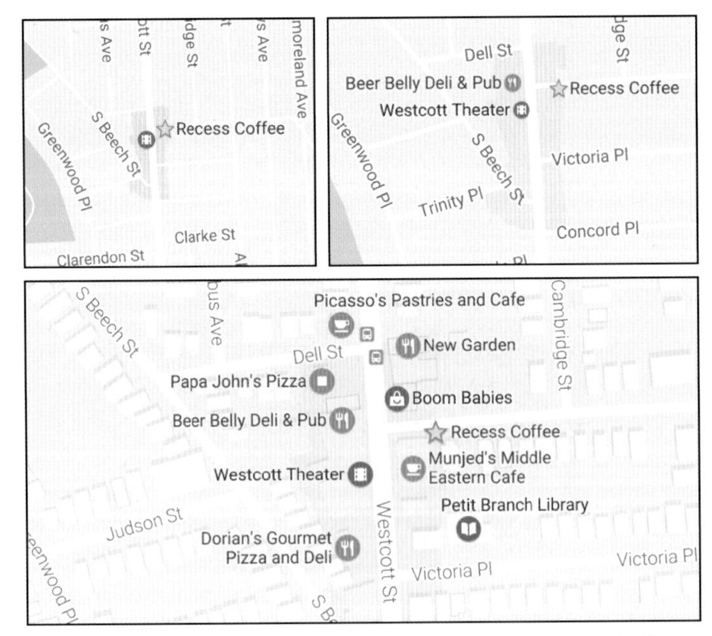

컬러 도판 17. 온라인 가로망 지도에 연속적으로 줌인을 실행했을 때의 모습(왼쪽 위, 오른쪽 위, 아래로 가면서 점점 확대됨)